本书由教育部人文社会科学重点研究基地“山西大学科学技术哲学研究中心”基金资助

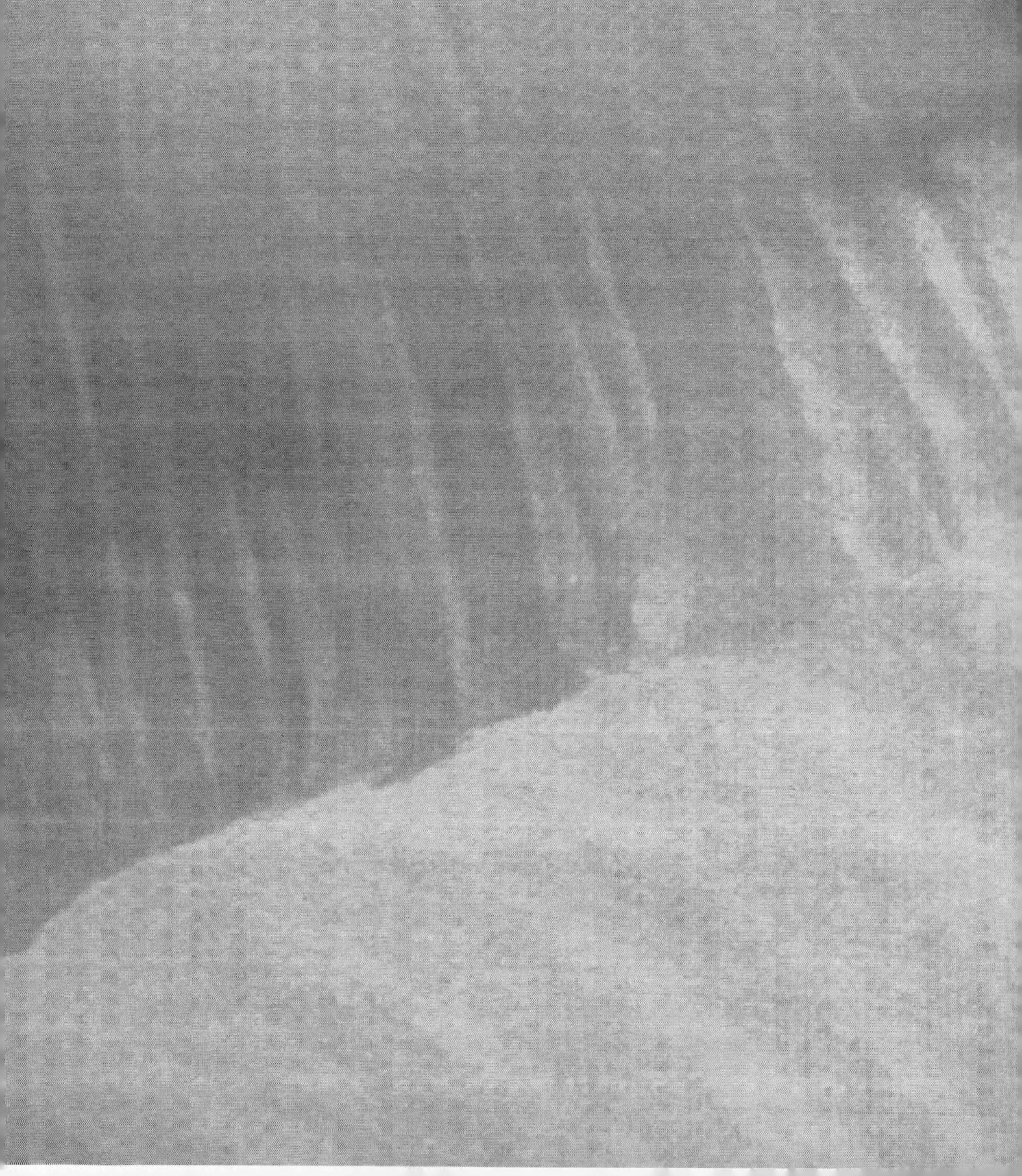

科学技术哲学文库

丛书主编／郭贵春

科学哲学问题研究

第四辑

郭贵春 ⊙ 主编

科学出版社
北京

图书在版编目(CIP)数据

科学哲学问题研究．第4辑／郭贵春主编．—北京：科学出版社，2016.4

（科学技术哲学文库）

ISBN 978-7-03-047490-2

Ⅰ.①科…　Ⅱ.①郭…　Ⅲ.①科学哲学-研究　Ⅳ.①N02

中国版本图书馆CIP数据核字（2016）第043872号

丛书策划：孔国平

责任编辑：邹　聪　程　凤／责任校对：赵桂芬

责任印制：徐晓晨／封面设计：黄华斌　陈　敬

编辑部电话：010-64035853

E-mail：houjunlin@mail.sciencep.com

科学出版社出版

北京东黄城根北街16号

邮政编码：100717

http://www.sciencep.com

北京厚诚则铭印刷科技有限公司印刷

科学出版社发行　各地新华书店经销

*

2016年4月第一版　开本：720×1000 1/16

2022年3月第四次印刷　印张：18 3/4

字数：360 000

定价：98.00元

（如有印装质量问题，我社负责调换）

“科学技术哲学文库”

总　序

认识、理解和分析当代科学哲学的现状，是我们抓住当代科学哲学面临的主要矛盾和关键问题、推进它在可能发展趋势上取得进步的重大课题，有必要对其进行深入研究并澄清。

对当代科学哲学的现状的理解，仁者见仁，智者见智。明尼苏达科学哲学研究中心在2000年出版的*Minnesota Studies in the Philosophy of Science*中明确指出："科学哲学不是当代学术界的领导领域，甚至不是一个在成长的领域。在整体的文化范围内，科学哲学现时甚至不是最宽广地反映科学的令人尊敬的领域。其他科学研究的分支，诸如科学社会学、科学社会史及科学文化的研究等，成了作为人类实践的科学研究中更为有意义的问题、更为广泛地被人们阅读和争论的对象。那么，也许这导源于那种不景气的前景，即某些科学哲学家正在向外探求新的论题、方法、工具和技巧，并且探求那些在哲学中关爱科学的历史人物。"① 从这里，我们可以感觉到科学哲学在某种程度上或某种视角上地位的衰落。而且关键的是，科学哲学家们无论是研究历史人物，还是探求现实的科学哲学的出路，都被看作一种不景气的、无奈的表现。尽管这是一种极端的看法。

那么，为什么会造成这种现象呢？主要的原因就在于，科学哲学在近30年的发展中，失去了能够影响自己同时也能够影响相关研究领域发展的研究范式。因为，一个学科一旦缺少了范式，就缺少了纲领，而没有了范式和纲领，当然也就失去了凝聚自身学科，同时能够带动相关学科发展的能力，所以它的示范作用和地位就必然要降低。因而，努力地构建一种新的范式去发展科学哲学，在这个范式的基底上去重建科学哲学的大厦，去总结历史和重塑它的未来，就是相当重要的了。

换句话说，当今科学哲学在总体上处于一种"非突破"的时期，即没有重大的突破性的理论出现。目前，我们看到最多的是，欧洲大陆哲学与大西洋哲学之间的渗透与融合，自然科学哲学与社会科学哲学之间的借鉴与交融，常规科学的进展与一般哲学解释之间的碰撞与分析。这是科学哲学发展过程中历史地、必然地要出现的一种现象，其原因在于五个方面。第一，自20世纪的后历史主义出现以来，科学哲学在元理论的研究方面没有重大的突破，缺乏创造性的新视角和新方法。第二，对自然科学哲学问题的研究越来越困难，无论是拥有什么样知

① Hardcastle G L, Richardson A W. Logical Empiricism in North America//Minnesota Studies in the Philosophy of Science. Volume XVIII. University of Minnesota Press, 2000: 6.

识背景的科学哲学家，对新的科学发现和科学理论的解释都存在着把握本质的困难，它所要求的背景训练和知识储备都愈加严苛。第三，纯分析哲学的研究方法确实有它局限的一面，需要从不同的研究领域中汲取和借鉴更多的方法论的经验，但同时也存在着对分析哲学研究方法忽略的一面，轻视了它所具有的本质的内在功能，需要在新的层面上将分析哲学研究方法发扬光大。第四，试图从知识论的角度综合各种流派、各种传统去进行科学哲学的研究，或许是一个有意义的发展趋势，在某种程度上可以避免任何一种单纯思维趋势的片面性，但是这确是一条极易走向“泛文化主义”的路子，从而易于将科学哲学引向歧途。第五，科学哲学研究范式的淡化及研究纲领的游移，导致了科学哲学主题的边缘化倾向，更为重要的是，人们试图用从各种视角对科学哲学的解读来取代科学哲学自身的研究，或者说把这种解读误认为是对科学哲学的主题研究，从而造成了对科学哲学主题的消解。

然而，无论科学哲学如何发展，它的科学方法论的内核不能变。这就是：第一，科学理性不能被消解，科学哲学应永远高举科学理性的旗帜；第二，自然科学的哲学问题不能被消解，它从来就是科学哲学赖以存在的基础；第三，语言哲学的分析方法及其语境论的基础不能被消解，因为它是统一科学哲学各种流派及其传统方法论的基底；第四，科学的主题不能被消解，不能用社会的、知识论的、心理的东西取代科学的提问方式，否则科学哲学就失去了它自身存在的前提。

在这里，我们必须强调指出的是，不弘扬科学理性就不叫“科学哲学”，既然是“科学哲学”就必须弘扬科学理性。当然，这并不排斥理性与非理性、形式与非形式、规范与非规范研究方法之间的相互渗透、融合和统一。我们所要避免的只是“泛文化主义”的暗流，而且无论是相对的还是绝对的“泛文化主义”，都不可能指向科学哲学的“正途”。这就是说，科学哲学的发展不是要不要科学理性的问题，而是如何弘扬科学理性的问题，以什么样的方式加以弘扬的问题。中国当下人文主义的盛行与泛扬，并不是证明科学理性不重要，而是在科学发展的水平上，社会发展的现实矛盾激发了人们更期望从现实的矛盾中，通过对人文主义的解读，去探求新的解释。但反过来讲，越是如此，科学理性的核心价值地位就越显得重要。人文主义的发展，如果没有科学理性作为基础，就会走向它关怀的反面。这种教训在中国社会发展中是很多的，比如有人在批评马寅初的人口论时，曾以“人是第一可宝贵的”为理由。在这个问题上，人本主义肯定是没错的，但缺乏科学理性的人本主义，就必然走向它的反面。在这里，我们需要明确的是，科学理性与人文理性是统一的、一致的，是人类认识世界的两个不同的视角，并不存在矛盾。从某种意义上讲，正是人文理性拓展和延伸了科学理性的边界。但是人文理性不等同于人文主义，正像科学理性不等同于科学主义一样。坚持科学理性反对科学主义，坚持人文理性反对人文主义，应当是当代科学哲学所要坚守的目标。

我们还需要特别注意的是，当前存在的某种科学哲学研究的多元论与20世纪后半叶历史主义的多元论有着根本的区别。历史主义是站在科学理性的立场上，去诉求科学理论进步纲领的多元性，而现今的多元论，是站在文化分析的立场上，去诉求对科学发展的文化解释。这种解释虽然在一定层面上扩张了科学哲学研究的视角和范围，但它却存在着文化主义的倾向，存在着消解科学理性的倾向。在这里，我们千万不要把科学哲学与技术哲学混为一谈。这二者之间有重要的区别。因为技术哲学自身本质地赋有更多的文化特质，这些文化特质决定了它不是以单纯科学理性的要求为基底的。

在世纪之交的后历史主义的环境中，人们在不断地反思20世纪科学哲学的历史和历程。一方面，人们重新解读过去的各种流派和观点，以适应现实的要求；另一方面，试图通过这种重新解读，找出今后科学哲学发展的新的进路，尤其是科学哲学研究的方法论的走向。有的科学哲学家在反思20世纪的逻辑哲学、数学哲学及科学哲学的发展，即"广义科学哲学"的发展中提出了五个"引导性难题"（leading problems）。

第一，什么是逻辑的本质和逻辑真理的本质？

第二，什么是数学的本质？这包括：什么是数学命题的本质、数学猜想的本质和数学证明的本质？

第三，什么是形式体系的本质？什么是形式体系与希尔伯特称之为"理解活动"（the activity of understanding）的东西之间的关联？

第四，什么是语言的本质？这包括：什么是意义、指称和真理的本质？

第五，什么是理解的本质？这包括：什么是感觉、心理状态及心理过程的本质？①

这五个"引导性难题"概括了整个20世纪科学哲学探索所要求解的对象及21世纪自然要面对的问题，有着十分重要的意义。从另一个更具体的角度来讲，在20世纪科学哲学的发展中，理论模型与实验测量、模型解释与案例说明、科学证明与语言分析等，它们结合在一起作为科学方法论的整体，或者说整体性的科学方法论，整体地推动了科学哲学的发展。所以，从广义的科学哲学来讲，在20世纪的科学哲学发展中，逻辑哲学、数学哲学、语言哲学与科学哲学是联结在一起的。同样，在21世纪的科学哲学进程中，这几个方面也必然会内在地联结在一起，只是各自的研究层面和角度会不同而已。所以，逻辑的方法、数学的方法、语言学的方法都是整个科学哲学研究方法中不可或缺的部分，它们在求解科学哲学的难题中是统一的和一致的。这种统一和一致恰恰是科学理性的统一和一致。必须看到，认知科学的发展正是对这种科学理性的一致性的捍卫，而不是

① Shauker S G. Philosophy of Science, Logic and Mathematics in 20th Century. London: Routledge, 1996: 7.

相反。我们可以这样讲，20 世纪对这些问题的认识、理解和探索，是一个从自然到必然的过程；它们之间的融合与相互渗透是一个从不自觉到自觉的过程。而 21 世纪，则是一个“自主”的过程，一个统一的动力学的发展过程。

那么，通过对 20 世纪科学哲学的发展历程的反思，当代科学哲学面向 21 世纪的发展，近期的主要目标是什么？最大的“引导性难题”又是什么？

第一，重铸科学哲学发展的新的逻辑起点。这个起点要超越逻辑经验主义、历史主义、后历史主义的范式。我们可以肯定地说，一个没有明确逻辑起点的学科肯定是不完备的。

第二，构建科学实在论与反实在论各个流派之间相互对话、交流、渗透与融合的新平台。在这个平台上，彼此可以真正地相互交流和共同促进，从而使它成为科学哲学生长的舞台。

第三，探索各种科学方法论相互借鉴、相互补充、相互交叉的新基底。在这个基底上，获得科学哲学方法论的有效统一，从而锻造出富有生命力的创新理论与发展方向。

第四，坚持科学理性的本质，面对前所未有的消解科学理性的围剿，要持续地弘扬科学理性的精神。这应当是当代科学哲学发展的一个极关键的方面。只有在这个基础上，才能去谈科学理性与非理性的统一，去谈科学哲学与科学社会学、科学知识论、科学史学及科学文化哲学等流派或学科之间的关联。否则，一个被消解了科学理性的科学哲学还有什么资格去谈论与其他学派或学科之间的关联？

总之，这四个从宏观上提出的“引导性难题”既包容了 20 世纪的五个“引导性难题”，也表明了当代科学哲学的发展特征：一是科学哲学的进步越来越多元化。现在的科学哲学比过去任何时候，都有着更多的立场、观点和方法；二是这些多元的立场、观点和方法又在一个新的层面上展开，愈加本质地相互渗透、吸收与融合。所以，多元化和整体性是当代科学哲学发展中一个问题的两个方面。它将在这两个方面的交错和叠加中寻找自己全新的出路。这就是当代科学哲学拥有强大生命力的根源。正是在这个意义上，经历了语言学转向、解释学转向和修辞学转向这“三大转向”的科学哲学，而今转向语境论的研究就是一种逻辑的必然，成为科学哲学研究的必然取向之一。

这些年来，山西大学的科学哲学学科，就是围绕着这四个面向 21 世纪的“引导性难题”，试图在语境的基底上从科学哲学的元理论、数学哲学、物理哲学、社会科学哲学等各个方面，探索科学哲学发展的路径。我希望我们的研究能对中国科学哲学事业的发展有所贡献！

郭贵春

2007 年 6 月 1 日

目　录

科学技术与社会

一般科学哲学

规范性问题的语义转向与语用进路*

郭贵春　赵晓聃

规范性在西方哲学中始终是一个核心概念，认识论转向以来，围绕规范性展开的自然主义与反自然主义、实在论与反实在论的长期争论表明，任何一种哲学范式的确立都依赖于对其自身规范性基础的辩明。规范性问题的重要性一度被理念的实在性与上帝的绝对权威遮蔽，而近代认识论转向和主体精神的自觉最终导致了康德的规范性转向，从而将此问题推到哲学争论的核心。更重要的是，随着20世纪分析哲学的发展，对规范性问题的研究越来越体现出一种语义转向。语义分析方法揭示了语言的使用及其意义与规范性的密切关联，进而呈现出明显的语用趋向。这使关于规范性本质和内涵的探讨更为细致和全面，展现出其多重意蕴，同时为意义理解提供了独特视角，拓展了该问题的诠释途径和方法。

一、规范性概念的内涵与规范性转向

规范性概念体现了人类经验和实践活动的基本特征，但长期以来，人们对规范性概念的认识存在一些误区和争论，比如，将规范等同于规则或规律，将规范性等同于客观性或必然性等。① 规范性问题的重要性在近代以来逐渐凸显出来，康德的规范性转向不仅使此问题成为哲学探讨的核心与基础，实质上也揭示了认识论与语义学的内在关联，进而为规范性问题的语义转向准备了条件。由于规范性概念在不同领域有不同的应用，所以有必要先廓清其一般含义。

---

* 本文为教育部人文社会科学研究青年基金项目“规则遵循相关问题的语义分析及语境解释”(10YJC720065)、国家社会科学基金青年项目“当代语义学视域中的意义与规范性问题研究”（12CZX041）成果。

原文发表于《中国社会科学》2014年第8期。

郭贵春，山西大学科学技术哲学研究中心教授、博士生导师，研究方向为科学哲学；赵晓聃，山西大学哲学社会学学院讲师，研究方向为语言哲学。

① 关于规范性的传统见解和争论，一个明显的倾向是将规范性等同于某种形式的必然性，如近代以笛卡儿为代表的唯理论者试图将规范性奠基于抽象理性的形而上学原则，其目的正是为规范性确立普遍必然的基础；此后康德、胡塞尔、弗雷格及逻辑实证主义者，都沿着某种形式的先验主义将规范性归结为先验必然性或逻辑必然性。而且，在传统的讨论中，规范往往被解释为明确表达的规则，但这种解释所隐含的无穷倒退的可能已经得到普遍认同。

（一）规范性概念的内涵

规范性概念①就其本质而言，始终与某种约束性力量联系在一起，形式上往往体现为具有规范性内容的命题或陈述。这种命题或陈述的典型形式可以一般地归结为包含“应该”等规范性词项的假言条件句，比如“如果某人想要……那么他就应该……”这就揭示了传统规范性概念的两个基本特征。

1. 义务性

规范性所具有的约束性力量往往意味着某种程度的“义务”——只有履行了这样的义务，或者说遵循规范性的要求，才能顺利实现某个目标或达到某种效果。② 因此，规范性对作为说话者、行动者或认识者的实践主体始终有一种约束、范导或调节性的作用。正是由于这种规范性作用，人们才能正确地理解并使用语言、遵守社会行为规范、获取客观有效的知识等。

2. 超时空性

尽管规范性是在具体时空和情境下提出的，但规范性要求的效力往往是超越具体时空的。如果一条规则或规范性陈述是正确的，那么它将不仅适用于过去和当下情境，对于未来尚未发生的情况也应同样适用。比如，一条数学计算法则或者逻辑上的推理规则，对于已经发生的计算或推理和对于未来尚未使用的无限可能的计算或推理同样适用。当然这种超时空性有时只具有相对的意义③，因为正如诺里斯（Jonathan Knowles）所指出的那样，具体的规范有时是可错的和可废止的[1]。

---

① 英文“规范”（norm）源于拉丁文“norma”和希腊文“γνώμων”，原意为工匠所用的矩尺，引申为实践或行为的标准、模式、戒律；在古汉语中，“规”与“范”原本也是指工匠使用的尺规和模具。因此规范性概念本身意味着某种限定、约束和指引，这在不同领域表现为不同的形式，比如，在自然科学中往往体现为各种定律，在政治学和伦理学中体现为实践活动与行为的准则，在语言中体现为语法规则等，这也从一个侧面体现了规范性概念本身的重要性。但不论如何，规范性何以具有这种约束性力量始终是一个根本性的问题。

② 仅就传统的规范性概念而言，将义务性作为其基本特征并无不当，特别是由于康德及义务伦理学的影响，规范性的确与义务性联系在一起，而这种义务性本身也预设了或内含了价值标准和目的在其中。因此，陈嘉明在讨论知识确证的规范性时，将规范区分为义务论的、价值论的和目的论的（参见陈嘉明．知识与确证：当代知识论引论．上海：上海人民出版社，2003：83-88）。这一区分得到学界的广泛认同。本文原则上赞同这样的区分，但认为这一区分不能无条件地推广到规范性概念涉及的所有领域。分析将表明，规范性并不总是体现为义务性的要求。

③ 在传统认识论中，规范性往往被认为是先验的、普遍的、绝对的和不可错的，但这样的理解与先验论一起受到大量质疑和批评。尽管如此，规范性的相对超时空仍可以被视为是其显著特征之一，这是规范性概念本身的内在要求。

由于规范性涉及政治、伦理道德、认识活动及语言使用等诸多领域，涵盖了人类实践活动的各个方面，所以要把握规范性概念的意义还需要从不同角度对其做出进一步的区分和界定。

其一，从规范性的来源来看，可以分为外在的规范性和内在的规范性。① 所谓规范性的来源指的是规范或规则所具有的规范性力量的来源，也就是那些确证了规范性力量的东西。来源问题对于规范性而言具有基础性和本质性地位，如果规范性的来源无法确证，那么规则和规范也就失去了应有的效力与合法性，规范性问题本身也就失去了意义。对这一问题的不同回答实际上造成了两种不同的规范性，一种是在能动者之外的客观世界中寻找规范性的来源，比如实在论者设定或接受的某些实体、事实或关系，这构成了外在的规范性；另一种是在能动者自身内部寻找规范性的来源，比如人自身的理性、意志或情感，这构成了内在的规范性。

其二，从规范性起作用的方式来看，可以分为显规范性和隐规范性。② 显规范性起作用的方式是直接且明确的，能动者可以用来确证其行动的合理性；隐规范性起作用的方式则是间接的或潜在的。在语言实践中，这两种规范性在某种意义上类似于乔姆斯基对表层语法和深层语法的区分；在政治、伦理道德及法律层面，显规范性涉及那些明确的规则、规章、法律或者某些明显的可用作指示或参考的东西，隐规范性则涉及作为背景或语境的潜移默化地发挥作用的文化传统和思维模式等。

其三，从规范性的约束性力量来看，可以分为强规范性和弱规范性。不同的规则或规范，其约束力可能存在明显的区别，比如“酒后勿驾车”与“酒后勿饮浓茶”，前者是必须遵守的规章，而后者只是健康生活方式的一种指导。可见，与强规范性相联系的往往是某种强制性的力量或明显的义务，而弱规范性只是给出了某种正确性条件。③

总之，对规范性的任何一种合理解释，都应在充分考虑这些区分的基础上，对其来源、起作用的方式和本身的约束性力量做出恰当的诠释。

---

① 关于规范性的来源问题，科尔斯戈德（Christine M. Korsgaard）将其解决方案归结为四种：唯意志论、实在论、反思性认可、诉诸自律（参见科尔斯戈德．规范性的来源．杨顺利译．上海：上海译文出版社，2010：20-21）。总的来看，这无非是或从主体自身，或从主体之外寻找其来源。显然，这一区分实际上体现了内在主义与外在主义在规范性问题上的分歧和争论。

② 关于隐规范性的阐发在很大程度上应归功于布兰顿，可参见本文第二部分关于实用主义进路的探讨。参见 Brandom R. Tales of the Mighty Dead：Historical Essays in the Metaphysics of Intentionality. Cambridge, Mass.：Harvard University Press，2002：21.

③ 本文中所谓强规范性与弱规范性的区分，并非在于命令与祈使之间语力的不同，因为弱规范性不必涉及义务，而强规范性则与某种义务性相联系。

（二）规范性问题回溯与“规范性转向”

“规范”一词在希腊文中原指社会共同体的风俗习惯，随着法律和伦理逐渐从中分化出来，规范也成为与“自然”相对立的概念，对规范性的本质与来源的自觉始于智者时期“自然说”和“约定说”之争。这场争论的核心是，人为约定的规范何以具有普遍的合法性和约束力。在苏格拉底那里，规范性被奠基于知识的普遍必然性，而柏拉图则将规范性连同目的与价值一并归结为理念本身的实在性，从而开启了规范性论证的实在论进路。在这一进路中，规范性问题实际上被本体论问题消解了。亚里士多德对苏格拉底“美德即知识”的批判表明他已经明确意识到知识理论与行动实践之间的区别。从主观意识的角度来看，这种区别体现为理性与意志的不同作用；从目的论的角度来看，它体现为真理与功用的不同追求；从逻辑的角度来看，它又体现为以“是”连接的实然命题与以“应该”连接的应然命题之间的区别。这些区别在中世纪基督教哲学和神学中又都被无与伦比的“上帝”概念取消了——上帝的意志作为一切规范性的来源是毋庸置疑的。

随着文艺复兴的兴起和工业革命的发生，对知识力量的推崇促使人们反思和质疑知识的普遍必然性，而对新知识的渴求又促使人们追问知识的来源及获取正确知识的有效途径。这就使在认识论的讨论中，规范性成为首要的问题，唯理论和经验论都试图为知识建立可靠的规范性准则。对于经验论而言，虽然以“奥康剃刀”原则清算了柏拉图主义，但经验本身却不足以为规范性奠基，而这一点实际上是由休谟明确揭示出来的。休谟一方面彻底否定了以经验为基础建立因果必然性的可能；另一方面提出了“是”推不出“应该”的所谓“休谟法则”，并由此导致了事实与价值、描述性与规范性的二分，从而使得通过描述经验事实的因果关系来为规范性奠基成为一种“自然主义谬误”[2]。

正是由于近代经验论的这种局限，康德才诉诸认识主体的先验理性来为规范性奠基，因此近代的认识论转向最终体现为一种主体性转向。这一转向同时也是从外在规范性到内在规范性的转向。笛卡儿开启的这一主体性转向在康德那里得以完成，而其标志就是康德的“规范性转向”①，而其可归结为以下三个方面。

① 布兰顿认为康德的大多数代表性观点都印证了这一转向。布兰顿主要是从“自我”意义的转变来界定康德的“规范性转向”，也就是下文谈到的第二个方面：“自我”从本体论意义的实体转变为规范性意义的责任主体（参见 Brandom R. Tales of the Mighty Dead：Historical Essays in the Metaphysics of Intentionality. Cambridge，Mass.：Harvard University Press，2002：21-22.）。布兰顿将这一转变称为“规范性转向”，认为其意义丝毫不亚于“哥白尼革命”。“规范性转向”可以说是近代“认识论转向”深入发展的结果。我们还试图表明，康德的“规范性转向”实际上具有更深远和广泛的意义，尤其在当前的语义学领域中体现出其独特的地位和作用。

其一，判断负载价值。① 就休谟法则本身而言，它只断言“是”推不出“应该”，而这两种判断之间的差别并不意味着存在独立于价值的事实判断。康德认为判断本身就包含了对判断内容或对象的一种承诺，这种承诺意味着主体对他所持的信念和所做的事情负有责任，也就是说，必要时主体有义务和责任为他自己的信念和行为进行辩护。因此，只要存在判断的正确性标准，那么任何判断都是包含价值维度的规范性评价。

其二，从本体“自我”转向责任“自我”[3]。在笛卡儿那里，认识主体同时也是作为纯粹思维实体的“我思”。由于康德将判断和规范性与责任和义务联系在一起，所以他眼中的认识主体同时也是承诺判断正确性的责任主体。在此意义上，康德将规范性评价带来的责任和义务看成是人与其他动物之间区别的一个根本标志。显然，作为主体的“自我”从笛卡儿的本体论区分到康德的非本体论区分，实际上出现了一个规范性的转向。

其三，从规范性转向元规范性。唯理论纠结于“真观念”的辩明，笛卡儿和斯宾诺莎都把“清楚明白”作为真观念的标准；康德对规范性的运思并不以观念或概念为起点，而是以判断为基本单位，因此他转而考察判断或命题正确性的先验条件，即知识的可能性条件。如果说唯理论者试图建立知识的规范性准则，那么康德就是在元规范性的层面上追问规范性准则本身的可能性和来源，这与他要求在使用理性之前对其认识能力做一番先验的考察是一致的。在此意义上，康德的规范性转向其实也是一种元规范性的转向。

康德的规范性转向标志着近代认识论主体性转向的完成，使得规范性成为认识论的根本问题，进而在哲学探讨中占有核心地位，对于伦理学特别是义务伦理学也有非凡的意义。20 世纪哲学的“语言学转向”之后，规范性的核心地位更加显露无余。虽然在认识论和语言哲学中始终存在着强大的自然主义思潮，但从根本上讲，自然主义通常并不质疑规范性本身，只是试图对其本质和来源做自然化处理，以非规范性的术语来解释或消解规范性。自然主义的诘难从另一方面彰显了规范性的基础性地位和重要意义。在当代分析哲学领域中，对语言意义明晰性和确定性的追求正源于如下信念：存在语言使用的正确性条件，语言实践本身就是规范性的。这使分析哲学家们一度坚信，只要解决了语言的规范性问题，一

① 事实与价值的二分往往被追溯至休谟法则，尽管关于休谟的本意仍存在争议，但无论如何，休谟至少明确将这两种判断形式区分开，而任何跳跃性的尝试都必须“加以论述和说明”。尽管康德表明了判断本身离不开价值性，但他对必然王国和自由王国的区分又容易造成误解，因此，随着新康德主义对价值哲学的大力推广及逻辑经验主义对形而上学的清算，事实与价值的二分被夸大，受到普特南（Hilary Putnam）、杜威（John Dewey）等人的批判。

切哲学问题都将随之消失。这构成了规范性问题“语义转向”的内在动因。①

二、规范性问题的语义转向

由于对明晰性和确定性的追求，分析哲学在相当长一段时间内将逻辑看成是哲学的本质，将规范性归结为逻辑必然性，而对其的探讨也就蜕变成关于逻辑本质的探讨。就此而言，早期分析哲学在规范性问题上可以说是康德先验逻辑的嬗变。然而，随着蒯因对分析哲学传统的批判，对规范性的本质和来源的关注变得越来越强烈。一个显著的变化在于，语义分析在规范性解释中发挥越来越重要的作用，使整个探讨呈现出明显的语义转向。这一转向虽然主要以克里普克对维特根斯坦规则遵循问题的解读为标志，但其根源同样可以追溯到康德的先验逻辑中所蕴涵的有关语义规范性的深刻洞见：语义规范性在逻辑上优先于认识论规范性。

（一）规范性：从认识论到语义学

康德的规范性转向并不是要建立某种规范性准则，而是探究规范性本身的构成性要素或条件。康德最终将其归结为作为纯粹知性概念的先验范畴，后者构成了知性综合统一的规范性活动的规则。因此，康德以意识的先验综合能力说明认识的可能性，以先验自我意识的统一性说明知识的客观必然性，从而将规范性奠基于先验必然性。但是，康德的规范性转向并不能简单地理解为将规范性归结或还原为先验必然性，而应注意其考察方式体现出的元理论意义。这事实上已经超出了认识论的范畴而涉及语义领域。正如布兰顿所指出的那样，康德的深刻之处在于，他看到认识论问题预设了语义学问题[4]。知识概念预设了表征概念，但康德关注的并不是知识何以能成功地表征对象，而是一个表征的意向是如何形成的，也就是说，“是什么使我们的概念指向外部世界，指向它们关涉的事物”。康德通过先验概念的“客观演绎”来解释“概念能够先验地和对象发生关系的方式”[5]。在康德看来，形式逻辑的规则只是先天的空洞的重言式，也就是纯粹的分析判断，而他的先验逻辑却是能够用于经验性对象的普遍法则，由此而产生的先天综合判断既是普遍必然的，又具有后天经验内容，因而是有意义的。可以说，先天综合判断产生的过程同时也是意义获得与形成的过程，这直指当代语言哲学的核心——意义问题。

① 由弗雷格、罗素、维特根斯坦及维也纳学派推动的“语言学转向”将哲学活动归结为语言意义的澄明，以此将传统的形而上学争论当作无意义的命题，并将其逐出哲学的领地。由于语言被认为是分析思想的唯一途径，而语义又是语言意义最基础的部分，这就使得语义分析逐渐成为当代哲学家普遍采用的研究范式，受到广泛重视，这也促使规范性问题的当代研究呈现出明显的“语义转向”。

意义问题用康德的方式来表述就是“语言表达式具有它所具有的意义是如何可能的”。这样，其解决方案就包含以下两个步骤：首先以类似主观演绎的方式构建语言表达式运用的先验规则，然后以类似客观演绎的方式将规则用于后天经验性对象，从而产生有意义的语言表达式。这可称为意义问题的康德式解决方案。现代分析哲学中人工语言学派用数理逻辑的严密规则构造精密的人工语言，以此替代含糊不清的日常语言，正是这一思路的体现。

康德开启了规范性探讨的先验进路，而这揭示了语义规范性对认识论规范性的优先性——虽然这一问题在此后相当长时间内没有受到应有的重视，即使在“语言学转向”之后情况也没有得到明显改观。在很大程度上，这是因为语言使用的规范性仅仅被当成一种毋庸置疑的预设，而规范性本身的内涵和本质却没有得到澄清。因而关于语义规范性问题的探讨总体上仍只是局限于传统范式，要么寻求某种规范性准则（比如逻辑实证主义的证实原则），要么对规范性做出某种还原（比如某种逻辑必然性或克里普克的后天必然性）或替代解释（比如蒯因的自然主义解释）。

（二）“规范性”的语义转向：几种研究进路及其局限

克里普克的《维特根斯坦论规则与私人语言》于1982年出版，虽然现在普遍认为他误读了维特根斯坦，但其分析所引发的争论却改变了规范性问题的探讨方式，使规范性概念和规范性判断的语义分析成为被普遍接受的研究范式，导致了规范性问题的语义转向。在分析哲学领域中，这一转向演变为三种不同的研究进路。

第一种进路大体可以称为还原主义的进路，集中于规范性表达式的语义分析，试图将规范性概念还原为非规范性的，或者以非规范性术语为规范性表达式构建成真条件。其理论形态主要有以下三种。

（1）心理语义学。主要代表人物是布莱克本（Simon Blackburn）和吉伯德（Allan Gibbard）[6-8]。这一进路反对真值条件语义学而主张心理语义学，试图通过心理学术语给出规范性的合理解释，将规范性归结为欲望或情感等非认知性的心灵状态，而不是信念之类的认知性心灵状态。此外，这一进路试图以非规范性术语解释这些心灵状态，并将规范性事实排除在对规范性的基础解释之外，因而被称为规范性的反实在论。

（2）因果指称论。波义德（Richard Boyd）和斯特金（Nicholas Sturgeon）主张以因果指称理论处理规范性概念的意义，具有明显的实在论倾向[9,10]。他们认为自然种类词的意义在于词项指称特定自然种类的方式，这种方式在因果上决定或者限制了我们以恰当的方式使用该词项，从而将规范性术语的语义学消解为自然种类术语的语义学。

（3）概念分析。主要以杰克逊（Frank Jackson）、佩蒂特（Philip Pettit）和史密斯（Michael Smith）为代表[11-13]，试图以双条件句的形式给出规范性陈述为真的充分必要条件。他们把这种双条件句看成是概念真理，而且这种概念分析必须是非循环的，也就是说，必须用非规范性术语来详述规范性陈述为真的充分必要条件。

第二种进路是寂静主义实在论。麦克道尔（John McDowell）和帕菲特（Derek Parfit）都持这一立场[14,15]，认为规范性不可还原也无须还原，不存在任何实质性的或诠释性的解释，以此消除关于规范性的语义争论。按照这一观点，表达式“我不应该谎报数据”意谓说话者不应该在数据上作假，至于“一个人不应在数据上作假”这一信念究竟意味着什么，不需要也不存在进一步的解释。甚至我们如何能知道这一规范性命题，如何能有关于它的合理信念，也都没有任何实质性解释的必要。

第三种进路是实用主义的进路，主要涉及推理主义语义学和概念作用语义学，其支持者有布兰顿、哈曼（Gilbert Harman）、霍维奇（Paul Horwich）和布洛克（Ned Block）等[16-18]。这种进路也反对将规范性解释或还原为非规范性的术语，认为对其分析不能局限于语义学层面。意义并不是孤立的，语言表达式只有在使用中，也就是从表达式之间的规范性的推论关系中才能获得意义，而推理能力就是掌握规范。

这三种进路中，第一种进路涉及的其实是显规范性的语义分析，因为它针对的是具有明确形式的规范性表达式，而对规范性概念的任何还原都难免陷入实在论与反实在论、自然主义与反自然主义、认知主义与非认知主义的争论。心理主义语义学将规范性陈述所表达的心灵状态说成是非认知的情感或欲望非常牵强，而且它为了避免实在论，甚至不愿承认规范性陈述可以表达提供真值条件的命题。因果指称理论对规范性词项意义的解释显然具有较强的自然主义倾向，因为其实际上是将规范性词项所代表的属性或关系直接还原为某种非规范性的自然属性或关系。概念分析所提供的双条件句要求概念分析同时又是非循环的，而这实际上很难做到。因为这还是要求将规范性术语“分析”为非规范性术语以避免循环，但这样一来，这个双条件句的分析性是无法得到保证的。

这些理论都试图通过语义分析为规范性表达式的意义提供说明，但还原主义的进路显然存在明显的局限性。至于第二种进路，寂静主义为了避免争论而采取一种完全否定性和批判性的方式，像维特根斯坦那样致力于消解问题而非解决问题。然而仅仅强调我们凭借理性反思能力就能做到某事，却拒绝对如何做到加以解释显然不够，拒绝回答并不等于问题会自动消失。

第三种进路其实关注的是对隐规范性的考察，这与第一种进路形成了鲜明对照。第三种进路中影响最大、最具代表性的学者是布兰顿，他认为“像规则那样明晰的规范预设了实践中的内隐规范”[19]。这就是说，相比显规范性，隐规范性更为基础且更为根本。因此，布兰顿坚信规范性必须在社会实践中寻找，认为其就在于表达式之间规范性的可推论关系。

布兰顿的这一立场可以部分地归功于维特根斯坦。维特根斯坦的遵守规则悖论揭示了有关规范性的一个长期以来被忽视的关键特征：人们是在使用语言的活动中才逐渐领会到规则。这意味着语义规范性并没有先验地设定语法规则或必须遵守的语义事实，其内涵只有结合说话者具体的言语行为才能全面而充分地体现出来。

对规范性的传统研究的确忽略了基于社会实践的隐规范性。无论康德还是逻辑实证主义，都只是将规范视为明确清晰的规则而加以考察，还原主义进路对规范性的语义分析同样如此。推理主义语义学的成功之处在于重新发现了隐规范性的基础性和决定性作用，布兰顿强调语用的优先性，他的整个语义理论是以“推论”为出发点与核心的，完全颠倒了传统语义学的建构方式。

事实上，对规范性的语义分析完全可以采取不同的进路，对隐规范性的解释与阐明虽然涉及推论关系但也不必完全建立在其上。显规范性和隐规范性这两个维度本身就意味着，规范性意义的构成包含语义和语用两个并非彼此独立和相互平行的层面，而任何有关其的合理解释都必须对这两个层面给出融贯一致的说明。就显规范性而言，传统语义学研究将其等同于规则，将规范性等同于一种规则的强规范性，但是对语言表达式的正确性条件分析将表明，规范性要求首要地体现为一种弱规范性。就隐规范性而言，信念及相关心灵状态的语用规范性同样是一种弱规范性。因此，基于弱规范性，语义学的“应该”与语用学的“应该”可以很好地结合起来，为全面理解规范性的本质奠定基础。

三、规范性问题的语义分析

规范性的“语义转向”要求我们在讨论此问题时首先应在语义层面上澄清其内涵和本质，即对规范性问题做出恰当的语义分析。① 这一过程不仅提供了规范性概念的合理解释，同时也为语言表达式的意义提供了规范性说明。关于语义规范性，博格赫森（Paul Boghossian）提供了一种广受认可的说明：表达式之所以具有它所具有的意义，乃是因为存在正确运用该表达式的条件。比如，“假设

① 需要指出的是，虽然意义问题或许无法仅凭语义分析而得到完全的解决，语义分析方式在规范性问题的探讨中也显示出其局限性，但它极大拓展了规范性问题讨论的深度和广度。而且，下文的论述将表明，这种语义分析需结合说话者具体的言语实践，它很自然地会延伸到语用的层面，这不仅有助于澄清规范性的内涵及其本质，而且为意义问题的解读提供了新的视角。

表达式‘绿色’意谓绿色。立刻会得出‘绿色’这个表达式只有对这些事物（绿色的事物）而非另一些事物（非绿色的事物）有正确的使用”[20,21]。这表明，语言表达式的意义与运用该表达式的正确性条件应处于一种规范性的联系之中。因而，规范性问题的语义分析首先是对语言意义的正确性条件做出分析。

其一，从发生学的角度讲，语言的意义及其正确性条件都依赖于共同体的言语实践。尽管说话者可以通过语言表达式做出各种断言，但他使用表达式的正确性条件始终依赖于他所处的语言共同体的规范语境，而且，作为理性的存在者，人类的言语实践活动总是基于一定的理由并受到各种规则的约束，这种约束正体现了言语行为的规范性特征。此外，对说话者言语行为的评价也依赖于语言共同体的公共语言和评价准则。可见，不论是具体的言语行为还是语言表达式的意义，都具有规范性特征，依赖于一定的正确性条件。正是由于言语实践的这种特征，共同体成员才能够判断一个表达式的使用是否正确，所以不能对言语行为进行简单的因果性还原，或者以自然科学的解释模式来说明说话者的行为倾向和语言表达式的意义。但需要注意的是，尽管语言表达式的使用受到正确性条件或规则的限制和约束，但不能由此认为语言表达式的意义是由这些条件或规则先验地决定的，进而在柏拉图式的超验领域或个体的内在状态中寻找规范性的根据。言语实践的规范性维度要求我们在语言共同体构造的动态语境中理解意义，将语言表达式的语义规则与交流者的具体状态相结合，从而对表达式的意义和说话者的心灵内容都进行正确性条件的分析。

其二，语言表达式使用的正确性条件表明，如果一个表达式意谓了什么，这就表明说话者如何正确运用该表达式受到了一些规则或规范性条件的约束。这里需要关注的并不是一个语言表达式的意谓如何能在不同情境中保持同一，而是说话者运用表达式的正确性条件何以可能。例如，对于说话者以“+”来意谓加法而不是其他函项，需要关注的并不是说话者如何保证在 t_2 时刻运用“+”的方式与 t_1 时刻相同，而要探讨这种运用与“+”的意谓之间的关系。

其三，语言表达式的正确性条件常常体现为规则，而这些规则主要通过以下两种方式发挥作用。①语言表达式的正确运用与某种规则相关联，这种规则虽然对说话者的言语行为提出了必要的限制性条件，但不能决定表达式的意义——这可称为描述性或调节性规则；②语言表达式的某些规则并不局限于描述的层面，而对表达式的意义具有构成性和决定性作用，则其可被视为较强的规定性规则。后者不仅指定了表达式运用的正确性条件，而且能够意指某个能动者“应该/不应该”做什么的义务和责任。

相应地，作用不同的规则所体现的规范性要求也不同。描述性规则对语言表达式的运用有所限定，表达了规范性的一般要求，而规定性规则要求更高，表达了一种较强的规范性。根据这种强规范性，如果一个语言表达式的某种运用有意义，或者说话者能够将该表达式正确地用于某一对象，那就表明他“应该”甚至“必须”这样做，否则就违反了自己的语义义务。显然，强规范性是就纯粹的语义层面而言，而没有涉及说话者的欲望、意向、认知等语用因素。

事实上，强规范性难以达到。虽然语言表达式的规则与意义密切相关，但这种相关性并不蕴涵某位说话者“应该”如何的责任和义务。举例来讲，我们说“绿色”这一语词“应该”被用于那些呈现“绿色”这一特征的对象，如此才符合该语词的意义，但由此不能推出任何说话者负有将该语词用于所有“绿色”对象的义务。这种要求不合理。而且，也不能排除这样的可能性，即某位说话者在特定情境中由于欲望、审美等因素而将“绿色”用于其他对象。可见，包含“应该”的规范性陈述并不直接涉及某位特定的能动者，也没有将某种义务归于任何人。因此，当说话者没有将表达式用于它所适用的对象时，可以判断他做出了错误断言或犯了语义学错误，但不能认为他违反了强规范性意义上的语义义务。

这里可以借康德“应该蕴涵能够”① 的著名法则进一步加以分析。这一法则表明，如果一个规则或命令没有被遵守的可能性，那么它是无意义的。虽然在康德哲学中，这一法则有其伦理学意义，但也有助于理解语义学中的规范性问题。原因在于两个方面。①如果认为说话者或能动者“应该”履行某一行为，就相当于在逻辑上肯定了他“能够”这样做。例如，如果我们预设说话者“应该”将一个表达式用于某一对象，那么可以推出，该对象“能够”体现说话者想要意谓的特征，或者“能够”符合表达式运用的正确性条件。②“能够”并不蕴涵“应该”，即由说话者“能够”正确地运用一个表达式，并不能推出他“应该”如此行为，否则就违反其义务和责任。

假设 A 为任一能动者，P 为任一事件，根据康德的法则，如果“A 应该做 P”是成立的，那么可以推出“A 能够做 P”。但还要注意另外一种情况，即否定“A 能够做 P”是否可以得到“A 不应该做 P”？② 后一推论是不成立的。由“并非‘A 能够做 P’”推出的应是“并非‘A 应该做 P’”，而不是“A 不应该做 P”。“A 不应该做 P”表示 A 负有不去做 P 的义务和责任，而“并非‘A 应该做 P’”表示 A 没有一定要做 P 的义务和责任，二者显然不同。因此，我们由“并非‘A 能够遵守一项规则’”

---

① 康德曾多次强调过这一法则，如 Kant I. Critique of Practical Reason. Pluhar W S trans. Indianapolis: Hackett Publishing Company, Inc. 2002: 45-46; Kant I. Critique of Pure Reason. Pluhar W S trans. . Indianapolis: Hackett Publishing Company, Inc. 1996: 737; Kant I. Religion and Rational Theology. Wood A W, di Giovanni G trans. and eds. Cambridge : Cambridge University Press, 1996: 92-94.

② 否定“A 能够做 P”的情况稍显复杂，因为“并非‘能够’”至少包括两种情况：①A 没有能力做 P；②A 由于道德、法律等其他方面的因素而不能做 P。由于此区分不影响推论的过程和结果，所以没有必要就此分别予以讨论。

不能推出"A 负有不去遵守这项规则的义务"或"A 必须不遵守这项规则"，实际上，合理的结论是"A 没有遵守这项规则的义务和责任"。

在规范性的语义分析中，同样可以采取类似的策略。假设任意一位说话者 S 以一个语言表达式 x 意谓某种意义 F，那么"应该蕴涵能够"可重构为

S 以 x 意谓 $F \rightarrow (a)$(S 应该(将 x 用于 a) $\rightarrow$ S 能够(将 x 用于 a))

而"S 能够（将 x 用于 a）"实际上表明，对象 a 具有表达式 x 所意谓的特征和属性，如果我们用 f 表示这种特征与属性，那么可以得到

S 以 x 意谓 $F \rightarrow (a)$(S 能够(将 x 用于 a) $\rightarrow$ a 是 f)

分析可知，如果 S"应该"将表达式 x 运用于一个对象 a，那么 a 就具有 x 所意谓的特征，也就是 a 能够体现表达式 x 运用的正确性条件，即

S 以 x 意谓 $F \rightarrow (a)$（S 应该（将 x 用于 a）$\rightarrow$ a 是 f)

根据上述表达式，如果没有"a 是 f"，会得出"并非'S 应该将表达式 x 用于某对象 a'"，也就是说，"S 不具有将 x 用于 a 的一种义务和责任"，而不会得出"S 不应该将 x 用于 a"，或者"S 有不将 x 用于 a 的义务"[22]。总之，当否定 a 具有 x 所意谓的特征 f 时，如果 S 仍然将 x 用于 a，S 可能犯了错误，但不能说他违反了"应该"的语义义务；另外，如果肯定 a 具有 x 所意谓的特征 f，也不能推出 S"应该"将 x 用于 a，其中仍然没有"应该"如何的语义义务。如前所述，说话者"能够"正确地运用一个表达式并不意味着他做了"应该"做的事。

总之，语义规范性的合理解释意味着，即使某个语言表达式的运用正确，也并不表明对强规范性的承诺。因为表达式的正确性条件只是体现了一个表达式"应该"被如何运用，指出言语行为的一些构成要素和有意义的表达式的必要条件，并对言语实践涉及的基本概念做出明确说明，但不会决定说话者运用表达式的具体过程。同时，基于规范性视域的语言使用问题的分析，不会仅限于语言表达式意义和说话者信念内容的阐释，更要进一步追问表达式意义的实现条件、构成基础及相关信念得以坚持的理由。这些特征凸显了规范性问题在当代分析哲学中的方法论作用。

四、内容的规范性：从语义到语用

规范性问题的语义分析指出了语言表达式运用的一些必要条件，表明规范性首先是一种较弱意义上的规范性，它对表达的使用起到一种调节和指引作用。更重要的是，这种语义分析不会局限于对语言的形式化分析，而会扩展到说话者言语行为的心灵状态和语境因素。因为事实上很难设想一种仅仅产生于语义本身的"应该"，这种"应该"不可避免地会涉及信念、意欲、希望、意向等命题态度，命题态度所涉及或意指的东西就是心灵状态所具有的内容或命题内容。这就意味

着对语义规范性的考察要结合内容的规范性。

如果与表达式运用的正确性条件相关的语义规范性主要涉及显规范性，那么内容的规范性主要是一种隐规范性，而内容的规范性首要地体现为内在信念的规范性问题。比如，根据克里普克解读规则遵循悖论时提出的加法例子，如果一位说话者以“+”来意谓加法，并不能推出说话者在面对“68+57”时将会得出“125”这个结果，而只能认为说话者应该得到这个结果。① 如果继续追问“应该”是否足以充分说明说话者得出“125”的原因，就会发现，尽管说话者知道“+”的指谓及“125”这一结果符合运用“+”的正确性条件，但是他仍然可能不会得到该结果，因为他可能没有这样做的信念或者故意以违反正确性条件的方式来做断言。可见，规范性的语义分析必然会深入心灵内容的规范性，而在不同的心灵状态中，信念具有毋庸置疑的优先性，因此要解决内容的规范性问题就必须首先解决信念的规范性问题。

（一）内容的规范性与信念的优先性

信念问题在内容的规范性解读中具有优先性。心灵内容的规范性解读使语义学分析突破了传统形式语义学的局限性，它并不强调语句的结构表征与句法算子的描述，而侧重于在语言实践的基础上来考察说话者的信念、意向等问题，从而使意义理解的条件更有充分性和具体性。

人们对同一个命题可以有不同的命题态度。命题态度可以用“相信”“希望”“认为”“要求”等命题动词来表示，也可以用“知道”“看见”“感觉到”等认知动词来表示。前一类动词体现了世界向心灵的适应指向，而后一类动词则体现了心灵向世界的适应指向。当然，还有一些是零适应指向的，仅以相关命题内容的满足为前提，难以在适应指向的意义上加以探讨，如“对……感到高兴”“对……感到生气”②。无论这些命题态度体现了心灵状态的何种特征，它们基本

① 在《维特根斯坦论规则和私人语言》中，克里普克以加法运算为例对规则遵循问题进行了解读，进而探讨了语言表达式的使用与意义问题。特别是，说话者基于何种理由和根据而使用某一语言表达式来意谓某个对象，比如以“+”意谓加法。如果这种意谓与某种语义事实或实在论式的真值条件有关，那么就要追问是什么事实决定了他对该表达式的正确使用。克里普克假定了一位试图寻找这种事实怀疑论者，他对“+”指谓加法函项表示怀疑，并定义了一种“quus”规则，根据这一规则，68+57 的结果是 5，而不是 125。怀疑论者进而排除了所有可能成为语义事实的候选项，指出那种语义事实是不存在的。克里普克认为，这些候选项具有明显的倾向性特征，它们本身不足以说明语言表达式的意义归因问题，语言表达式与其未来使用之间的关系应该是规范性的。为了避免由怀疑论者的推论得出彻底的意义怀疑论，克里普克进一步提出了“怀疑论解决方案”。具体内容参见 Kripke S. Wittgenstein on Rules and Private Language. Cambridge，Mass.：Harvard University Press，1982：8-9，37-38，68-75。

② 有关“适应指向”问题的详细区分可以参见 Searle J. Mind，Language and Society. New York：Basic Books，1998：99-104.

上都非对称性地依赖于“信念”的概念，即使是对非信念概念的理解，实际上也都隐含了信念的首要性与优先性。例如，对“意欲”这一命题态度的理解，就包含了有关“信念”的前理论预设。①

其一，某种感觉状态、事态或命题成为“信念”的对象而非“意欲”的对象是可能的。可以设想这样一种情况：即使说话者“意欲”或“想要”的对象并不为真，但他却可能“相信”或“认为”该对象是真的，因为说话者可能有关于对象“如何”的想法却没有“想要”这一对象“如何”的欲望。对此，有人可能会提出质疑：欲望和信念这两个因素的结合正是构成行动理由的充分条件，那么信念的优先性实际上存在吗？诚然，如果从行为者的行动动机和理由来看，可能会更倾向于强调欲望的作用并将其看作与动机有关的本质状态，从而认为信念只是促成行动的一种偶然和辅助的方式。这种分析进路可追溯至休谟的“信念-欲望”理论，但这里并不涉及行动的动机和理由及其来源与构成，而是将“应该”与意义归因、信念归因、“真”等问题密切关联起来。

其二，难以设想这样一种情况，说话者有“意欲”的对象却没有关于这一对象的任何信念。比如，无法融贯地设想一位说话者完全不了解或不认为对象处于某种状态，但他却有“想要”该对象处于这一状态的欲望。欲望与信念的这种不对称性可以通过“从言的”（*de dicto*）和“从物的”（*de re*）两个层面来分析。首先，从“从言的”层面来看，假设有一个命题 p，在某一情境中，仅当一位说话者拥有关于 p 的某种命题信念（*de dicto* belief）时，他才能“意欲”或“想要” p，也就是说，只有以这种信念为前提，他关于 p 的欲望才是可以谈论的。例如，如果说话者 S“想要”天气变得更加晴朗，那么仅可能是由于他对晴朗的天气已经有某种信念。其次，从“从物的”层面来看，说话者关于某一对象的欲望也依赖于他对该对象的客体信念（*de re* belief）。例如，假设一位说话者“想要”某一事物，但他如果没有关于该事物是否存在的任何信念，那么其欲望便无从谈起。由此可见，就同一命题的规范性问题而言，对“意欲”与“信念”

---

① 在内容的规范性的相关探讨中，信念问题的重要性已经明显体现出来。但关于信念与其他一些心灵状态之间的具体关系问题，则存在不同见解。态度问题的功能主义者认为，信念和意欲这类概念是彼此密切关联的，它们之间并不存在任何不对称性。然而博格赫森等人对此予以反驳，认为对意欲等概念的理解不对称地依赖于对信念的理解。在这里，我们赞同后者的观点。需指出的是，博格赫森在分析了信念的特殊性之后，主要将信念的规范性与心灵内容的自然主义论题相联系来进行讨论，而没有进一步分析信念归因中的构成性与评价性问题。我们主要从信念在内容的规范性中的优先性地位出发，从不同角度分析意欲等心灵状态对信念的依赖性，进而从构成性与评价性两个维度来看信念的规范性，同时强调其中的合理性问题。参见 Boghossian P. Is Meaning Normative//Boghossian P. Content and Justification：Philosophical Papers. Oxford：Clarendon Press，2008：101-107；Hattiangadi A. Is Meaning Normative. Mind and Language，2006，21（2）：220-240；Glock H J. Meanig，Rules，and Conventions//Zamuner E，Levy D K. Wittgenstein's Enduring Arguments. London and New York：Routledge，2009：161-165.

的分析必须要考虑到这种不对称性。

推广来看，在有关某一命题的各种命题态度中，除了对“意欲”的分析体现了对“信念”的依赖性之外，其他命题态度，如“希望”“生气”“高兴”“恐惧”“担忧”“要求”“猜测”等，也都隐含了对“信念”的前理论预设。

（二）信念的构成性维度与评价性维度

信念的规范性需要在其构成性与评价性这两个基本维度上分别予以分析。

其一，从信念的构成性来看，首先要明确是什么构成了一个说话者“相信……”或者是什么构成了一个具有合理性特征的信念。另外，从“应该”的角度来解析以“真”为目标的信念的构成性条件，也可以体现信念归因与意义归因之间的关联。首先考虑与某一个词项相关的信念：如果说话者 S 拥有将词项 w 用于某个对象 x 的信念，且这一信念对于“真”的目标来说是构成性的，那么他就“不应该”将 w 用于那些非 x 的对象，否则他就无法正确地把握该词项的意义。然而，需要注意的是，所谓的“不应该”并不是指说话者具有不将 w 用于非 x 的义务或责任，而只是表明说话者将 w 用于非 x 是不正确或不恰当的。其次考虑关于命题的信念：如果说话者 S 相信一个命题 p，那么他“应该”相信 p 是真的。如果这种构成性条件没有得到满足，那么这个说话者就会陷入自相矛盾的困境。如果他拥有“相信” p 的信念，但认为 p 是假的，这显然是不合理的。

其二，从信念的评价性来看，主要需考察构成一个说话者“相信……”的理由是什么，或者说话者能够将其信念评价为“真”需要满足什么样的准则。这种准则突出地体现在命题信念方面。有关客体信念的评价性条件是显而易见的，如果信念与其对象之间构成一种适应指向的关系，“相信”的条件就得到了满足。而命题信念的评价性准则可以表述为：对于一个命题 p，仅当 p 是真的（或能够得到辩护的），（主体）应该相信 p。对此可能会存在一些争议，比如：如何界定“真”或得到辩护的条件？在命题 p 得到辩护时，一个主体“相信 p”的信念会涉及他“应该”如何的义务吗？需要指出的是，一个主体在遵循这一准则时也要避免将“应该”扩大化，“真”或“得到辩护”只是构成了信念规范性的条件或前提，但并不意味着只要满足了这种条件，主体就有一种“应该……”的内在义务或责任。另外需要澄清的是，在信念的评价性维度上，关键问题并不是“真”信念的辩明与命题知识之间的关系，即此并非一种知识论层面上的探讨。

（三）信念的规范性及其合理性

如果一个信念体现了心灵向世界的适应指向，仍不表明信念本身具有一种强规范性。正确性条件可以作为信念归因的一个必要前提，但不能作为充分条件，否则会导致规范性问题的扩大化和规范性要求的不合理性。

前文在分析语义规范性的正确性条件时已经指出：语言表达式规则的正确性并不蕴涵强规范性。在信念的规范性中也存在类似的情况，如果可以将一位说话者的信念评价为“真”或者该信念的正确性条件得到满足，能够就此推出说话者“应该”甚至“必须”做某事的义务吗？通过对信念归因的双条件式分析可以澄清这一点。[①] 以命题信念为例，对于任一主体 S 与任一命题 p，则有

“S 相信 p”是正确的，当且仅当 p 是真的（能够得到辩护）。

在上述双条件表达式中，这种“正确性”是可以接受的，但是能否进一步在规范性的意义上理解这种“正确性”呢？假设“正确性”蕴涵“应该”的意义，同样可以得到一个双条件式：

S“应该”相信 p，当且仅当 p 是真的（能够得到辩护）。

但这里的“应该”能否成立呢？可以将此双条件式分解为两部分来考察它们是否具有一种分析的等价性。这两部分可以分别表述为

如果 p 是真的（能够得到辩护），则 S“应该”相信 p。 (1)

仅当 p 是真的（能够得到辩护），S“应该”相信 p。 (2)

其中，(2) 是可以接受的，它表明了构成一个说话者“相信……”的信念需要满足的正确性条件，这符合前面提到的信念的评价性维度。然而，(1) 表明，只要 p 是“真”的，就“应该”相信 p。这一层面的规范性要求无疑指出了有关“应该”的充分条件。但这种充分条件难以满足，因为要求人们相信一切可以评价为“真”的东西，这一过强的规范性要求显然是不合理的，也是不符合实际情况的。

可见，规范性的语义分析与内容的规范性密切相关，探讨一个语言表达式的正确性条件也在某种程度上意味着理解相关心灵内容的正确性条件。但是，与表达式的正确性条件不同的是，心灵内容的正确性条件通常并不体现为明确的规则，而是根植于语言共同体的文化传统与语言习惯中，在此意义上，语义规范性主要体现为一种显规范性，而内容的规范性主要体现为一种隐规范性。语义规范性与内容规范性的密切关联意味着，语言表达式意义方面的“应该”（即显规范性）无法脱离说话者信念方面的“应该”（即隐规范性），语义规范性不能脱离信念的规范性而获得独立的说明。

---

① 关于内容的规范性中的信念问题，博格赫森曾引述吉伯德的具体事例进行了分析，试图表明事实上的“真”并不蕴涵一种内容的规范性（参见 Boghossian P. Is Meaning Normative? //Boghossian P. Content and Justification：Philosophical Papers. Oxford：Clarendon Press，2008：95-101.）。然而我们认为，这种结论虽有一定的合理性，但博格赫森没有详细区分规范性的不同层次，因而仅止于此还不能充分说明内容的规范性问题。本文这里试图基于对信念的分析进一步说明，规范性可以体现为强弱和显隐等不同层次，而内容的规范性则主要体现出一种隐规范性与弱规范性的特征。

五、规范性问题的语用进路

前文的分析表明，在追问有意义的语言表达式与其运用的正确性条件之间的关系时，需要进一步考察说话者的心灵状态。而对语言表达式和心灵内容的分析始终无法脱离说话者言语行为的语用意蕴和语用效力。传统的语义分析方法关注的主要是显规范性和强规范性，因而不足以刻画规范性问题的整体图景。

就基本论域而言，规范性主要可以分为意义和内容两种不同的规范性。关于前者的分析表明，与强规范性相比，弱规范性更能体现规范性要求的合理内涵；关于后者的讨论揭示了隐规范性比显规范性更具有基础性和决定性地位。这就体现出规范性探讨的一种整体变化：从显规范性到隐规范性，从强规范性到弱规范性。这一变化实际上指出了规范性问题在研究进路和探讨方式上的总体趋向，即从语义规范性到语用规范性的转变（图1）。

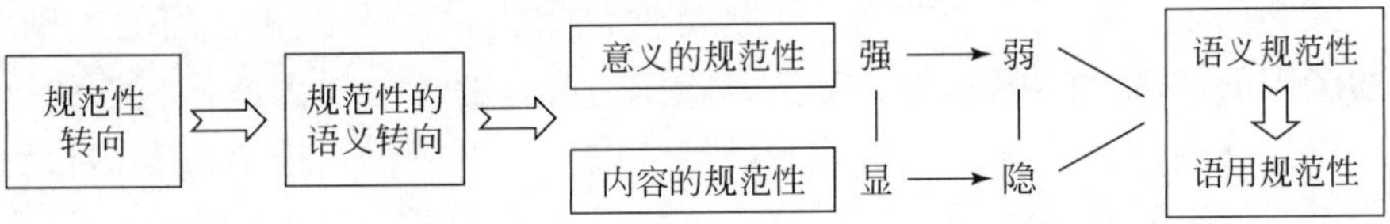

图1

这就意味着，要澄清规范性的本质和内涵，语义学的“应该”需要结合语用学的“应该”，语义规范性中渗透着非语义规范性的特征。说话者的意向、欲望、行为、态度等方面的语用分析对说明语义结构和内容具有重要意义。这就使规范性问题的探讨无论是在研究内容还是在方法论层面都呈现出一种语用进路，而此进路具有以下基本特征。

首先，从意义发生的原因和过程来看，规范性的语用进路肯定了意义在本质上对使用具有依赖性。语言表达式的意义正是在共同体成员的言语行为实践中建立起来的。虽然意义与使用之间有密切关联，但仍应对此关系采取一种较为审慎的解读方式。意义使用理论的坚持者常常遵循“意义即使用”的原则，但这一原则往往遭到过度阐释而被误解和滥用。在强调“使用”的同时不应该忽略言语行为的规范性特征和语言意义的规范意蕴，如果仅从行为主义视角对言语行为进行因果性还原，就会忽略意义的自主性，导致意义的消解或解构。也就是说，要避免通过“去规范性”的使用而消解意义。

其次，规范性的传统研究和语义分析将规范等同于规则，将规范性等同于显规范性，这就使规范性成为一种强规范性。虽然语言表达式的使用具有一些约束性的规则，表达式的意义也与规则密切相关，但不能因此认为这些规则或正确性条件完全决定了意义甚至等同于意义。说话者处于语言共同体中，其言语实践必定会遵循一定的规则，体现出某种规范性特征，但正如前文所指出的，那种决定意义的强规范性的合理性令人质疑。某些使用理论者将语言的使用与棋类游戏做类比。[①] 在棋类游戏中，下棋的目标、步骤及结果完全是由参与者约定的规则决定的，规则也构成了这一活动的意义。然而语言的使用与此不同，没有遵循这种规定性规则的言语行为并非无法获得意义，也不代表违反了某种语义义务。虽然语言共同体的言语实践是意义发生的前提，但仅仅着眼于意义的发生角度或言语行为的实施过程并不能充分地解释意义归因，规范性的语用进路仍坚持意义的独立性和自主性。

最后，将规范性等同于显规范性的另一个后果是，它使对规范性的语义分析容易陷入还原主义的窠臼，把规范性特征或关系看成是对自然特征或关系的一种表征。而推理主义语义学将规范性归结为规范性表达式之间的推论关系，这又容易导致语言与世界的分离。规范性的合理解释在强调语用规范性的同时并不否认规范性表达式具有表征外部世界的命题内容，因而没有置身于语言与世界的关系之外。其不同之处在于两个方面。①规范性仅仅指定了表达式运用的正确条件，由此而产生的规范性约束较弱，且不能做任何形式的还原。因此规范性的语用进路不再仅仅诉诸具有明确规则形式的显规范性，也不再仅仅把语言表达式看作表征外部世界的符号系统，而主要在言语实践过程中考察交流者的意向、信念及他们在达成理解的过程中需具备的条件。②在规范性构建的解释模式中，我们不再认为表达式对其对象的指称或表征是不证自明的，不再把“指称”“意谓”“真”等看作毋庸置疑的前理论意义的概念，而是结合内容的规范性，通过说话者的信念归因来具体说明这种表征关系和表达式的正确性条件，进而达到意义归因的辩明。

因此，基于一种弱规范性的理解，规范性的语用进路将语义学的“应该”与语用学的“应该”结合起来，规范性往往与说话者的命题态度或心灵状态联系在一起，并且依赖于说话者使用语言表达式时所持的相关信念。因此，显规范性的语义解释必然导向关于信念规范性的语用解释，而这一过程表明，态度、信念等语用层面的规范性不再是可有可无的，它对语言表达式的意义发挥起更为基础性的作用。

其一，意义与未来行动的意向之间的规范性联系体现了语用的特征和指向，

---

① 维特根斯坦在《哲学研究》中反复将语言规则与棋类规则做类比，以阐明其语言游戏理论，这一类比受到语言使用论者的普遍重视。达米特（Michael Dummett）为了说明语义规则对意义形成的重要性也曾采用这一类比（参见 Dummett M. The Seas of Language. Oxford：Clarendon Press，1996：96，102-103）。但也有很多人反对这一类比，如戴维森（Donald Davidson）曾分析了遵守规则的游戏与语言实践之间的重要区别（参见 Davidson D. Subjective，Intersubjective，Objective. New York：Oxford University Press，2001：106-121）。

对规范性的语义分析内含对语用规范性的依赖。克里普克曾指出："计算错误，我能力的有限性及其他干扰因素可能会导致我没有'倾向于'像我'应该'的那样来回答，如果确实发生这种情形，我就没有按照我的意向来行动。意义和未来行动的意向之间的关系是规范性的，不是描述性的。"[23]这里的"规范性"并不意味着强规范性，运算者或说话者的未来行动源于他要实现的某种目标或要满足的某种欲望，他想达成这种愿望就应该做某事。如果他没有做到，并不会必然得出他违反了某种义务。

这里的"应该"只是表明，为了符合某种意向或实现某个目标，做出某种行动是合适的。这种规范性可以类比于康德哲学中的"假言命令"，后者从经验上设定了一些实现某种既定目标的可能方法，即如果某人想要达到某种目的 P，就应该做 A。当然就一般情况而言，如果没有做 A，并不表示某人做了他"不应该"做的事，也不一定表示某人没有达到目的，因为可能存在其他达到目的的方式。不过，规范性与这种假言命令还是有区别的，因为它并没有像假言命令那样从经验上指定实现一个目标的可能方法，而只是强调说话者"应该"以符合他"意向"的方式来行动。比如，如果说话者要正确而有意义地运用"马"这个词项，就要将"马"用于对象的马，这是表达式运用的恰当方式。但是，如果说话者没有将"马"用于它适用的对象，也并不表示他违反了语义义务，只是说明其意向没有实现，其中不涉及规定性的"应该"。可见，意义与未来行动的意向之间的关联并不是内在的或本质的，说话者或能动者所谓的"应该"主要取决于他所处语境中的非语义学特征，与欲望、意向、认知等因素密切相关，常常体现的是道德、审美、法律等方面的"应该"。在语言共同体的实际交流中，强规范性的语义学"应该"几乎是不存在的，它仅仅表示一种假设的实现意向目标的方式或手段，需要通过语用的规范性才有可能完成。

其二，通过规则和意义之间的关系来解读语义规范性时，以语用背景为基底分析规范性的内涵和本质比单纯的语义分析更加有效。如果一个语言表达式有意义，那就一定有其运用的正确性条件或规则。然而，说话者遵守了这些规则是否就意味着他做出了正确的断言？反之，就做出了错误的断言？如果这些规则只体现了语义学规范性的一般要求，或许可以做出这样的推论，而如果这是强规范性要求，则不仅可以这样推论，而且可以进一步要求说话者以"应该/不应该"的方式做出断言。可是，实际情况并非如此，规则的规范性本质和力量更多地体现在语用层面，以保证语言共同体的交流互动能够顺利进行。举例说明，塞尔曾对以言行事的行为结构进行了分析[24]，其中的真诚性规则指出，只有当说话者 S 相信 p 时，才断言 p。然而，实际上会有这样的情况发生。① 即使说话者 S 遵守真诚性规则，他仍有可能做出不正确的断言。比如 S 确实真诚地相信 p，但断言时出于某种原因发生了错误。② 即使说话者 S 违反了真诚性规则，他也仍有可能断

言 p，于是做出了正确的判断。比如，S 虽然不相信 p，但由于说谎或其他原因，结果也断言了 p。可见，遵守规则并不总是意味着做出了正确的断言；同样，违反规则也并不总是意味着做 出了错误的断言。规则对于能动者并没有强规范性要求。正是在语用背景的基础上，言语行为的变化体现了与具体语境趋向的内在关联性。

其三，在信念的规范性解读中，推论的合理性问题也显示出语用分析的旨趣。有关信念规范性的探讨不能仅限于某一个体单一信念的合理性，而且还要考察信念之间推论关系的合理性；也就是说，单一信念需要被置于一个信念集之中才能得到充分说明。首先，为了说明将某一信念归于一位说话者的原因，或者解释这一信念为“真”的合理性条件，需要将说话者彼此相关的一组信念融合于一种前后融贯的理性模式之中进行分析，进而在此模式之内确定已有信念集的限制性条件。在这一过程中，只有结合心灵状态的内容和语义属性进行分析，才能体现语用规范性在确立限制性条件时所具有的导向意义。其次，在对说话者的信念进行归因的过程中，还需要把握构成其合理信念集的各种背景因素，而语用意蕴和效力也渗透在信念之间的推论中。

可以考虑这样两个例子。① 对于一个命题 p，如果说话者 S 相信 p，并且 p 蕴涵 q，能否得出 S 相信 q？这种推论是不合理的，因为要清晰地解释一个说话者的信念、意向等命题态度，必然要了解相关背景性问题。由于命题态度具有语义的不透明性，在尚未全面把握一个说话者对某一事态的理解程度、表征能力与表征方式之前，无论命题 p 蕴涵 q 还是等价于 q，都不能由“说话者 S 相信 p”就直接推出“S 相信 q”，否则就会违反命题态度的严密性和确定性。② 对于一个命题 p，如果说话者 S 相信 p，并且 p 蕴涵 q，能否得出 S“应该”相信 q？如果未辅以一些限制性条件，这种涉及“应该”的推论过程也是不恰当的。因为就说话者本身而言，他在言语行为中并没有体现出有“相信 q”的义务，所以这种信念归因还缺少具体说明与合理性辩护。

其四，通过对语言表达式功能的特征化表述，可以对表达式“应该”如何被运用的问题进行语用分析，从而消除强规范性导致的困难。有关表达式“应该”怎样被运用实际上并不隐含说话者的语义义务，如果把这种“应该”理解为关于表达式功能和特征的表述，会使问题更清晰。比如：“黑色”不应该被用于“雪”，这可以理解为对谓词“黑色”的部分特征描述。也许有人在某一时刻出于某种原因而将“黑色”用于“雪”，也并不表示他做了违反自己语义义务的事。又如：伞“应该”被用来遮阳挡雨，这种“应该”只是表示了伞的功能特征。如果伞没有被用来遮阳挡雨而用作他途，也并不说明使用者“不应该”有这样的行为。

由此可见，规范性问题的语义分析不可避免地涉及其语用特征，对意义与内容这两种规范性的阐释都内含一种语用意蕴。因此只有将语义规范性和语用规范性这两个基本维度相结合，进而凸显语用规范性在言语实践中的基础性和指引性作用，才可能更清晰准确地把握规范性问题。

结　语

规范性问题的重要性伴随着近代认识论转向和主体精神的自觉而逐渐凸显出来。这一过程在康德那里完成，使得规范性成为认识论的关键与核心，进而揭示了认识论中蕴涵的语义学问题。随着20世纪语言哲学的发展，规范性与语言意义紧密交织在一起，而语义分析方法在对规范性的探讨中也发挥着越来越重要的作用，这最终促成了规范性问题的语义转向，并最终走向一种语用的规范性。

从康德探讨规范性问题的先验方式中，我们不仅要看到认识论的规范性中预设了语义学问题，更要看到语义规范性与认识论规范性的必然关联和前者对于后者的优先性地位。然而，规范性的传统语义分析要么仅仅关注显规范性而将规范性不加区别地等同于强规范性，要么片面强调规范性对主体的强制性义务要求而忽略了弱规范性。对规范性表达式的正确性条件的分析表明，规范性首先是一种弱规范性，信念等命题态度的语用规范性也确证了这种弱规范性的合理性。这一分析同时也揭示出，在探讨主题上，规范性研究经历了从语言到心灵、从意义到内容、从（强规范性和显规范性意义上的）规则到（弱规范性和隐规范性意义上的）正确性条件的变化；在方法论特征上经历了从语义规范性到语用规范性的变化。

就规范性的探讨主题来看，需要注意的是，尽管目前体现出一种从语言意义到心灵内容的研究趋向，但不能因为内容的规范性涉及主体的认知状态或心灵状态而简单地将这种趋向看作向认识论规范性的一种回归。因为内容的规范性始终是与语言意义的形成与归因密不可分的，它对于构建一种合理的意义理论不可或缺，也是全面理解与充分阐释语言意义的一种必然诉求。

结合当代语义学的发展来看，在规范性论题的方法论建构中，规范性的语用进路既体现了一些传统语义学理论的优势，又显示出其丰富性与独特性。首先，规范性的语用进路明显区别于还原主义和寂静主义进路，它并不试图对规范性做出某种形式的还原，也不赞同取消问题悬搁解释的做法，尽管还原主义为规范性问题建立了一种典型的语义分析方式，比如条件句分析，但由于忽略规范性的内隐维度，这种分析就显得颇有局限。实用主义进路虽然强调对规范性的考察及语用在这种考察中的优先性，但是将规范性完全归结为语言推论的实践则显得有些矫枉过正。我们所主张的语用进路试图在弱规范性的基础上将语义和语用、显规范性和隐规范性结合起来，从而为规范性提供完整一致的说明。其次，规范性问题研究的一个基础是对语言表达式的规则和使用的分析，从根源上讲，对语法、语义和语用规则的分析自然地属于规范性问题的论域。而且，规范性问题的语用进路指出，规范性的“意义”层面需要借助“内容”层面而得以说明，意义归因需要借助信念归因才能得以充分解释。因此，这种规范性问题的分析模式不但满足了形式语义学对语言意义精确阐释的要求，而且比传统形式语义学的意蕴更丰富。最后，规范性的语用进路表明，说话者意向层面的表征与语言对外部世界的表征不仅同样重要，而且在语义的阐释中，前者甚至更具有基础性和优先性地位。因而语形、语义和语用在语言共同体成员构建的言语实践基底上实现了有效结合。这不仅具备了自然语言语义学的特征，更重要的是，语义规范性与语用规范性可以构成一种规范性语境，其中我们对意义的分析既不会脱离言语实践和语用层面，又能把握意义的准确性、明晰性与相对稳定性。总之，“语义的整体性就是意义的整体性，由于它是由相关语境的整体性所决定的，语义分析方法有其特殊的整合性功能”[25]。

规范性问题的多重意蕴为我们构建了一个探讨意义问题的动态语境，在审视传统的意义解读方式的同时也融合了其中的合理性因素。基于这一规范性语境，我们既能通过语义分析而对语言表达式的意义及其正确性条件有所说明，又能借助语用分析对语言表达式的运用及说话者言语行为的特征有所理解。在规范性的要求与引导作用下，这两种维度密不可分。在此基础上，我们不仅可以进一步澄清规范性的内涵及其本质，还可以将语用层面的意义解释纳入传统的语义分析中。于是，在相关语用的背景中，言语行为中的语用推理和语用效力提供了探讨表达式意义的必然选择，从而在使用理论的基础上凸显了语言实践的规范性层面，丰富了哲学中意义讨论的图景。另外，语用规范性的独特方法论作用使得语义阐释得以深入和拓宽，从而为当代语义学拓展了一种视角新颖的研究进路。更值得注意的是，规范性的语用进路也在一定程度上转变了我们对语义分析与语用分析方法的传统理解。语用分析不再仅仅作为语义分析的一种辅助或从属部分。当我们基于规范性语境来考察二者的差异性与互补性时，就会发现，前者也可以为后者提供一种基础性说明，正如语义规范性必然地会走向语用规范性，语用规范性可以发挥一种引领性作用。这对我们深入阐释和系统构建语义学中的基本问题，进而理解和把握当代语义学的发展具有重要意义。

参考文献

[1] Knowles J. Norms, Naturalism and Epistemology: The Case for Science without Norms. New York: Palgrave Macmillan, 2003: 8-13.

[2] Sellars W. Empiricism and the Philosophy of Mind. Cambridge, Mass.: Harvard University Press, 1997: 19.

[3] Brandom R. Tales of the Mighty Dead: Historical Essays in the Metaphysics of Intentionality.

Cambridge, Mass.: Harvard University Press, 2002: 20.
[4] Brandom R. Tales of the Mighty Dead: Historical Essays in the Metaphysics of Intentionality, 2002: Cambridge, Mass.: Harvard University Press, 22-23.
[5] Kant I. Critique of Pure Reason. Pluhar W S trans.. Indianapolis: Hackett Publishing Company, Inc., 1996: 142.
[6] Blackburn S. Ruling Passions: A Theory of Practical Reason. Oxford: Clarendon Press, 1998.
[7] Gibbard A. Wise Choices, Apt Feelings. Cambridge, MA: Harvard University Press, 1990.
[8] Gibbard A. Normative and Recognitional Concepts. Philosophy and Phenomenological Research, 2002, 64 (1): 151-167.
[9] Boyd R. Realism, Natural kinds, and philosophical methods//Beebee H, Sabbarton- Leary N. The Semantics and Metaphysics of Natural Kinds. New York and London: Routledge, 2010: 212-234.
[10] Sturgeon N. Moral explanations defended//Dreier J. Contemporary Debates in Moral Theory. Malden (MA), Oxford and Carlton (Victoria): Blackwell Publishing, 2006: 241-262.
[11] Smith M. The Moral Problem. Oxford: Blackwell Publishing, 1994.
[12] Jackson F. From Metaphysics to Ethics: A Defence of Conceptual Analysis. Oxford: Clarendon Press, 1998.
[13] Jackson F, Pettit P. Moral functionalism and moral motivation. Philosophical Quarterly, 1995, 45 (178): 20-40.
[14] McDowell J. Mind, Value, and Reality. Cambridge, MA: Harvard University Press, 1998: 50-73
[15] Parfit D. On What Matters: Volume Two. New York: Oxford University Press, 2011.
[16] Harman G. Reasoning, Meaning and Mind. Oxford: Oxford University Press, 1999.
[17] Horwich P. Reflections on Meaning. Oxford: Oxford University Press, 2005.
[18] Block N, Campell J. Functional role and truth condition. Proceedings of the Aristotelian Society, Supplementary Volumes, 1987, 61: 157-181.
[19] Brandom R. Making It Explicit: Reasoning, Representing, and Discursive Commitment. Cambridge, Mass.: Harvard University Press, 1994: 20.
[20] Boghossian P. Is Meaning Normative? //Boghossian P. Content and Justification: Philosophical Papers. Oxford: Clarendon Press, 2008: 95-99.
[21] Glock H J. Meanig, Rules, and Conventions//Zamuner E, Levy D K. Wittgenstein's Enduring Arguments. London and New York: Routledge, 2009: 159-160.
[22] 郭贵春，赵晓聃．意义的非事实论与规范性——规则遵循问题的语义分析．哲学研究，2011，(5)：46-54.
[23] Kripke S. Wittgenstein on Rules and Private Language. Cambridge, Mass.: Harvard University Press, 1982: 37.
[24] Searle J. Speech Acts: An Essay in the Philosophy of Language. Cambridge: Cambridge University Press, 1969: 64-67.
[25] 郭贵春．语义学研究的方法论意义．中国社会科学，2007 (3)：77-87.

规则遵循与意义的规范性*

赵晓聃　郭贵春

由于克里普克对维特根斯坦规则遵循问题的阐发及其引起的热烈讨论，规范性在语言哲学领域受到了越来越多的关注。目前对规则遵循的探讨已不再局限于对克里普克解读方式的争议，而更关注其中语言表达式的意义问题。因为当我们寻求规则遵循行动的理由和根据时，就不能仅限于经验层面的因果分析或满足于规则遵循悖论的解决方式，而要追问：如何理解这些规则所体现的指引性和规范性力量？语言表达式的意义是否具有规范性维度，何以体现这一维度？这就需要我们在探讨语言的使用、规则和意义时分析其中的规范性问题，并将规范性与其相关概念做出比较和澄清。

一、规范性与倾向性

维特根斯坦在《哲学研究》中通过规则遵循悖论揭示了一种困境[1]123：能动者的行动往往是在规则的指引下进行的，但在试图说明遵守规则的行动时，就会发现，我们恰恰是通过行动而理解和诠释了规则，因此作为原因的规则似乎又可以被看作行动的结果。而且这些规则本身也是需要解释的，这就导致了解释的无穷倒退。实际上，这一悖论为我们理解语言的使用及其意义提供了独特视角。正如规则遵循活动那样，语言运用的规则也只有通过共同体的言语实践才能得以理解。克里普克通过对规则悖论的扩展性解读进一步探讨了语言表达式的意义问题。在《维特根斯坦论规则和私人语言》中，克里普克描述了一位怀疑论者对我们习以为常的加法运算和语言表达式的使用提出了质疑，进而追问是怎样的语义事实构成了说话者使用语言表达式的根据，如说话者以“+”来意谓加法而不是卡法（quus）。为了找到能够确定语言表达式意义的“事实”，怀疑论者考查了那些可能成为这种语义事实的候选项并将它们逐一排除。那么，构成表达式意

---

*　本文为教育部人文社会科学研究青年基金项目“规则遵循相关问题的语义分析及语境解释”（10YJC720065）、国家社会科学基金青年项目“当代语义学视域中的意义与规范性问题研究”（12CZX041）成果。

原文发表于《科学技术哲学研究》2014 年第 6 期。

赵晓聃，山西大学哲学社会学学院讲师，研究方向为语言哲学；郭贵春，山西大学科学技术哲学研究中心教授、博士生导师，研究方向为科学哲学。

义的基础或“事实”是什么？应该如何解释意义的归因问题？随后的怀疑论论证表明，我们无法找到那种“事实”作为说话者运用某一表达式的正确标准，而这种推论继续进行下去就可能导致彻底的意义怀疑论，即能够为说话者使用某一语言表达式提供合理辩护的语义事实是不存在的，没有人可以通过语言表达式来意谓任何东西。为了避免这种可怕的结论，克里普克进一步提出了“怀疑论解决方案”①。

在克里普克对意义归因的分析过程中，规范性和倾向性的区分发挥了重要作用。克里普克说：“倾向论者给出了这种关系（我归于‘+’的意义和我对‘68+57’这个问题的回答之间）的一种描述性解释：如果‘+’意谓加法，那么我将回答‘125’。但是这不是一种恰当解释，这种关系是规范性的，而不是描述性的。”[2]37

克里普克认为，构成语言表达式意谓的根据并不存在于说话者的倾向性行为中，这些倾向性解释也无法为语言表达式的未来使用提供辩护。因为，涉及表达式意义的候选项与该表达式“应该”如何被使用密切相关，而怀疑论者所找到的候选项只体现了说话者倾向于如何使用某一表达式。通过观察说话者在某些情形中对某一表达式的有限次使用，倾向论者可以做出描述性解释，但它们无法为该表达式在未来的合理使用建立基础，也不足以说明意义的归因。尽管克里普克未对规范性问题进行明确界定和充分阐释，然而在其论证过程中却隐含着这样一种前提或预设：语言表达式的意义具有规范性维度。

简言之，意义的规范性指的是，语言表达式的意义对说话者如何正确恰当地运用该表达式具有一种约束性和范导性作用，即一个表达式“应该”被说话者以符合其意义的方式来使用。正是由于这一规范性维度，当说话者使用某一表达式时，我们才可能判断他使用的方式正确与否。然而，根据倾向论者的观点，意义归因问题可以理解为说话者倾向于以某种方式来使用表达式。例如，说话者以表达式 w 意谓某一对象 F 而不是其他，倾向论者可能会这样解读归因的过程，即通过说话者在过去相同的情境中多次使用这一表达式的倾向性行为，我们可以把握该表达式的意谓。实际上，意义归因的倾向论解释很容易因其局限性而受到质疑，如说话者在过去情境中有限的倾向性行为如何能为表达式未来使用的无限可能性提供标准？如果倾向性行为能够决定某一表达式的未来使用，那么何以解释说话者使用该表达式时出现的错误？面对这些质疑，有些倾向论者或许会诉诸更加完善和精致的倾向性解释，给那些倾向性行为的实施过程附加一些理想情形或

---

① 克里普克“怀疑论解决方案”与本文的主题并无直接关联，因而这里无须具体展开。这一方案的提出过程和具体分析可参见：Kripke S. Wittgenstein on Rules and Private Language. Oxford：Basil Blackwell，1982：66-77.

条件。但这不仅无助于倾向性解释摆脱困境，还会表明，对这些理想情形或条件的阐释，我们同样无能为力。在倾向性行为的描述和规范性结论之间，仍然存在着难以逾越的鸿沟。

因此，有关倾向性行为的描述性事实或许可以在经验的层次上说明规则与遵守规则的活动之间的因果关联，但当我们追问什么构成了遵守规则的根据和理由，或者什么构成了意义归因的基础时，却只有在规范性层面上才能得到回答。赖特（Crispin Wright）、麦克道尔（John McDowell）、布莱克本（Simon Blackburn）等同样也看到了这二者之间的明显差异。他们还进一步认为，在克里普克的阐释中，实际上隐含着一种休谟法则式的推理过程。①

休谟法则区分了事实陈述与价值判断：前者是关于对象“是”怎样的一种描述，而后者涉及的是“应该”如何的评价性断言，具有规范性的含义。“是”的断言中并不蕴涵“应该”的断言[3]。赖特等认为，克里普克的解读过程体现了一种对休谟法则的辩护。倾向论者试图以自然主义的方式确定说话者运用表达式的一组最优条件或理想情形，从而保证当说话者倾向于将该表达式用于某个对象时，这一对象能够在表达式的外延中。然而，问题的关键并不在于是否存在这样一组最优条件及如何确定这些条件，而是与意义归因有关的事实究竟能否被还原为倾向性事实。通过克里普克的解读可知，即使假设在逻辑上存在一种倾向性谓词，它能与体现意义归因的谓词发生共变，也就是说，假设倾向性谓词的外延总是与那些体现“意义事实”的谓词的外延保持一致，我们仍然不能将“倾向性事实”等同于“意义事实”，因为这二者具有根本性差异。从前者的属性中无法得出语言表达式运用的正确性条件，它无法为意义的“规范性”建立基础。

二、规范性与意义

在克里普克的阐释中，怀疑论者的质疑实质上可以概括为倾向性解释何以为语言表达式的使用及意义归因的合理性提供辩护。描述性前提与规范性结论之间存在着一种跳跃，因而在对倾向性行为的描述中无法找到这种辩护的理由。克里普克对规则遵循的解读体现了倾向性与规范性之间的明显差异，这点毋庸置疑，然而能否由此认为其中体现了对休谟法则的辩护？这一问题实际上是存在争议的。

---

① 关于赖特、伯格赫森等人的具体观点和相关解释可参见：Wright C. Kripke’s Account of the argument against private language. The Journal of Philosophy, 1984, 81 (12): 766-778; McDowell J. Wittgenstein on following a rule. Synthese, 1984, 58 (3): 333-336; Blackburn S. The individual strikes back. Synthese, 1984, 58 (3): 286-299.

（一）意义的“辩护论证”

赖特等认为克里普克的论证中存在休谟法则式的推理路线，而萨拉巴多（Jose Zalabardo）提出了质疑，认为倾向性面临的困境并不足以支持这一观点。[4] 473-475 他指出，如果把克里普克的解读看作对休谟法则的又一证明，那么这可能是对克里普克的一种过度阐释。根据他的观点，克里普克关于倾向性的探讨只是表明，说话者过去的倾向性行为和意识过程无法为他在未来正确运用语言表达式建立基础，也无法为他的信念和具体反应提供适当的理由。

就克里普克的加法例子而言，运算者在计算“68+57”的时候，他得出答案的方式应该与其过去运用函项“+”时的倾向相同，他归于“+”的意义应该能为运算者现在的信念和反应过程辩护，而我们在倾向论的解释中却找不到能够提供辩护的根据。那么确定一个表达式意义的语义事实在哪里？克里普克说：“我是否应该为我当前意谓加法而非卡法的信念辩护，因此通过我过去所倾向的那种假设而应回答‘125’（我记录并且研究了我大脑过去的生理机能了吗）？”[2]23 在萨拉巴多看来，克里普克表明，要使说话者的回答过程得到合理性辩护，这一过程就必须与说话者在过去运用同一函项做出断言的生理机能或意识产生联系，也就是说，该过程必须与相关语义事实形成有意识的固定联系。因此萨拉巴多主张，我们在克里普克的文本中所能找到的论证应该无涉于休谟式的推理思路，他把克里普克的论证归结为如下步骤。

（1）必须有一个合理的步骤来决定我是否将一个谓词用于一个对象。

（2）只有当这种步骤与这些事实（决定了我应该将谓词用于哪些对象的事实）具有有意识的固定联系时，这种步骤才是合理的（得到辩护的）。

（3）在决定是否将谓词归因于对象时，我并没有考虑在理想条件下是否会这样做。

从（2）（3）两个前提，可以推出：

（4）如果在理想条件下如何运用谓词的有关事实决定了应该把谓词用于哪些对象，那么我用来决定谓词运用的步骤就是不合理的（得不到辩护的）。

而通过（4）和（1），这个论证就得出了反倾向论的结论：

（5）我应该将谓词用于哪些对象，不是由在理想条件下我如何运用谓词的有关事实决定的[4] 480-482。

萨拉巴多将以上的论证过程称为“辩护论证”，他认为在这一论证结构中显然不存在休谟式的推理过程，而只是揭示了倾向性行为与意识过程在解释意义的规范性时所面临的困境。

然而我们认为，将辩护论证归于克里普克也是有问题的。如果说克里普克的论证不足以体现对休谟法则的辩护，那么将所谓的辩护论证归于克里普克可能同样是对克里普克文本的一种过度解释。因为辩护论证的一个重要前提是，要使得说话者运用表达式的过程是合理的，表达式的运用与决定这种运用的语义事实之间就必须形成有意识的固定联系。可见，如果合理化的意义归因需要具备上述特征，那么信念和行为的辩明都需要说话者密切联系他过去相关的意识过程，而这又可能会导致内在论的倾向。如果萨拉巴多将辩护论证归于克里普克，那么他就要承认克里普克的论证中存在这种内在论的预设。然而在克里普克的规范性论述中，并不能明显地找到这种倾向。

概言之，虽然倾向论者可能也注意到了倾向性事实的描述性特征与“应该”断言的规范性特征之间存在鸿沟，他们并非无视这种差异的存在，也并非没有考虑到语义规范性的“应该”。然而，问题的关键在于，当他们要从语义学的角度为倾向论解读方案做出明确的说明和论证时，会显得力不从心。如果试图以倾向论来解释意义问题，那就必须对倾向性做出系统的非循环的条件分析，而“理想条件”显然无法达到这一要求，这正是倾向论面临的尴尬处境。

（二）“能力”解决方案

麦金（Colin McGinn）试图以一种“能力”解决方案来解释意义归因，并由此避免倾向论面临的困境。他认为如果把理解和遵守规则看作说话者具有的能力或潜能，那么这种“能力”可能会为怀疑论论证提供一种较为合理与直接的解决方案，而这也符合后期维特根斯坦对语言的基本看法。比如，维特根斯坦在《哲学研究》中就曾提到：“‘Wissen［知］’一词的语法显然与‘können［能］’‘imstande sein［处于能做某事的状态］’这些词的语法很近。但也同‘verstehen［理解、领会、会］’一词的语法很近（‘掌握’一种技术）。”[1]90,91 “理解一种语言就是说：掌握一种技术。”[1]122

麦金认为，说话者意谓某对象的事实是由他具有某种“能力”的事实构成的。克里普克的怀疑论者按照经典实在论的方式，致力于寻找可以为意义提供基础的语义事实或使得表达式具有意义的真值条件。然而，语义事实的缺失和怀疑论论证的扩展却可能导致意义怀疑论。根据怀疑论论证，既然找不到任何语义事实作为表达式运用的正确标准，那么说话者的信念和反应与他过去的倾向性行为如何产生联系？如何能够确证规则的要求？这些疑问显然不利于倾向性解释。在麦金看来，如果我们采取关于“能力”的解释，就可以避免这些困难，同时又能够充分满足意义的规范性条件。他把这些条件概括为两点：“①解释在一个特定时刻以什么来意谓某事物；②解释在两个不同时刻以什么来意谓同样的事物。”[5]因此，在加法例子中，运算者在不同时刻都能以“+”来意谓加法的原因是：运算者在某时刻 t 以“+”意谓加法是与其此刻运用加法的能力相联系的，而他在另一时刻 t^* 以“+”来意谓加法而非卡法，这同样与他在 t^* 时刻运用这一函项的相同能力有关。说话者之所以能够在不同时刻以一个表达式意谓相同的对象，是因为他运用该表达式的能力是相同的。

麦金试图通过“能力”解决方案避免倾向论的缺陷，但其阐释也存在以下几个问题。

其一，“能力”解决方案同样不能恰当地回应怀疑论论证的挑战，“能力”并不比倾向性更具有说服力，因为“能力”的内涵和来源没有得到澄清。例如，运算者在不同时刻都具有加法运算能力，但其根据又是什么？麦金认为说话者因为其能力而具有相关的倾向性行为，但他并没有阐明这种能力的形成过程。

其二，“能力”解决方案的提出本来是为了使倾向性解释摆脱怀疑论的困境，然而这一目标只有在说明这些问题的基础上才可能实现，即倾向论成立的基础和根据、规范性概念的内涵、倾向性与规范性之间的关系等。如果这些问题尚未明确，那么麦金的建议同样也将面临困境。

其三，麦金探讨的规范性概念与克里普克的概念之间存在差异。按照麦金的理解，“规范性”涉及的是说话者如何能在不同时刻以一个表达式意谓同一对象，或者说，一个语言表达式过去的意义与其现在或未来的意义之间有何联系。然而克里普克的“规范性”主要探讨表达式的意谓与其运用之间的关系。“规范性”解读方面的差异必然导致麦金的提议无法解决倾向性的困境，这也正是他的解决方案遭受批评的关键之处。另外，“能力”解决方案在选择构成语言表达式意义的“语义事实”时，似乎并没有提出实质的限制性条件，从而也无法说明运用语言表达式的正确条件。

三、规范性、正确性与有效性

萨拉巴多的辩护论证试图在意识过程和生理机能中寻求信念和行为的辩明，却隐含着内在论的预设，麦金的“能力”解决方案则诉诸说话者在不同时刻运用同一表达式的能力，但这种能力本身又缺乏进一步的说明。这些解读方式都没有把握语言表达式的规范性意蕴。规范性论题所要探讨的并不是说话者的意识过程如何能在不同的情境中与过去保持固定联系，也不是说话者以何种“能力”使语言表达式保持相同的运用，而是有意义的语言表达式与其正确运用的条件之间具有怎样的联系。与之密切相关的另外一个问题是，如果一种规则是有效的，是否意指对一位能动者的规范性要求？为了清晰地把握规范性的要求，我们需要将其与正确性、有效性等相关概念进行比较和澄清。

（一）规范性与正确性

不可否认，说话者运用语言表达式需要符合一定条件，但这是否意味着说话者负有“应该”如何的责任或义务？如果说话者没有将这个表达式用于它所适用的对象，这是否违反了表达式的规范性条件所意指的要求？怀汀（Daniel Whiting）认为，正确运用语言表达式的条件意指对说话者一种强制性的责任要求。他提到：“如果有关一个表达式意义的陈述确实意指了该表达式运用的正确条件是存在的……那么这同样意味着它能否或应该以某种方式被使用。”[6]136 因为，“正确”是一种规范性词项，如果一个表达式正确地用于某对象而且仅适用于该对象，就表明对本质的规范性的承诺。这一观点遭到了哈特甘迪（Anandi Hattiangadi）的反驳，她认为由“正确地运用”并不能推出一种规范性，这里不涉及说话者或能动者“可能”“应该”“必须”或“不能”“不应该”做什么。如果我们能够将表达式用于一个对象并符合其正确运用的规则，这并不意味着我们做了“应该”做的事[7]54,55。

总体来讲，表达式的正确性与意义的规范性之间的关联可以从两方面来说明。

首先，规范性与语言表达式的正确性不能分开讨论。语言共同体的言语实践构成了说话者正确运用语言表达式的前提。说话者作为语言共同体中的成员，他对语言表达式的理解和运用都受到一种规范性力量的限制和指引。

其次，合理的规范性应体现在一个适度的范围之内。我们常说一个表达式“应该”被怎样运用，但这不表明对某个特定的说话者发出训令或使其承担某种义务。涉及“义务”的规范性实际上对说话者提出了过高的要求，因而也是不合理的。比如，“猫”这一语词应该被用于“猫”这个对象，这符合“猫”这一语词的正确用法，但这并不能得出任何特定的说话者承担着将该语词用于过去和未来的所有“猫”的义务，这种要求太高了。而且，还要考虑到这样的情况，即某人在特定语境中出于意向、修辞或其他原因而将“猫”用于其他的对象，他也并没有违反任何“应该”的义务。

（二）规范性与有效性

如果一条规则或标准是有效的，能否表明其中蕴涵着能动者“应该”如何的规范性？正如规范性不能等同于正确性，规范性也不能等同于有效性。但怀汀仍然认为：规则具有指向行动的特征。如果一个规则有效，那么某人的行为符合了这条规则就隐含着他“应该（或将会）”这样做。他借用哈特甘迪游乐场的例子来为自己的观点辩护[6]134-136。

在一个露天游乐场里，一些游戏设施对乘坐者的身高下限设定为1米。假设有A和B两个小孩，A身高高于1米，B低于1米，那么根据那条规则，A可以乘坐这种游乐设施而B不可以。怀汀认为，如果一条规则有效，那么乘坐者事实上符合或没有符合这个规则自然就隐含了他“应该”或“不应该”去乘坐。反之，如果某人没有遵守这条规则，则他受到批评或惩罚就是适当的。因此，如果一种规则有效地指定了乘坐游乐设施的适当条件，那么这就是规范性问题。对此，哈特甘迪指出，一种规则是有效的并不能表明它本质上是规范性的，不能从中推出某人"应该"或"不应该"做什么。她认为，怀汀之所以这样理解规范性，可能是因为他把游戏准则理解为

S_1：当且仅当 S 高于1米，S 被允许（乘坐）[7]56。

尽管上述规则体现出一定的规范性特征，但实际上是对有效规则的一种过度阐释。因为它相当于做出一种预设：如果一条规则是有效的，那么它必须能够以规范性的表述来说明。然而，游戏准则的有效性并不能规定某人"应该"怎样做。在哈特甘迪看来，如果我们以另一种更为恰当的方式解读这条规则，就不会像怀汀那样对规范性做出过度的阐释。因此，正确而合理的解读方式应为

S_2：当且仅当 S 高于1米，乘坐 X 对于 S 来说才是安全的[7]56。

根据准则 S_2 和 A、B 的身高，可以推出，乘坐 X 对于 A 是安全的，而不是他"应该"这样做或负有乘坐 X 的义务；乘坐 X 对于 B 是不安全的，而不是他违反这条规则就等于违反了某种义务。因此，一条规则的有效性并不蕴涵能动者承担的义务。游乐场规则的相关讨论体现了有效性与规范性之间的关系，这可以归结为以下几点。

其一，结合游乐场的有效性规则，可以理解语言表达中的规范性问题。假设 x 是任意一个语言表达式，而 f 体现了它所表达的意义 F 的特性，f 正是由于这种特性而被运用。如果 x 意谓 F，就可得到：当且仅当 x 可以正确地用于一个对象 a，a 体现了 F 具有的特征 f，即 x 意谓 $F \to (a)$（x 正确地用于 a，a 是 f）。该表述的关键之处在于：它没有意指某位特定的说话者"应该/不应该"做什么，只表明如果一个表达式被正确有效地运用，它应具有什么特征。因此，这个表述同样不存在义务方面的规范性问题，它更接近于 S_2 而不是 S_1。

其二，有效性并不蕴涵能动者"应该"如何的规范性。在探讨有效性与规范性时，首先要考虑什么规则可以称为"有效的"，有效性是如何被界定的，以及"有效的"规则自身是否有效等问题。如果一条规则本身是无效的甚至是不合理的，或者一种规则原来有效但逐渐不被一个语言共同体接受，那就无须再谈论它是否应该被遵守的规范性问题，它更不会意指"应该"的行为。

总之，某一语言表达式具有正确运用的条件，或者某一规则是有效的，这并不蕴涵说话者"应该"或"必须"做某事。虽然意义的规范性维度为说话者运用语言表达式指出了一些约束性和限制性条件，但并不会使说话者承担任何责任或义务，而是在表达式的意义及其正确运用之间保持一种适度的张力。

结 语

只有在说话者使用语言表达式的具体过程中，我们才能充分领会和把握表达式意义的规范性含义，它没有先验地指定表达式意义的语义事实或说话者必须履行的义务，也不主张在纯粹的经验层面上建构语言运用的因果机制。因此，无论是基于形而上学领域来寻找所谓的“语义事实”，还是诉诸说话者具体的倾向性行为，都不能为意义归因提供合理性辩护。当我们追问意义归因的“事实”或者什么构成了表达式的某种意谓时，并不是在寻求该表达式意谓的具体对象或传统内涵主义理论所预设的语义事实，而是追问一种处于关系中的有关“使用”的事实，正是这种关系性的事实构成了“意谓”的根据和基础，说话者才有可能使用表达式来意谓某一对象。规范性的意蕴与正确性和有效性密切相关，但规范性既不能等同于语言表达式运用的正确性，也不能等同于规则的有效性，只有将其要求置于一种适当的范围之内才能准确地把握语言表达式意义的规范性问题。因此，规范性维度既体现出对言语实践的限制性和指引性，又不会在本质上决定说话者具体的言语行为。在此基础上，我们可以分析语言表达式的意义对说话者正确使用表达式所发挥的范导性作用，在言语行为的具体语境中澄清并丰富意义的规范性内涵，进而构建意义归因的合理解释模式。

参考文献

[1] 维特根斯坦．哲学研究．陈嘉映译．上海：上海人民出版社，2001.

[2] Kripke S. Wittgenstein on Rules and Private Language. Oxford：Basil Blackwell，1982.

[3] 休谟．人性论．关文运译．北京：商务印书馆，1996：509-510.

[4] Zalabardo J L. Kripke's normativity argument. Canadian Journal of Philosophy，1997，27（4）.

[5] McGinn C. Wittgenstein on Meaning. Oxford：Basil Blackwell，1984：74.

[6] Whiting D. The normativity of meaning defended. Analysis，2007，67（2）.

[7] Hattiangadi A. Some more thoughts on semantic oughts：a reply to daniel whiting. Analysis，2009，69（1）.

隐喻表征的动态层级与语境关联*

郭贵春　杨烨阳

"隐喻"（metaphor）作为科学表征的一种方式，大量存在于科学研究中。近年来流行的"理想语言哲学"更强化了隐喻的作用，认为隐喻是语言固有的本质的部分，而不是从属于直接语言的程序，隐喻理解取决于语境及听者的思维模型。事实上，尽管隐喻并不能为科学表征提供一个逻辑严密的推理基础，但科学家可以借助于想象和创新，通过隐喻建立起依托于相似性的联结，或将两个事物置身于相似的语境或发生机制中加以解释，从而达到对新事物的科学表征，因此，隐喻在建构科学对世界的表征中起着极为重要的作用。隐喻表征的发生机制表现为隐喻的互动论，其表征程序具有一定的层级性，由于其互动性和层级性都是以语境关联的相似性为前提的，所以隐喻作为科学表征的方式，最终表现为一种动态的层级体系。换言之，"科学隐喻作为方法论的必然要求，它是对客观实在的一种语境化把握，而语境必然有特定限制，只有语境的不断重构，才能给定隐喻语境的存在及其把握实在本质的有效性"[1]92。

一、隐喻的"互动论"

科学家通过隐喻"完成了对现实的某些部分的重新描述"[2]471，从而为我们提供关于新事物的科学解释。然而，任何关于隐喻的完善理论不仅应当阐明隐喻的发生机制，还应当首先说明隐喻所涉及的语言程序在隐喻中所起的作用。那么，澄清语言基础、类型层级和概念图表之间的关系就变得非常必要。隐喻的"互动论"（interaction theory）可以解决以上问题，因为大部分关于隐喻的实验数据与互动论是一致的。

（一）隐喻"互动论"的产生

事实上，隐喻的系统化研究可以追溯到亚里士多德的修辞学，他认为，所谓

* 本文为教育部人文社会科学重点基地重大项目"语境论科学哲学研究纲领"（13JJD720013）成果。原文发表于《科学技术哲学研究》2014 年第 5 期。

郭贵春，山西大学科学技术哲学研究中心教授、博士生导师，研究方向为科学哲学；杨烨阳，山西大学科学技术哲学研究中心 2013 级博士研究生，研究方向为科学哲学。

隐喻就是用一个词代替另一个词来表达同一意思的修辞手法，这两个词具有对比关系，因此这种观点被称为“对比论”（comparison theory），这个观点对西方修辞学随后2000多年的发展影响深远。然而，19世纪兴起的逻辑实证主义却反对科学语言中的隐喻表征，认为“科学说明在于理论语言和观察语言之间的逻辑概括、法则定律和字面意义上的演绎关系”[3]，而隐喻所关涉的两个事物之间的相似性，并不具有严密的逻辑推理联系，因而不能成为科学表征的恰当方式。与此同时，英国哲学家理查德（I. A. Richard）则提出隐喻的“互动论”（interaction theory），认为隐喻是人们思维的重要方式，它表现为不同思想间的互相沟通或不同语境间的相互转换，隐喻意义正是在本体和喻体的这种互动中体现的。

在此基础上，麦克斯·布莱克（Max Black）进一步发展完善了“互动论”。他认为，任意关于隐喻的“代换”观点都是错误的。例如，“隐喻陈述并非一个形式对比或者任意其他字面陈述的替换，而是具有它自身的功能和效用的”[4]37。那么，隐喻究竟是如何显示“本体”和“喻体”之间关系的呢？布莱克认为，当一个被发现的或者被创造的更高阶的普遍超类型（supertype）术语被附加于“本体”之上时，新的观点和知识就产生了。如果这些超类型已经存在，它们总是在一个不同的掩蔽（mask）重构层级之后才被显示。因此，“与其说隐喻形成某些先行存在的相似性，不如说隐喻创造相似性”[4]37。按照布莱克的观点，隐喻由“主题”（primary subject）和“副题”（secondary subject）两部分构成，前者提供了隐喻的“框架”（frame），而后者作为隐喻的“焦点”（focus），它应该是一个含义系统，认知主体在理解隐喻的过程中，通过对这个含义系统进行选择、压缩、强调和组合之后映射到“主题”之上，然后“主题”则通过对“副题”的含义系统进行过滤或筛选而建立起新的含义系统。譬如，卢瑟福原子结构模型即原子太阳系模型，在这个隐喻中，“原子结构模型”是主题，“太阳系模型”是副题，通过比较而对“太阳系模型”含义系统进行选择、压缩、强调和组合之后，将其特点映射到“原子结构模型”上，可能会得出“原子的质量基本上全部集中在原子核上，核外电子绕原子核做轨道运动”这个新的含义系统。

另外，布莱克理论的另一个重要方面是“常识系统”（system of commonplaces），他后来称之为“隐含复杂体”（implicative complex），它是与二阶系统或“喻体”相关的，这些常识系统的观点后来被发展为语义学概念“域”（domain）。实际上，这些域、常识系统或隐含复杂体是缺省的，它们的背景知识和原型知识包含在与每个概念类型相关的图式大纲组中，于是，隐喻将全部图式组转换成一个新的类型，可见，布莱克并不仅仅关注隐喻本身，他的互动论还考查了从不同的本体论视角研究隐喻的重述。正如纳尔逊·古德曼（Nelson Goodman）所说，隐喻就是“一整套可替代的标签，一个完整的组织结构，形成了新的领域。全部过程只是图式的转换、概念的迁移和域的转化”[5]。另外，互动论还强调，在隐喻用法中，从不同的本体论视角重述“本体”涉及在不同域中新生的图式和概念图表所组成的紧密层级。

（二）隐喻“互动论”的意义

隐喻的“互动论”强调了人的思维过程的隐喻性，为科学表征的发展奠定了重要的认知基础，可以说，“隐喻是编织在我们的信念和欲望过程中的基本工具，没有这个工具就不会有科学革命或文化的突进……”[2]470 因为只依靠数学语言和逻辑规则来建构科学表征并不现实，还得借助于隐喻表征的方式，在具有相似性的两个事物的互动中获得新的认知与理解。确切而言，这种相似性是语境的相似性，隐喻将被认知的对象置于我们原有的概念框架所支撑的语境中进行解释和表征。

其一，互动过程中喻体提供了一种观察本体的新视角。在隐喻的理解过程中，本体和喻体的两个系统相互作用，与喻体“相关的常识”通过“选择、掩盖或突显”本体的某些特征来重新组织本体。语言手段就如一个模型，只能向人们展示世界的部分层面，而隐喻使人们改变这些模型并由此改变人们观察世界的方式。换言之，隐喻可以改变人们对世界的表征并由此向人们提供新的关于世界的信息。“世界必定是处在某种描述下的世界——或某一视角下的世界，而一些隐喻能够创造这样一种视角。”[6] 例如，在理解牛顿的物理世界时，物理学家们把宇宙比喻为一个设计精巧而绝妙的时钟，一旦启动，宇宙就按照自然法则自行运转。“因为几乎一切多种多样的运动，都是由最简单的、磁性的和物质的力引起的，就像一架钟的一切运动都是由简单的重量产生的一样。”[7] 这个隐喻无疑为我们提供了一个理解宇宙的机械论视角。

其二，互动能够创造出相似性。隐喻互动论的产生，在很大程度上，是由于隐喻的“对比论”无法解释隐喻的本体与喻体之间的相似性。布莱克认为，隐喻两项之间的相似性是创造出来的，而且相似性的创造是受到限制的。对本体的重构不是随意的，不能违反本体的原有结构，因而我们应当对“客观相似性”和“经验相似性”进行区分。“客观相似性”是不存在的，在两客体被经验和概念化之前，它们无所谓相似或不相似，只有当本体被概念化为喻体时相似性才被创造出来。“经验相似性”依赖于概念化并随概念化的改变而改变。例如，魏格纳（A. L. Wegener）的“大陆漂移假说”就是通过在地球上的七大洲与一张撕碎的报纸之间创造相似性而进行说明的。这个隐喻所牵涉的语境关联体现在：七大洲的海岸线轮廓恰好吻合，且彼此在物种、地质等方面具有连续性，那么，各大陆极有可能是由一个巨大的陆块漂移、分裂而形成的……这种情境恰好与一张撕碎的报纸相似，如果撕碎成几块的报纸按照其参差的毛边拼接起来，上面的字句仍然能前后连贯。

其三，互动能够重组和创造出新的域。在创造相似性的过程中，隐喻中的原有域得到重组，并创造出新域。隐喻是一个“真的类包含陈述”（a true class-inclusion），本体被纳入一个暂时的、非常规的新域，而喻体既指称这一新创造的域，又是这一域的原型分子。然而，隐喻互动创造的第三个域并非暂时性的、非常规的或次要的，而是根植于人们的长期记忆中的。因此，可以说，“隐喻的广泛使用是人类发现新经验、熟悉的事实之间的相似性这种深刻天赋的游离见证，新事物或新经验由于被归结到已确立起来的特征下而得到掌握”[8]。例如，数学中最富有诗意的螺旋线在自然界中具有广泛而普遍的现实表征：蜘蛛网、车前草的叶片排列、蚂蚁的运动轨迹等。另外，天文学家通过对银河系的气体密度进行观测分析，发现银河系也是星体以圆心呈螺旋状向外扩的，甚至号称“世界七大奇观”之一的意大利比萨斜塔的楼梯也是一个具有 294 阶的螺旋线结构。可见，隐喻可以将陌生的甚至是难以直接描述的事物与熟知的、可直接描述的“明示事实”（manifest facts）相并列，创造出二者语境关联的相似性，并在此基础上形成新的认知概念。

二、隐喻表征的层级性

隐喻互动论强调两个实体的互动关系，这种互动是以相似性为前提的，正是借助于这种相似性所建立起来的两者之间的语境关联，我们将研究对象的数据、图像等通过隐喻性的科学文本表征出来。然而，正如范·弗拉森（van Fraassen）所说的，这种相似性并不意味着两个事物本身之间的直接相似性，而是指两者的关系的相似性，即语境关联的相似性，这就必然涉及隐喻表征的层级结构。实际上，隐喻表征的层级性是以语义层级（semantic hierarchies）为基础的，而语义层级是指概念节点（concept nodes）之间的连接和联系，分析语义层级的结构对隐喻表征的研究是十分必要的。

（一）概念关系的继承性

当代的主要哲学家已经开始关注概念的真正本质及概念与集合或类别之间的关系，因为用类包含来归纳语义网的特征时对概念的本质做了预设。然而，根据概念的外延或类别来定义概念在整个 20 世纪都陷入了困境：按照外延对概念进行分类意味着我们根据概念所指称物的类别来定义概念，同时，类别由它们所包含的个体所确定。

弗雷格于 1892 年提出了对概念的意义和所指进行区分，他引入“意义”（sense）的概念来解决大量的同一性陈述问题（identity statement）：同一性陈述如“晨星等于暮星”（the morning star = the evening star），在认知内容上与次要陈述“晨星等于晨星”（the morning star = the morning star）如何区分呢？他的回答是：当晨星和暮星的指称相同时，两者的意义（“早晨最亮的星”和“夜晚最亮的星”）并不相同，于是，晨星和暮星在认知内容上是不同的。此外，弗雷格还引入了概念“落在……之下”（falling down）和“落入……之中”（falling within）。当我们说某个物体是红色的时，我们是指这个物体“落在红色这个概念之下”，而当说到红色是一种颜色时就引入了概念间的一个二级关系。因此，客体对象“落在一级概念之下”，而概念“落入二级概念之中”。弗雷格“落入……之中”的概念似乎已经表明一个高阶概念的层级，它没有应用外延并且没有以类包含为基础，然而，“落在……之下”与“落入……之内”的关系的本质往往并不清晰，因此，它也是难以实施的。

另外，卡尔纳普于1947年也曾对意义和指称做了一个类似的区分，不同的是，弗雷格所关注的是概念的同一性陈述问题，而卡尔纳普则专注于具有相同外延的两个不同概念的问题。例如，尽管概念“心”和概念“肺”是两个不同的概念，但是它们可以有相同的外延。对于所有 X 而言，当且仅当 X 有一个肺，那么 X 就有一颗心脏。换言之，凡具有肺 的一切事物也具有一颗心脏，反之亦然。也就是说，在这个语境下，“心”和“肺”两个概念享有相同的客体集，然而，按照卡尔纳普的观点，“具有一颗心脏”和“具有一个肺”具有不同的内涵，他将“内涵”定义为它所表达的命题。更确切地说，卡尔纳普用外延和内涵来区分有条件的真值和必然的真值，将句子的“外延”定义为它的真值。对于具有相同外延的两个句子而言，它们必然是等价的，而且，对具有相同内涵的两个句子而言，它们必定是逻辑上等值的（L-equivalent）。

然而，事实却是，即使两个句子的表达恰好具有相同的外延，但很可能在另一个可能世界中，这些特性却对应着不同等级的客体对象。换言之，它们指同一等级的客体对象就仅仅是一个条件上的事实，它们所表达的命题并不必然为真，二者的内涵不同，因为并非所有具有“心”的事物必然等价于具有“肺”的事物，它们仅仅是恰巧在我们的世界中等价而已。正如伦纳德·林斯基（Leonard Linsky）提出的批判，“这些模式是认识论的，而非形而上学的，卡尔纳普的概念‘内涵’没有与意义的任何认知角色相联系，因为对于我们理解句子时所认识的事物而言，究竟是什么确定了它是先验可知还是后验可知呢？这显然是有差别的”[9]。

蒯因认为“内涵”这个概念的流行引发了许多问题。首先，与集合不同，我们如何对内涵进行确证是不清晰的。例如，集合确证仅仅涉及集合元素的问题：当且仅当两个集合具有相同的元素时，它们是相同的。然而，这样一个简单而清晰的标准并不适用于属性，因为我们现在得依赖于这样的模式：当且仅当两个特性是在逻辑上等值时，它们才是相同的。这就要求我们必须确证：当我们所知道的一切在整个世界中都为真时，什么命题在所有可能世界中都为真？不过，蒯因认为确证必然的真值是普通人不可能做到的事情。另外，卡尔纳普对内涵和外延的区分是建立在一个预设条件上的，即将模态系统合法应用于自然语言之上，然而，这么做的最大困难在于：当涉及指称上晦涩难懂的表达时，这种指称将会失效。蒯因将我们能够不失其真值而代换其同一性的情境称为“指称上清晰的”（referentially transparent），反之则是“指称上模糊的”（referentially opaque）。例如：① 9=行星的个数，这是一个真实的条件性陈述；②□(9>7)，（□指“必然地”）这个也必然为真。接着，我们可以根据代换原则用“行星的个数”来代替②中的数字“9”，于是得到：③□(行星的个数 7)。显然③是无效的。

此外，蒯因主张“不存在分析陈述”，即根本不存在“分析-综合”的划分。按照卡尔纳普的观点，真命题或是有条件的（事实命题）或是分析的（永真式命题）。例如，“单身汉等于未婚男人”这个命题被认为在分析上是真实的，即当且仅当两个概念逻辑上等值时，它们是相同的。然而，命题的意义并非由产生分析的真值所必需的条件集而确定，相反，意义是语言的经验特征，因为任何术语的意义都是可修正的或“结构开放的”（open-textured）。

综上所述，概念间的关系不论从内涵还是外延上分析，都涉及超类型（supertype）和子类型（subtype）的关系：子类型必然是对超类型的不可分的具体描述或说明；子类型与超类型的其他子类型必然是逻辑上彼此相关的；当且仅当某个超类型的两个子类型彼此都不互为具体说明时，这两个子类型对于这个超类型是同阶的；子类型继承了其超类型的所有二阶特性。然而，概念关系之间的继承性并不意味着没有问题：如果我们硬是将某个属性归属到最大的超类型中，我们就会处于这样一个自相矛盾的境地——我们需要一个比最大的超类型更大的超类型。如果我们从未将特性归属到最大的超类型之下，那么，一切事物都不可能从未继承自它，但是，这样的话，它是如何成为任意一种超类型的呢？

（二）三角形层级的形成

如上所述，我们的概念关系是根据我们关于世界的模型与事物在其中所起的作用而派生的，而不能根据逻辑等价或必要条件来派生出概念的附属类别。实际上，任何情况下的知识表征都应有一个数学结构以便能够反映概念关系和语义网的经验本质。语义层级的“三角形层级”形式或许可以满足这个条件，“‘三角形层级’其实就是一个直接的非循环图表，这个非循环的图表有一些分离然后又聚合的分支，它们准许某些节点具有相同的起点”[10]。另一个与类型层级相关的层级结构是布尔型（数学体系）的格架，接下来的图 1 就展示了上述两种相对的层级结构。

布尔型格架的问题在于它准许概念类型间存在较多的关联，但是，这些关联

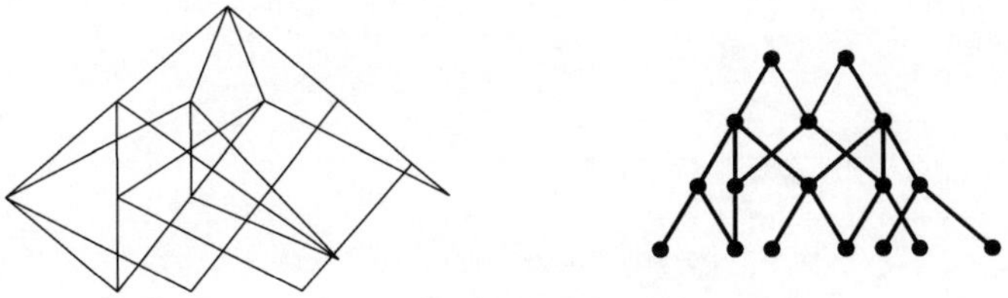

图 1　布尔型格架与三角形层级[11]196

是根据布尔型格架的数学结构而确定的，而非根据我们为世界建模的方式确定的。对于任意一对已知的概念类型，必定会存在一个最小的普遍超类型和一个最大的普遍超类型，从而使得层级成为一个布尔型格架。这个结构的性质正是：在布尔型格架中附加上一些模拟的概念类型以填充中间的节点。在此需注意的是层级产生的原因是经验的而非先验的，同时它也不是根据布尔型格架中的缺省节点而产生的。事实上，只要假定层级的顶端有一个普遍超类型，并且将每个底部节点都与一个普遍子类型相连，以上的三角形层级就可能构成一个格架（尽管并非一个布尔型格架）。然而，我们要求表征必须符合逻辑和数学形式，而完全忽略所要表征的事物的真实次序。

此外，一个直观的非循环结构可能只表征我们的概念图式中实际应用的那些概念，而且，"三角形层级"也并不固守于一种特殊形式，概念间的关系可以按照我们的概念框架所意指的任意方式而得出。因此，一个三角形层级的表征结构的整体特性完全是由我们关于本体论依赖的真实信仰而建模的。

（三）三角形层级的特征

由于类集合一般被定义为对象集，我们并不能直接使用类集合来把握概念间的关系，而且集合元素并不能对概念和属性的确证做出解释。同时，语义网中的概念表征必须与一个概念的"意义"或"内涵"相对应，而不是与"外延"相对应。因此，三角形层级中类包含之间的外延关系会导致概念间层级的同一化。可见，理出三角形层级中概念节点间的关系的特点非常重要。

首先，我们来考察一下类包含失效的实例。实际上，概念节点间的关系并非类包含的，它能表征我们实际组织概念的方式。我们不妨用类集合对内涵集进行构图以便形成一个语义网：想象这样一个世界——当且仅当某物有形时，它具有颜色，即"颜色–形状"。在为这个世界所建构的层级中，"颜色"代表"红色""蓝色""绿色"等的超类型，而"形状"代表"正方形""圆形""三角形"等的超类型。于是，如果类集合被用来把握"子类型–超类型"（"subtype-supertype"）的关系，那么，由子类型所表征的事物的类别就被包含在由超类型所表征的事物的类别之中，如图 2 所示。

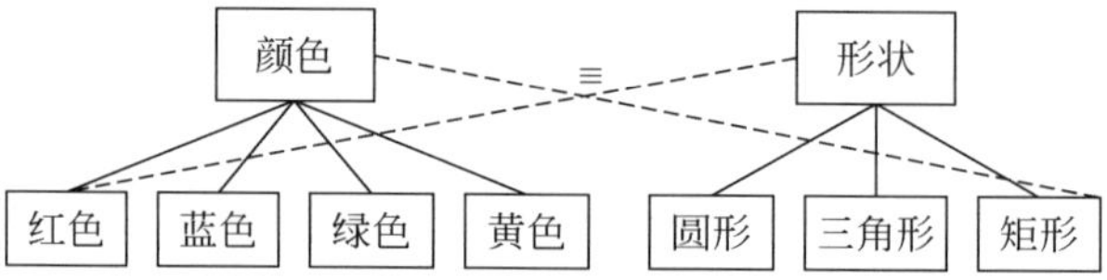

图 2　有形有色的世界[11]187

在概念化的整个指令系统中，概念“蓝色”不会被归入“形状”之下，同时“圆形”也不会被归入“颜色”之下。然而，如果我们的概念是根据世界上事物的类别那样被建构起来，那么“颜色”的概念就等同于“形状”的概念，由此将会得出：“红色”是一种“形状”，同时“正方形”则是一种“颜色”。而这种荒谬性是由条件性事实（颜色与形状是同延的）和对集合的逻辑推算导致的。

更重要的是，我们的概念结构取决于我们关于世界的模型，而非取决于类元素的条件性，同时，被映射在我们概念中的模型决定了类元素。如果有形而无色的事物消失，那么，我们是否会仅仅因为“颜色”和“形状”的类别变成同延的，而就此认为它们是一致的呢？同时，如果突然又出现一个无色的正方形，我们是否会再次形成“颜色”和“形状”两个分离的不同概念呢？也许通过接下来所阐述的关于“确定性与可确定性”的关系能更好地把握“超类型与子类型”关系。

其次，确定性与可确定性的关系，就像子类型与超类型的关系一样，常常被看作一种特殊性。确定性（如“红色”）比可确定性（如“颜色”）更具体些，“红色的”必然为“有色的”，而“有色的”并不必然为“红色的”，然而，仅仅靠特殊性是不足以解释这个关系的。换言之，表示“较小特殊性”和“较大特殊性”之间关系的术语并不能一贯地把握子类型与超类型的关系和确定性与可确定性的关系。例如，“蓝色”比“忧郁”更加具体，但它并非“忧郁”的确定性，而是“颜色”的一种确定性。

可见，这种区分产生了一种层级次序，以及关于绝对可确定性的观点，而许多哲学家已经将这种绝对可确定性看作一种类属普遍性，因此，除非一种确定性是另一种确定性的一个低阶的可确定性，否则具有相同的可确定性的两个确定性彼此之间是不相容的。此外，对于任意的确定性术语而言，除非与实体相应的绝对可确定性术语真实有效，否则这个术语及其否定都不能表述这个实体。换言之，确定性预设了它们的绝对可确定性；对于具有确定性的一个对象而言，譬如说“红色”是它的谓项，它就必定具有颜色。

三、隐喻表征的动态性与语境

事实上，三角形层级体现了隐喻概念间的静态关系，接下来我们将转向隐喻的语义层级的动态方面，以便深刻理解：不同语义情境中的层级变化将会引发什么样的语言变化，而发生在层级中的这些变化正好可以说明语言的开放结构性，同时也可以为我们把握这种开放结构的编程方式提供思路。

（一）隐喻的动态类型层级（DTH）

上文所述隐喻“互动论”涉及“属于同一家族系统中作为隐喻表达的语词意义间的转换”[4]45，解释隐喻需通过引入关于“喻体”的新观点来改变图式结构，隐喻改变了层级上的掩蔽，新的联系和节点出现而旧的消失。因此，隐喻可以通过改变特指事物之间的关系而产生新知识和新观点，而且，新产生的隐喻超类型或者会变成字面掩蔽的一部分，或者可能会整个消亡。可见，类型层级随着学习和经验的不断变化而变化，同时，隐喻是扩展和完善类型层级的主要工具。因此，如果我们想要表征主体的形而上学模型，我们的类型层级在本质上就必然是动态的。

语境对解释隐喻和直接言语都是至关重要的，它所起的作用可以被表征为一套能够改变语义层级观的掩蔽。一个陈述是否是字面的或隐喻的取决于起作用的掩蔽，或者取决于这个陈述所隐藏或暴露在层级中的联系。事实上，通过建立新的语义联系，隐喻作为一个掩蔽的目的是根据本体论的工具所调动的新层级来重新描述本体的，即根据从另一个领域所产生的层级和相关概念图表而对一个领域进行重新描述；因为这些层级反映了我们的世界观，我们将会以一个新颖的世界观来重新描述主体——不仅要表征看待主体的方式，而且要表征世界或事态与构图或描述相符合。

一般而言，隐喻总是给层级附加新的联系，这往往导致概念域间的区别模糊化。隐喻的目的不是精确化，而是提出概念之间更高层次或者更抽象的联系。另外，字面语境之间往往在其掩蔽下具有更少的联系，直接言语的精确性要求理清概念间的区别。隐喻陈述可还原为字面释义，同时以更宽泛的域看待世界，并且根据一个完全不同于直接言语的语义网来重新描述主体。这种方法有利于我们理解格里格和希利的“截尾假设”[12]：人们首先由作为表征工具的隐喻所引导而“走上了字面语言的花园之路”，这样，隐喻的字面程序就被开启然后否决。这种情况可以用“动态类型层级”（dynamic type hierarchy）解释为，用一个已经存在于类型层级之上的字面掩蔽来分析隐喻。然而，除了现在主体被引导走上“隐喻的花园之路”，同样的情况可能会发生在当一个隐喻掩蔽已经归位并且表征一个误导性字面陈述时。例如，“那是海产品陈列窗里的一条红鲱鱼”（a red herring）这个表达就直接使用了一个传统隐喻；我们的第一反应就是将“红鲱鱼”作为误导性的线索而不是作为“一条红色的鱼”来理解，只有当我们听到句子的剩余部分时，我们才能重新调整到一个字面的解释上来。于是，我们所遭遇到的这种理解上的约束障碍正好表明，类型层级需要一个新的掩蔽，从而为类型层级创造一个新的节点。

（二）DTH 模型中的语境关联

“语境”是指“用于解释话语的前提的集合”[13]，同时，语境也包含着听者关于世界的假设的子集。因为一个人在任何特定时间的认知环境可能包含几个语境，只有其中之一将会被用来理解一个特定的交际行为，它是听者关于世界的假设的子集；语境的变化即听者关于世界的假设的子集的变化，它形成了明示行为（ostensive act）的认知效果的变化。那么，为了把握这些认知效果对 DTH 模型的影响，我们必须对隐喻的 DTH 模型中的语境关联进行探讨。

接下来，我们举例来对 DTH 模型中的语境进行说明。例如，我们说“稀有气体是惰性的”（noble gases are inert）①（图 3），这是一个生动的比喻，它将有生命的物即人的特性归到无生命的物之上，在类型层级中，“稀有气体”是一类化学元素，属于非生物的域，而“惰性的”是人的一种状态，属于状态经验者即生物的范畴。“惰性的”概念图表解读为：“惰性”的“经验者”是“动物”，同时，顺着层级向上，“惰性的”也是一种“需要”（need），而“需要”即一种“需求”（requirement）。

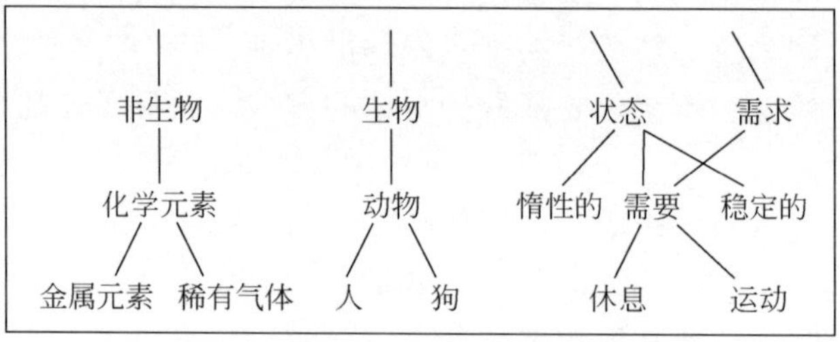

图 3　隐喻之前的层级：稀有气体是惰性的

稀有气体是一类化学元素，所以我们得出这个隐喻的两个域，即“化学元

① 参考凯利和凯尔关于“小汽车渴了”（the car is thirsty）的例子，详见：Michael H K，Frank C K. Metaphor Comprehension and Knowledge of Semantic Domains. Metaphor & Symbolic Activity，1987，2（1）：33-51.

素”和“状态”，同时，“状态”又暗指了这些状态经验者的域——“动物”。因此，“惰性的”这个术语的使用就暗指了隐喻的喻体，现在的任务是要在“稀有气体”与“惰性的”生物之间找到或创造一个更普遍的共同超类型（common supertype）（图4）。

[惰性的]—
　　（经验者）→[动物：x]
　　（原因）←[[特性]—（载体）→[动物：x]；（状态）→[稳定的]]
.

图4　“惰性的”概念图表

按照图3，这个陈述将“惰性的”归为“动物”对休息的一种需求状态，沿着层级向上，生物与非生物都有“需求”，而且“动物”和“化学元素”都是“物质”的子类型，于是，我们根据“惰性的”得出“需要休息的、状态稳定的物质”这个共同超类型。既然已经发现一个共同超类型，那么，隐喻掩蔽就开始起作用了，它将“稀有气体”和“动物”都看作某种需要休息的物质，如图5所示。

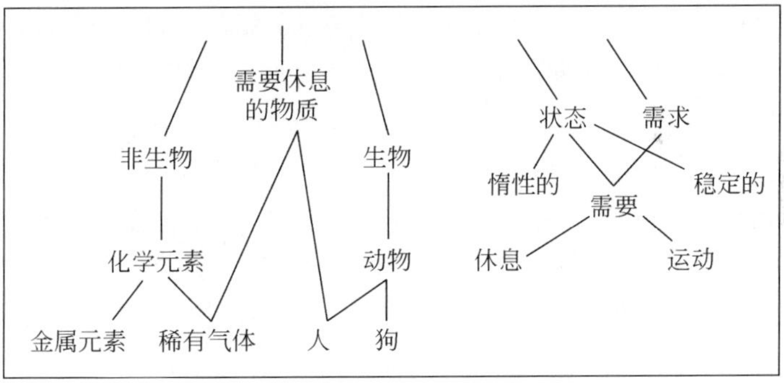

图5　隐喻之后的层级：稀有气体是惰性的

事实上，对于“稀有气体是惰性的”这个句子而言，稀有气体的本质特性是稳定的，不易与其他元素发生化学反应而生成其他化合物，那么，“稀有气体是惰性的”这个句子的概念图表将会包含“惰性的”与“稀有气体”之间的一个连接。

[稀有气体]→（状态）→[惰性的]-
　　（原因）→[[特性]→（本质）→[稳定]]

图6　隐喻之后的概念图表

按照这种隐喻的表征方式，把人的特质扩展到其他生物和非生物之上将是很容易的。类似的例子还有“希格斯玻色子一直在跟我们玩捉迷藏的游戏”，“大自然是狡黠的、无限精致的”等。但是值得注意的是，只有在能够找到生物与非生物之间的共同超类型时，隐喻才是起作用的。在以上这个例子中，层级的掩蔽并非字面的，稀有气体并不能经验某种状态或者成为动作的载体，但是这点并不影响我们理解隐喻，因此，这种语境的掩蔽“隐藏”了这样的事实：稀有气体不是动物。这样看来，处理隐喻所需的机制与处理直接输入的机制并未分开，但实现这个程序并不遥远。这两种情境下使用的相同机制有寻求类型层级、限制术语、扩展定义节点、链接和简化。唯一的不同点是隐喻用法的限制条件改变了。

结　　语

随着科学创新和科学思想的发展，隐喻的思维创造性功能逐渐显现，隐喻的认知结构、思维机制和理论模型也逐渐成为科学哲学研究领域中的重要项目。隐喻表征为科学创新与科学研究提供了一种新的视角，科学家通过隐喻对世界进行推论，设计并解释实验，然后在科学共同体之内进行交流，并向科学共同体之外推广。正如莱考夫所言，科学创新就是通过隐喻构建从源域（source domain）到靶域（target domain）的映射（mapping）。这种映射的形式可能是语言形式、图画和图表形式，甚至是三维立体模型，其基本程序是：通过对隐喻的本体和喻体之间的结构、性质、功能等进行类比，在相似性的基础上对未知对象进行具体描述、合理推导或模型建构，从而实现对未知对象的初步理解。当然，科学实践中隐喻表征的映射过程避不开语境，任何科学实践都需要首先确定特定语境中的实体要素及其表征意义，如语词、概念的结构、图表和图画等，这决定着科学理论或模型建构的逻辑推导的基本思路。例如，电磁场理论正是麦克斯韦在法拉第的力线启迪下创立的，通过电场或磁场与流体速度之间的类比，确定了电场或磁场遵守流体力学的部分理论，接着，借用流体力学的一些数学框架，推导出电磁学理论的雏形。

隐喻丰富了我们对科学世界的理解，为科学理论的实践提供了一种新的可能性，隐喻的“互动论”为隐喻表征提供了重要的理论基础，隐喻互动所牵涉的概念间的继承性，决定了隐喻表征的层级性，这种层级性的建构又受语境关联的相似性的制约，同时，语境的动态开放性决定了隐喻表征的动态类型层级体系（DTH）的形成。DTH 体系具有一套能隐藏和强调类型层级中某些节点和关联的掩蔽，可以根据语境的变化动态地产生新的类型层级中的概念节点和连接，而且，当新的概念域产生时，类型层级中原有的概念很可能需要重新组织，成为类型层级中的基本部分，同时，其中使用较少的且不重要的概念节点可能消亡。可见，类型层级的动态性表现为层级中的节点和连接随语境的变化而不断变化，换言之，语境关联的动态性使得隐喻表征具有某种开放性和活力，因此，DTH 体系无疑是较为完善的隐喻表征方式，它推动了科学表征的发展，从而也推动了科学哲学的发展。

不过，隐喻表征方式的探讨并不因 DTH 体系的提出而终结，因为随着时代的发展和科技的进步，我们认知世界的方式不断变化，社会、文化和历史的语境也将不断发生变化，这就为我们提出了新的研究方向。因此，“将科学隐喻研究与语境论相结合……应当是未来科学隐喻研究的一个重要趋向”[1]101。

参考文献

[1] 郭贵春．科学隐喻的方法论意义．中国社会科学，2004（2）．

[2] 理查德·罗蒂．哲学与自然之镜．李幼蒸译．北京：商务印书馆，2003.

[3] Hoffman R R. Metaphor in science//Honeck R P, Hoffman R R. Cognition and Figurative Language. Hillsdale, NJ: Erlbaum, 1980: 394-395.

[4] Black M. Models and Metaphors . Ithaca, NY: Cornell University Press, 1962.

[5] Goodman N. Languages of Art: an Approach to a Theory of Symbols . Indianapolis: Bobbs-Merrill, 1968: 73.

[6] Black M. More about metaphor//Ortony A. Metaphor & Thought. Cambridge: Cambridge University Press, 1979: 30-40.

[7] 阿特·霍布森．物理学：基本概念及其与方方面面的联系．秦克诚，刘培森，周国荣译．上海：上海科学技术出版社，2001：125.

[8] 欧内斯特·内格尔．科学的结构．徐向东译．上海：上海译文出版社，2002：128.

[9] Linsky L. Names and Descriptions . Chicago: The University of Chicago Press, 1977: 90.

[10] Sowa J F. Conceptual Structures: Information Processing in Mind and Machine . Boston, Massachusetts: Addison-Wesley Press, 1985: Appendix A.

[11] Cornell Way E. Knowledge Representation and Metaphor . Dordrecht, Boston: Kluwer Academic Publishers, 1991.

[12] Gerrig R, Healy A. Dual processes in metaphor understanding: comprehension and appreciation. Journal of Experimental Psychology: Learning, Memory and Cognition, 1983, 9 (4): 667.

[13] Ritchie L D. Context and Connection in Metaphor . New York: Portland State University, 2006: 78.

隐喻与指称*

安　军

隐喻是当代语言哲学和分析哲学研究的一个重要课题，尤其是关于隐喻意义问题的讨论自20世纪七八十年代以来就成为理论热点。然而，任何一种单纯隐喻意义观的启示性都有其局限，这就在于："它不能告诉我们关于任何语言现象认知意义的一个关键要素，即其与世界中事物的关系，也就是它的指称。"[1]302因此，从意义走向指称，不仅是揭示隐喻与"世界中的事物"之关联结构的必然选择，也将为澄清隐喻与"真"之关系拓清基底。

一、隐喻指称的本质

在自柏拉图以来的西方主流哲学传统影响下，隐喻的元哲学问题尤其是指称问题一直处于被遮蔽的状态。哲学家们担心，如果谈论隐喻的指称问题，就不得不谈论一种不同于字面所指的"隐喻所指"。而所谓"隐喻所指"似乎引起一种相当神秘的同时无疑是多余的实体。所以，对于"隐喻有所指称吗"这一问题，多数思想家要么直接给出否定的答复，要么保持缄默。但是，也有一些哲学家对此问题做出了肯定性的回应。例如，西方隐喻研究的开山宗师亚里士多德认为，隐喻修辞有一种重要的结果就是使隐喻喻体所指称或隐含指称的对象非常形象地出现在隐喻使用者的眼前。因此，虽然隐喻在表面上看来是虚构的，但它同时又表示某种"现实中的东西"。也就是说，当一个隐喻使用者进行隐喻叙述的时候，他可能会把所意图描述的对象转化为现实中的元素。这种现象似乎是一种平淡无奇的模仿，实质上却把指称现实与描述自然之间所存在的隐含的亲缘关系发掘了出来。[2]43

既然隐喻现象在自然语言中如此广泛地存在，那么对其指称问题的探讨就是不可回避的。随着20世纪70年代以来对隐喻意义问题研究的不断深入，语言学家和哲学家们开始重新提出"隐喻是否进行指称"的问题并给出了肯定的答案。古德曼指出，指称有两种基本模式：指示和例示。指示是从一个标签到这个标签

---

* 山西省高校哲学社会科学研究项目（2010301）；教育部人文社科重点研究基地项目（10JJD720006）。
原文发表于《科学技术哲学研究》2014年第1期。
安军，男，山西浑源人，山西大学科学技术哲学研究中心副教授，研究方向为科学哲学。

所应用于的对象。例示则是沿着相反的方向，从一个符号到应用于这个符号的标签。然而，例示并非指称的反面。要指示一个对象，一个术语只需要指称它。要例示一个标签，一个对象必须既指称这个标签同时又对它进行举例说明。例示只是指示反面的一种子关系。正是这种指称的模式将它们所举例的内容连接起来。并非每一个符号都是纯粹指示性的或例示性的。有些符号在指称方面是复杂的，涉及一系列相互作用的指称功能。隐喻正是这样的符号[3]66。现代指号主义认为，语词通过指称“指号对象”而具有一种特殊的隐喻意义，这些“指号对象”顺次指称其他事物，因此隐喻对语言之外的外部实在有所指称；列日学派也指出，各种风格性修辞不仅涉及语言外现象的意指问题，同时涉及认知功能和与外部世界的关系问题，而隐喻的指称就是其中最重要的形式之一。主张隐喻确实具有指称功能的当代学者包括美国哲学家尼尔森·古德曼（Nelson Goodman）、蒂莫西·宾克利（Timothy Binkley）、约瑟夫·斯特恩（Josef Stern），以及英国哲学家玛丽·海西（Mary Hesse）、法国哲学家保罗·利科（Paul Ricoeur）等。他们认为，隐喻作为符号理论所要处理的核心课题直接处在一定的指称框架中，具有像指示词一样的指称功能。其指称客观性的原因在于：首先，隐喻断言具有真值条件；其次，隐喻塑造并再造被描述的世界[4]35。

尽管可以对隐喻从不同的角度给出不同定义，但这些定义很难回避指称维度。例如，认为隐喻是当语词或符号用于指称一个在日常意义上并不指示的对象但该对象具有该指示对象的某些特征的时候，此语词或符号就是隐喻的；或者认为隐喻的基本特征在于其中有关话题或意旨被一种用于非字面意义描述的语词或句子来指称。一般之所以都认为隐喻，即一个意指某一事物的语词或短语被用于指称另一事物，其原因在于：隐喻作为一种语言学表达式，实质性地蕴涵着指称的变异。“似乎是所有隐喻言语例子决定性特征的是一种关于语词指称性正常限度的反常或非常规的情形。当语词没有它按照常规被定义的所指或指称的字面范围时，隐喻就出现了。”[5]可见，隐喻所展现出的新异性特征并不是一种一般性的语法特征，而是一种特殊的指称特征。

对于隐喻如何实现其指称功能，哲学家们一般有两种理解模式[6]31,32。第一种观点认为，一个在隐喻意义上使用的语词保有其通常的指称能力，即保有对其字面外延元素的指称：“在一个隐喻中，一些语词字面地指称一种情况，修辞地指称第二种情况，同时其他语词仅仅字面地指称并仅指称第二种情况。”[7]181在此基础上，该语词由于其特殊的隐喻用法获得了一种次级指称，所以又具有一种额外的指称功能，即特殊的隐喻指称。这是一种“二元论”指称观，即认为隐喻具有双重指称，其代表人物是保罗·亨利（Paul Henle）。第二种观点认为，一个在隐喻意义上使用的语词丧失了其通常的对字面外延元素的指称能力，但获得了一种作为替代的隐喻指称：“当一个谓词隐喻地附加到主词上时，这个谓词就失去了它通常的外延，因为它获得了一种新的内涵——可能是一种它在任何其他语境中都不具有的内涵。”[8]这是一种“一元论”指称观，即认为隐喻只具有单一指称，而这种指称不同于字面指称，其代表人物是门罗·比尔兹利（Monroe Beardsley）。在这两种隐喻指称观主要类型的定义中，“指称”这一语词都是在广义上被使用的，其含义在某种程度上可以被理解为“把注意力导向”某个对象或对象的某种特征，即通过在言说中使用特定的语言学方法，把听者或读者的注意力导向外在于言说的某种东西。这种导向的对象或指称的对象具有不确定性：可能是事物，事物的特征，事物之间的关系、情形，可能是可观察的或不可观察的、一般的或特殊的、真实的或虚构的事件或行动[6]33,34。

二、隐喻指称的结构

隐喻理论中曾经主流的“比较论”观点实质上是一种二元论观点。这种观点把隐喻解释为隐含的或缩略的比较，认为理解一个隐喻就要求我们能够正确地洞察到这种隐含的比较，最终隐喻语词必须被解释为指称其字面外延的元素。而隐喻理论的一元论者基于隐喻语词字面用法意义的部分来解释隐喻表达的意义，这种字面意义被分析为有意义的元素或有意义的组成部分的聚合体或结构；在隐喻用法中，通常的指称能力被消解了，即破碎的字面外延的指称不复存在。这种理论蕴涵着一种“内涵”观，是一元论理论最本质性的特征。就此而言，“替换论”作为一种典型的一元论观点，假定被替换的专有语词并不具有原隐喻语词字面外延的指称[6]34,35。如果相关隐喻喻体的基本特征得到了足够清楚的理解，即可被用来为其所包含的隐喻表达式确定非字面意义的所指；如果不同喻体间基本特征的差异足够大，其类比或相似性就足以消除所引入语词的新指称的歧义性；随之相同主题的隐喻就可被用于报道新的发现或进行相关的理论推测，引入的隐喻术语的新指称也就被确定下来。这就是所谓的理论建构隐喻。理论建构隐喻提供了调适科学语言使之符合世界因果结构的生动例证[9]493-528。

隐喻指称作为一种暗示或影射，主要在其隐喻外延中指示对象，同时在其字面外延中对对象进行暗示。这一链条从隐喻术语到达其隐喻指称，构成字面和隐喻指示对象例示的一个标签，从而到达了其字面外延的意义。事实上，隐喻的指称过程是一种指号的多维网络，语义域内部的邻近性必然成为首要关注的焦点。隐喻的产生是语词的字面外延与隐喻外延所连接起来的指称链所引起的[10]65。通过标记出事物的客观相似性，以及将事物分类到相对稳定的“自然种类”或“字面”所指的时候符合周围的社会用法，在描述语言如何被习得的过程中，隐喻如何进行指称的程序已经包含在其中了。在理解隐喻所依赖的那些“相关常识”和“世界模型”的过程中，我们仍然能够诉诸社会用法，但是无法诉诸测试的科学方法去确定指称并且使真值有效。通过其对相似性和差异性的强调与忽略机制，隐喻对于提供反映意义的社会兴趣和判断进行再评价，从而在事实上对社会知识进行了调和[3]34。

隐喻通过将特定标记或符号转移到与之不同的新对象上来拓展指称的范围。通过这种拓展，原先并不相同的意义之间建立了某种相似性，而这种相似性则可能隐含着一种新的实在观。利科指出，隐喻陈述是“以一种对称的方式在被称为其字面指称的破碎处获得其指称”[2] 261。隐喻陈述在两个指称领域同时起作用。这种二元性说明了两种意义在象征层次的相互结合。第一个层次的意义与已知的指称领域相关，也就是说，与我们为其赋予宾词的实体领域相关，而我们已对这些宾词的确定意义做过考察。至于有必要揭示的第二个层次的意义，它与指称领域相关，对这个领域还没有直接描述，因此，我们也无法以适当的谓词对它进行同样的描述[2] 415。

由于无法依赖指称与述谓活动之间的往复运动，语义目标便使用已在熟悉的指称领域起作用的谓词网络。起定向和矢量作用的能动性与试图实现其意向的语义目标相配合，这样，两种力量汇合在一起：一种力量是通过第二个指称领域对意义的吸引力（它给意义提供了脱离原地的力量）；另一种力量是意义本身的能动性，它是意义的引发原则。激活隐喻陈述的语义目标在于把这两种力量结合起来，以便把它置入第二个指称领域的从属领域中，而它在超越的过程中将语义的潜能本身与该指称领域联系起来。与简单的陈述相比，隐喻陈述仅仅构成了语义轮廓，而不涉及概念规定。这是双重意义上的轮廓：一方面，就意义而言，它再造了在部分意义轨迹中的运动形式，这种意义轨迹超越了在其中形成意义的熟悉的指称领域；另一方面，它使未知的指称领域出现在语言中，语义目标就在这一领域中起作用并得以展开。[2] 415,416

三、隐喻指称的特征

隐喻指称可能性的实现在许多情况下是通过多重指称链条的共同作用得到的。多重指称链条很明显地能够联结一个语词的隐喻的和字面的外延，它们的联结可能引起更多的隐喻。因此，尽管一个指称链条能够解释隐喻所指与字面所指之间的一种特殊的密切关系，但是没有一种链条或链条组合能够宣称构成了一种完整的字面释义。因为我们永远也无法处在这样的位置上，即认为已知的链条穷尽了隐喻。通常，一个隐喻引起对象在其领域中的一种新的分类。它所聚合在一起的对象组成了没有字面语词的外延。一旦我们认识到指称链条将隐喻所指与字面所指连接起来的方式，这种解释就是直接的。在最简单的情形中，一个语词的隐喻所指像其字面所指一样例示相同的标签中的某一些，但并不是所有的对象组合都有一个与之相关联的字面的述谓，因此，这里需要没有字面语词在隐喻的领域中应用于这些对象，而这些对象例示这里提到的标签。如果这里没有的话，隐喻的应用就带来一种新的分类。除了从其字面应用到其隐喻应用的首要指称链条之外，还有朝着另外方向行进的链条，从隐喻的回到字面的。这样的隐喻引起对语词的字面所指的一种重新考量，这种字面所指是作为它们被联结到隐喻所指的一种结果[11] 69,70。

在隐喻的这种多重指称链条中形成了一种复指指称结构：首先，一个先行词串的某些元素在字面上进行指称；其次，人们决定字面语言何以关联世界的主题，并将这种分析应用于隐喻指称表达的复指先行词，后者继承了其先行词的所指。在通过这一结构达成的隐喻指称中，复指先行词在或明确或隐含的语境中被给定了。很明显，对于隐喻表达之指称的一种指示主义观点，将只能产生在字面意义上被理解的该表达之指称。就此而言，它把我们引向错误的对象，以及在隐喻的意义上理解的句子的错误的真值条件。复指指称的结构则告诉我们这种表达如何被理解为是对正确对象的言说，即在隐喻的意义上被理解的表达的所指。只要一个人不采纳指示主义，就能以多种不同的方式解释世界与语词之间的内在关联，并且承认隐喻指称依赖于与直接指称的语词的复指关系[1] 303-310。

正如利科所指出的，“隐喻陈述的语义目标以最具决定性的方式与本体论话语的语义目标相互交织。但它们尚未达到类比隐喻与范畴类比相互交叉的程度，而是达到这样的程度，在那里，隐喻陈述的指称是作为现实的存在与作为潜能的存在发挥作用”[2] 427。隐喻具有创造指称的能力，这种能力的固化使得隐喻在动力学的意义上不断为语言本身提供一种指称事物的标准的、常规的方式。当科学理论语言的话语单位用于指称某种在其常规情况下不会指称的事物、概念、过程、属性、关系的时候，就出现了科学隐喻。如果字面所指是一个表达在字面意义上理解时的所指，那么，隐喻所指就是一个表达在隐喻意义上理解时的所指。一个隐喻表达的所指——或者更确切地说，隐喻表达的焦点——当这一表达具有单一指称语词的形式，是字面所指，将通过来自主题域的一个适当语词而被指明。这样一个语词可能存在，也可能不存在。为指称超语言学实体，隐喻允许我们在这样一个语词应当占据的主题域中勘定这一情形。但是，当假定隐喻指称的可能性时，我们无须增加超语言学的实体。隐喻达成它的认知目的，不是通过假定新的存在物，而是通过推动对已经给定的东西的一种再概念化。这种再概念化可能会改变一个所指的界限和形态，甚至是作为一个所指可能考虑的内容。但这是不必要的。隐喻指称，即一个表达在隐喻的意义上被理解时的指称，遵循复指指称的路径。但是通过隐喻意义的作用，我们在这条路的尽头发现的是一种不同的景象，我们的所指现在被确定了[1] 302,303。在隐喻指称确定的情形中，存在一种特殊的家族相似性用于隐喻和作为一个整体的这一隐喻的指示的所指，新的所

指的出现与隐喻的建构是同时发生的。[12] 94,95

当代美国哲学家约瑟夫·斯特恩在其著作《语境中的隐喻》中指出，“对一个隐喻（类型）的‘解释’是其记号在各自的语境中表达的内容。既然存在这些记号可能出现的无限多的或者并非先在地确定的大量不同的可能语境，那么这些记号就可能隐喻地表达无限多数量的不同可能内容”[12]105。这充分表明，隐喻言谈具有系统性，“隐喻”首先指称的不是个体表达或言说，而是言谈之后进行组织和建构的“概念”[8] 130。也就是说，只有隐喻网络而不是孤立的隐喻才会带有隐喻的指称功能。可见，语境对于探索隐喻指称问题具有特殊重要的价值。在此意义上，聚焦隐喻词的所指当然是一个方面，但更为重要和基本的在于关注作为整体的隐喻在具体语境中的指称功能。一个限定或非限定的隐喻描述的指称，如果没有字面指称的语言复指先行词，类似于言说者指称的情形。隐喻指称是语用学而非语义学的。正是根据语境描述的内容，隐喻指称表达的概念意义才真正得以实现。

结　语

隐喻与指称的关系问题是一个极为复杂的问题。要从根本上回答隐喻指称的问题，不可避免地涉及语言、知识、真理和逻辑理论的诸多深层次本体论问题。正是在这种意义上，对隐喻指称问题的求解构成了对当代哲学的一个重要挑战。我们认为，隐喻指称本质上是对可能世界的指称，其适当性和真值有其特殊标准，只有在语境的基底和框架中才可能对这一问题给出具有启示意义的探索。

参考文献

[1] Kittay E F. Metaphor: Its Cognitive Force and Linguistic Structure. Oxford: Clarendon Press, 1987.

[2] Ricoeur P. The Rule of Metaphor. Robert Czerny et al. trans. London: Routledge and Kegan Paul Ltd, 2003.

[3] Elgin C Z. Metaphor and reference//Radman Z. From a Metaphorical Point of View. New York: Walter de Gruyter, 1995.

[4] Hesse M. The cognitive claims of metaphor//van Noppen J P. Metaphor and Religion. Brussels: Vrije Universiteit Brussel, 1983.

[5] Cohen T. Note on Metaphor. The Journal of Aesthetics and Art Criticism, 1976, 34 (3): 252.

[6] Mooij J J A. A Study of Metaphor. Amsterdam: North-Holland Publishing Company, 1976.

[7] Henle P. Language, Thought, and Culture. Ann Arbor: University of Michigan Press, 1958.

[8] Beardsley M. The Metaphorical Twist. Philosophy and Phenomenological Research, 1962, 22 (3): 294.

[9] Boyd R. Metaphor and theory change//Ortony A. Metaphor and Thought . Cambridge: Cambridge University Press, 1993.
[10] Cooper D E. Metaphor. Oxford: Basil Blackwell Publisher Ltd, 1986.
[11] Hausman C R. Metaphor and Art. Cambridge: Cambridge University Press, 1989.
[12] Stern J. Metaphor in Context. Cambridge: The MIT Press, 2000.

语境认识论的困境与可能出路*

魏屹东

在当代认识论发展中，认识的语境论（epistemic contextualism）是一种关于知识归因的认识论，由于它主张由特定知识语句表达的命题及对该命题的理解依赖于说出这个句子的语境，所以笔者将它称为“语境认识论”。语境认识论将“语境”作为核心概念，强调知识归因，如说出句子的目的、意图、期望和预设等的重要性。①它虽然侧重认识论，但并不拒斥本体论，主张实在是建构过程中的存在，人类探寻的对象具有某些根本“结构统一体”（语境），它使得它们成为一个特定类的实例，不同于主张认识对象不依赖于任何“情境的、规范的和其他语境的变化的因素”的传统实在论[1]。语境认识论在解决怀疑难题（skeptical puzzle，SP）时虽然有优势，但也遇到了种种困境。

一、问题的提出

关于我们“知道”还是“不知道”（某个命题的意义），以及我们知道还是不知道某人知道某个命题的意义，是认识论的核心问题，也是知识论的重大问题。这两种“知道”的形式表达如下：

(1) S 知道 P(S 为主体，P 为常识命题)；

(2) S' 知道 S 知道 P(S' 为另一主体)。

S 根据什么说知道 P 呢？S' 又根据什么说知道 S 知道 P 呢？这就涉及判断“知道”的标准问题。比如，实在论者认为，命题 P 的真实性是 S 相信 P 的根本原因，经验主义者主张 S 相信 P 是根据经验做出的，认知主义者认为 S 相信 P 的真信念是 S 知道 P 的根本原因。(1) 是第一人称信念问题，(2) 是第三人称信念问题。于是争论就产生了。是命题 P 描述的内容的客观实在性，还是 S 的真信念或其经验是使 S 相信或者知道 P 的内在原因？前者是外在主义、客观主义或者经验主义，后者是内在主义或认知主义或心理主义。围绕关于知识的外在主义和内在主义，语境认识论与怀疑主义进行了长期的争论。

---

* 原文发表于《社会科学》2014 年第 6 期。

魏屹东，山西大学科学技术哲学研究中心、哲学社会学学院教授，研究方向为认知哲学与科学哲学。

① 持这一主张的学者有 S. Cohen，K. DeRose，M. Heller，R. Neta 等。

怀疑论主张，在严格标准下我们不知道某个命题的意义，因而我们不拥有关于我们周围世界的任何知识。语境论者认为，“知道”还是“不知道”在各自的语境中是明确的，我们不仅拥有知识，而且这些知识是语境依赖的，在语境之外我们不能理解任何知识。那么，判断标准严格到什么程度我们就不知道？不依赖语境我们是否能知道抑或不能知道呢？如果不能，那么如何确定某个命题的语境呢？如果能，如何才能算作知道呢？

怀疑论强调，不论有无语境，在严格条件下，*S* 都不知道 *P*，无论 *P* 是常识命题还是非常识命题。也就是说，*S* 知道还是不知道 *P* 都与语境无关。它提出“怀疑难题”来阐明其观点。

前提(1)：我不知道非 *h*[*h* 为怀疑假设，如我不是一个“缸中之脑”(BIV)]；

前提(2)：如果我不知道非 *h*，那么我不知道 *p*(*p* 是常识命题，比如我有手)；

结论：我不知道 *p*。

这个论证遵循了闭合原则(若 *s* 知道 *q*，且 *s* 知道 *q* 推出非 *h*，则 *s* 知道非 *h*)，且通常被理所当然地当作公理使用。问题是：非怀疑的假设(非 *h*)不必然推出常识命题(*p*)，尽管闭合原则有效。尤纳格（P. Unger）给出的怀疑论证为[2]：前提（1）：如果某人知道某事是其所是，那么此人绝对地确定那事是其所是就是正确的（个别）。①

前提（2）：任何人绝对地确定任何事是其所是绝不是正确的（一般）。

结论：从来没有人知道任何事是其所是。

这个论证显然也是有问题的，在逻辑上犯了从个别推出一般的“归纳悖论”错误。在更根本的意义上，我们的知识是不连贯的，难道由于这个理由，SP 这样的认识论悖论就无法彻底解决吗[3]？显然不是，语境论者虽然也努力尝试以自己的方式解决怀疑难题（比如，虚拟条件、相关选择、可错论、证据主义等说明，的确在一定程度上解决了怀疑难题)[4]，但在解决过程中遇到如下困境：①语境高低区分困境；②真信念确证困境；③主体敏感性困境；④相关选择排除困境；⑤事实确证困境。为什么会产生这些困境？如何解决？这是本文要着力探讨的。

二、语境高低区分困境

高低语境是说，对于一个命题的意义，在日常语境（低标准）中，我们能

① 该论证中的斜体是本文作者所加，旨在说明由个别到一般而推出结论的论证过程是有问题的。

知道其意义，而在哲学语境（高标准）中，我们不知道。比如“我知道我有手”，在日常语境中，其意义是明确的，但在哲学语境中，我是否知道我有手则是值得怀疑的。因为怀疑论者会问：你如何知道你有手？有手的事实能确定你存在吗？如果你不能确定你存在，你就不会知道你有手。如果你意识到或感觉到你存在，那么是什么使得你有意识或有感觉？如果你不能回答这些问题，你当然不知道你有手。这似乎是诡辩，其实质是如何确定判断“知道”的标准问题，也是如何确定语境的问题。正如德罗斯（K. DeRose）指出的，“怀疑论者设置非常高的标准使我们不能达到，这一事实没有任何倾向表明：我们没有达到更松散的标准。这些标准在日常对话中是适当的。这样，当怀疑论证的说服力得到解释的同时，我们日常主张的知道免遭怀疑论者非常有力的攻击”[5]。

问题在于，我们如何把握“知道”的高低标准？如何确定不同的语境呢？

刘易斯（D. Lewis）提出“适应规则”（rule of accommodation）来解决“知道”的标准问题[6]。根据这个规则，在给定的语境中，为了使所陈述的命题为真，我们可根据具体条件提高或降低评判的标准。比如，“我的桌面不平”，若标准是玻璃表面，这个陈述就是正确的；若根据水平尺标准，这个陈述就是假的。前一个标准是高标准，后一个标准是低标准。标准的高低是随语境变化的。在我的语境中，桌面不平，但在木工的语境中，桌面是平的。如果双方通过协调来统一标准，桌面平不平的问题似乎就可以解决。

这就涉及另一个问题：判断标准的协商问题。根据社会建构论的观点，判断知识真假的标准可通过科学共同体的协商来解决，即知道还是不知道是通过彼此协商达成一致来确定的，因为知识是社会建构的结果。难道知道标准需要通过协商来保证吗？个人信念与集体协商之间是什么关系？这会陷入新的困境。如何解决这个问题，语境论者倾向于在社会语境中解决，因为协商是有语境的，脱离社会语境谈论知识的判断标准就失去了参照物，而没有参照物的判断只能是猜测。

这就好比在太空中，由于没有参照物，人们无法做出上下左右的判断一样。

这并不是说怀疑论者拥有知识，非怀疑论者不拥有知识。而是说，怀疑论者常常提出一些形而上学问题，使得判断知识的标准异常的高，以至于许多我们相信为真的命题，由于不能满足其标准而被认为是假的。这就如同设置了“准入门槛”，把低于标准的东西挡在了“门外”。

刘易斯认为，怀疑论者通常改变会话记分（conversational score）来提高知识标准。一旦知识标准被提高了，认识论者必须承认失败，且当他声称拥有绝对知识时，就绝不会犯任何错误。关于记分，他所说的就像本来那样是正确的。语境论者的基本策略是：维护我们通常所说的真理，或在怀疑论者找到我们之前所说的真理，以避免怀疑论者根据其改变什么算作知识的东西来解释他怀疑的成功。德罗斯认为，以这种方式解释怀疑论反驳的说服力，倒减轻了其对我们日常知识主张的危险[7]。

不过，这个解释是专门针对 SP 做出的。SP 的前提（1）是知识的否定，这类提高知识标准的断言有助于使它为真。当怀疑论者主张前提（1）时，知识标准就已经通过“适应规则”提高到一个“我们既不知道我们不是一个 BIV，也不知道我们有手”的水平。然而，“适应规则”对于怀疑论假设的任何论证无能为力。为什么会这样呢？首先，它的表达形式比朴素怀疑论的表达形式更抽象。命题 h 是远离现实世界的假设，既谈不上证实，也谈不上证伪，是地地道道的形而上学命题。其次，前提（1）和（2），以及结论都是否定句，而使用否定命题会增加证明的难度。如果用肯定句表达情形就会不同。

前提（1）：我知道非 h（比如我不是一个 BIV）；

前提（2）：如果我知道非 h，那么我知道 p（比如我有手）；

结论：我知道 p。

在日常语境中，我的确知道我不是一个 BIV，当然知道我有手。这是确定无疑的事实。在怀疑论语境中，这些表达就变为“我不知道……”语句；特别是它的前提（1）“我不知道我不是一个 BIV”是一个无知前提，因为“我是一个 BIV”就是假定，既然是假定，我们就应知道其否命题“我不是一个 BIV”可能是真的。

在刘易斯看来，“适应规则”适用于两种怀疑论。对于朴素怀疑论，它主张我不知道我有手，“适应规则”能够把知识标准提高到保证它的主张为真的水平。不过，“其他条件均同”（ceteris paribus）① 语句能否阻止这个结果，就看我们如何充实它了。对于激进怀疑论，同样可以通过“适应规则”达到它所要求的知识标准。由于这个原则的解释不能在两种怀疑论之间做出区别，它也就不能解决我们的问题。其实，“适应规则”主要用于怀疑难题，因为朴素怀疑论问题在日常语境中是容易解决的。然而，知识归因的评价条件服从于变化，且这种变化是连续的、均匀的[8]。如果是这样，这种变化与生物学上的“均变论”就有了某种联系，因为“均变论”认为生物进化是连续的和均匀的，于是语境论又回到了传统的基础主义认识论立场上了。

西弗详细指明了 S 对于 P 所持认识立场的强度。一方面，S 知道 P，在某些语境中所表达的是相对于标准 E（Easy）；另 一方面，S 知道 P，在某些其他语境

---

① 拉丁文，意指“如果其他情况相同”或“如果条件正常，那么……”，这种语句的存在意味着普遍性解释在效力和范围上的局限性，也即排除了所有反常和例外的条件。比如，在实际的因果关系中，说 a 对于 b 是充分的，意味着 a 在正常条件下对 b 是充分的，而在非正常条件下就不一定了。这就是说，如果其他情况相同或条件正常，适应规则能够将知识标准调节到某个主张为真的水平，如果条件不正常，或发生了变化，情形或结果就另当别论了。

中所表达的是相对于标准 T (Tough)[9]。在这里，标准 E 是相对弱的认识立场，也即较低的标准；标准 T 是相对强的认识立场，也即较高的标准。认识立场的认识强度是变化的，而且不同的表达语境可以产生程度的差异。当知识被定义为相对于变化的标准时，认识的闭合原则必须对相对性做出说明：如果 x 知道 p 相对于标准 N，且 x 知道*①如果 p，q，那么 x 知道 q 相对于标准 N。

然而，E 和 T 的区分标准是什么？根据什么来确定 E 和 T？这又陷入了标准划分的困境。这类似于奎因所批判的经验主义的两个教条，其中之一就是分析命题与综合命题的划分问题，因为这两个命题的区分界限本来就是模糊的。照此看来，语境高低的区分也犯了同样的教条，因为高与低的界限也同样是模糊的。要做出高低的判断，必须设置高与低的特定语境，在这些特定的语境中，我们才能做出明确的判断。比如，在某人爬山的语境中，我们就能够根据某人的行走线路的海拔或当地的地面来判断其所处位置的高度，从而做出高低的判断。在这个例子中，山所处的环境与某人攀登的行为构成了一个特定语境。因此，我们在对某个命题的语义做出判断时，首先要弄清这个命题的语境是什么。只有弄清了语境，才能理解它的意义。

三、真信念确证困境

根据语境认识论，知道命题的意义是完全依赖语境的。如果“S 知道 P”仅仅是假定 S 具有真信念并坚持强的认识立场而为真，那么为了使得这个语句能够表达一个真实的情形，控制 S 的认识立场的强度就可以了。也即，S 知道 P 仅当 S 相信 P，“相信”就成为“知道”的必要条件。那么“相信”就一定意味着“知道”吗？即使相信必然蕴涵知道，相信对于知道一定是充分的吗？如何确证一个信念是真的呢？如何控制 S 的认识立场的强度呢？

德罗斯认为，A 说“S 知道 P”是主体 S 的真信念 P 使然，A 对于命题 P 的真假断言与 S 所持认识立场的强度有关，而认识强度是根据 A 的对话语境性质变化的[10]。也就是说，S 之所以知道 P，是因为 S 对 P 具有真信念，A 说 S 知道 P，是 A 根据 S 的真信念加上 A 的对话语境决定的。于是问题就产生了。我们如何知道 S 具有真信念？如何判断一个信念是真的？A 根据对话语境和有待确证的 S 的真信念，就能够知道 S 知道 P 吗？这显然是有问题的，因为“知道”是比“相信”更强的信念，用一个弱的信念判断一个强的信念，无论在逻辑上还是在常识上都是难以接受的。

① 这个知道*是基于闭合原则的知道。

例如，张三知道这是一匹斑马，仅仅因为张三对斑马具有真信念。我知道张三知道这是一匹斑马，仅仅因为我的知识语境加上张三的真信念。如果斑马是一匹人为伪装的骡子，张三还知道这是一匹斑马吗？他的信念还是真的吗？我还因此坚持我知道张三知道这是一匹斑马吗？所以，把真信念作为判断知道的标准肯定是有问题的，因为我们难以确定 *S* 信念的真实性。即使能够确定信念的真实性，我们也没有确切地把握确定语境的变化。进一步说，用两个都在变化的东西（信念和语境）判断知道与否显然是极其困难的。就像“薛定谔测不准原理”所揭示的微观世界里粒子的行为那样，同时测量粒子的位置和速度是不确定的，同时确定真信念和判断它的语境也是难以确证的。这就是关于“知道”的真信念不确定性难题。

如果我们坚持真信念的存在，那么我们就可能陷入唯我论的个人主义窠臼。比如，我相信买彩票能中奖就一定意味着我知道中奖号码吗？显然不是，相信的东西不一定是知道的东西。许多人相信上帝的存在，但并不知道上帝在何处。我坚信我买彩票能中奖，即使没有中奖。这里有一个“赌徒心理”问题，即能不能中奖先赌一把再说。若进一步问为什么相信，我会说我的确相信，只是我无法用语言表达，只可意会不可言传。这涉及意会知识的表达问题。若意会知识存在（许多人相信存在），那么真信念也应该存在。但如何确定这种知识呢？这又涉及心理表征问题。如此一来，如果要确定真信念，就得承认意会知识的存在，就得承认唯我论的合理性，更需要进一步探讨心理表征问题。因此，真信念的确证绝不是一个简单的事情。

根据预设主义，如果把信念理解为信以为真的预设，那么信念就不需要确证，就好像公理不证自明一样，它们是认识论的预设。而预设就是人们把毫无疑问地认为为真的东西作为某个结论的前提，它是一种确定无疑的真信念。也即，信念作为预设是先天存在的真东西，当然不必确证。这样的话，真信念的确证问题自然就消解了。

按照可靠论，得到确证的信念就是自然中类似法则的联系所认可的真理。因此可靠论是一种外在主义。最有影响的可靠论是过程可靠论，它认为一个信念要得到确证，当且仅当它是由可靠的心理过程产生的。或者说，确证的信念就是由恰当的心理过程产生的信念，没有得到确证的信念是由不恰当的心理过程产生的信念。这种可靠论把认识论与认知心理学联系起来，其可靠性是与人们所相信的东西在现实世界中是否为真有关。换句话说，信念是一个与现实世界中存在的东西的真假有关的心理过程，人们所相信东西的程度越高越容易相信。但是，怎样才算是可靠的心理过程？如何确定信念的程度？可靠论并没有好的办法。这恐怕又要回到科学哲学家赖兴巴赫的概率意义理论，即依据一个命题为真的概率来确定其意义，概率越高，意义越真越可信。

根据自然主义认识论，知识及其获得的基础必须诉诸行为主义心理学及对科学的历史探究，探讨知识的适当问题是关于知识主张的确证而不是解释知识的形成。而确证需要重建证据的概念，使得证据指涉感官刺激，正是感官刺激导致我们具有了科学的信念。也就是说，我们的信念确证归根结底是依赖感官刺激的。这又容易导致心理行为主义。

按照证据主义，主体 S 对命题 P 的信念在时间 t 得到证明，当且仅当这个信念在 t 时符合 S 所具有的证据，且那些证据是恰当获得的，在认识论上是得到有力证明的。换句话说，对信念的确证是通过主体对信念的证据的性质决定的。但证据主义不能对经验证据和知觉信念之间的关系提供令人满意的说明。

在笔者看来，信念靠经验事实或感官刺激难以确证，一个信念要靠另一信念确证。例如，“有神论”要靠“无神论”来确证，“地心说”要靠“日心说”来确证。这类似于科学哲学家劳丹的“理论证伪理论，而非经验证伪理论”的主张，因为一个合理的理论比一个或多个经验事实更具有说服力。

四、主体敏感性困境

诺兹克（R. Nozick）的虚拟条件说明（SCA）主张：当我们认为 S 相信 P 不敏感时，我们倾向于判断 S 不知道 P。反过来说，当我们认为 S 相信 P 敏感时，我们倾向于判断 S 知道 P。这样，主体对 P 的敏感性就成为判断 S 知道 P 的标准。问题是，我们如何知道 S 相信 P 是不敏感的？在语境中能够确定敏感性吗？

SCA 的确不能解释：一些 S 确实知道 P，即使 P 是假的，我们仍然会判断 S 相信 P。为了弥补这个缺陷，诺兹克引入了方法“M”。根据 M，我们能够知道 S 相信 P 不敏感[11]。那么 M 又是什么呢？如果 P 不是真的，而且 S 打算使用 M 实现是否相信 P 的信念，那么即使 S 使用了 M，S 也不会相信 P。

德罗斯也强调知道的敏感性与认识立场强度的关系，“当某个主体 S 知道或不知道某个命题 P 被断言时，如果需要的话，知识标准倾向于被提高到这样一个水平，需要 S 相信那个特殊命题 P 是敏感的，以至于它被算作知识”。情形如果不是 P 是假的 S 会相信 P 的话，S 的信念对 P 就是敏感的，因为“当我们认为 S 相信 P 不是敏感之时（当我们认为 S 会相信 P 即使 P 是假的时），我们仍然倾向于判断 S 不知道 P…… 我们不能如此判断我们对 P 的无知，非 P 在那里隐含了某种我们以为我们知道的东西是假的，而不用假设 我们如何错误地相信我们认为知道的东西的解释。因此，我错误地相信我有手隐含了我没有手。既然我的确使我自己知道我有手（这个信念不是不敏感的），既然以上斜体表示的命题不能解释我如何在关于我有手方面误入歧途，我就会判断我的确知道那个命题是假的。

然而，这仍然是一个初级陈述，还有进一步细化的空间。我们现在需要有信心把握正确的方向”[12]。

由此看来，主体的敏感性依赖于其认识立场的强度，而强度取决于这个主体在对话语境中对言说者的知识归因成真的程度，成真度越高，认识立场就越强。这样，知道的敏感性就与认识强度联系起来了，而认识强度的确定又与对话语境相关。而确定敏感性与语境的变化本身就是一个难题。

不过，德罗斯认为比较条件句可以解决一个认识立场比另一个更强的问题。比如，我知道这辆车新，我也知道那辆车更新，因此，我知道那辆车比这辆车新。在日常语境中，通过比较句可解决认识强度问题，也就是敏感问题，但在哲学语境中，比较句也无能为力，由于敏感的标准难以确定，这又回到了高低标准区分的困境上了。

根据语境论，主体的敏感性是依赖语境的（此语境包括知识掌握、文化背景等）。具体说，*S* 对 *P* 的敏感性与 *S* 对 *P* 的内容熟悉的程度、文化的影响等因素相关。比如，某人知道地球是圆的，我们就要对某人的语境做分析。如果某人是科学家，他对这个命题就是敏感的，如果某人是“科盲”，他对这个命题就是不敏感的。敏感还是不敏感是与语境相关的。不仅我们的判断与我们的语境相关，*S* 相信或知道 *P* 也是语境相关的。这样，主体的敏感性就变成了语境的敏感性。可以说，意义对语境是敏感的，判断对意义的理解也是语境敏感的，只要确定了 *S* 知道 *P* 的语境，*S* 对于 *P* 的敏感性问题就能够解决了。于是，我们又回到如何确定语境的问题上了。

五、相关选择排除困境

德雷特斯克（F. Dretske）主张“把知识作为证据状态，在这个状态中，所有已知的相关选择是被排除的”[13]。换句话说，如果 *S* 知道 *P* 是排除了 *P* 的相关命题，那么 *S* 就一定知道 *P*。然而，这个主张是有问题的，因为 *S* 知道 *P* 不一定能通过排除相关命题获得。即使能，那么什么是相关命题呢？比如“我知道雪是白的”，凡是非白的命题如“碳是黑的”就被排除了，但“纸是白的”并不能被排除，且“雪是白的”与“碳是黑的”并不是相关的。因此，通过排除 *S* 知道 *P* 的相关命题是解决不了问题的。

海勒（M. Heller）主张，*S* 知道 *P* 仅当在任何更远、足够封闭的非 *P* 世界里，*S* 不相信 *P*。也可能有这样的语境，在其中我的确知道命题 *T*，因为“当我考虑我是否知道命题 *T* 时，我使用不同的世界作为相关选择，这不同于当我考虑我不是一棵‘BIV 树’时的用法”[14]。在特定语境中我知道命题 *T*，因为在任何非 *T* 世界里我不相信命题 *T*，这个非 *T* 世界对真实世界足够封闭。之所以要考虑

足够封闭的非 T 世界，是因为那些世界包括完全封闭的非 T 世界。在足够封闭的非 T 世界里，我们不知道命题 T。由于这一情形是真的，怀疑难题就是假的，即使 我不知道我不是一棵“BIV 树”，我仍然能够知道我前面有一棵树，所以避免怀疑论陷阱。

然而，任何否定 SP 的解决方案都必须解释：它为什么对于我们似乎是正确的。在海勒的解释中，SP 之所以表面上看是正确的，是因为某些语境与闭合原则的要求一致。比如，在更远、足够封闭的非 T 世界的语境中，如“BIV 树”世界，与真实世界足够接近而算作认识上相关的。在此语境中，我既不知道命题 T，也不知道我不是“BIV 树”。因为在“BIV 树”世界里，我既相信命 题 T，也相信我不是一棵“BIV 树”。存在这些语境和这些语境与闭合原则要求一致的事实，使得 SP 看起来是正确的。

问题是：更远、足够封闭的 非 P 世界是什么世界？ 是哲学上的可能世界，抑或是远离日常世界的假设世界？ 这些世界与 S 知道 P 的非 P 命题是相关的吗？ 如果不相关，就不存在排除的问题，更不存在选择的问题。因此，通过排除相关选择命题来确定 S 知道 P 也是有问题的 。

柯恩（S. Cohen）坚持相关选择标准是存在的，且认为这些标准反映我们关于 S 知道 P 的各种条件的直觉能力。为此他提出外在和内在两个标准。外在标准是说： 如果命题 P 的一个选择 h 的概率是高度充分的，且 h 取决于有条件的理由 r 和其环境的某些特征，那么这个选择就是相关的。内在标准是说： 如果 S 缺乏充分的证据或理由来否定命题 Q 的一个选择 h，比如相信非 h，那么，这个选择 h 就是相关 的[15]。

假设我有理由相信这是一匹斑马，对所有其他人来说，它看起来就是一匹斑马，但在动物园的某个区域，它就是一匹精心伪装的“斑马”，我有充分的理由相信动物园管理人员只是把斑马放入标有“斑马”标记的地方。也许有人强调，所有这些理由与“这个动物是一匹精心伪装的骡子”相一致。对于所有其他人，这样的骡子看上去就是斑马。在这种情形下，即使是最小心谨慎的动物园管理人员也会把这样的动物放入标有“斑马”标记的地方。之所以强调这样的事实是因为，它会使我基于我的理由而错误相信的或然性更加突出，进而使得“这是一只精心伪装的骡子”这个选择相关。也就是说，小概率的或然性经过错误的相信被放大了，使得人们相信小概率或然性与某个命题相关。

在柯恩看来，任何时候，当强调我们理由的统计特性并指出我们基于那些理由而错误地相信存在或然性时，相关性的标准就发生了转换。因此，在日常语境中，没有人强调我们错误相信的或然性，那种或然性不会显现，我们能够基于我们的理由知道这是一匹斑马。然而，在怀疑的语境中，某些人的确强调我们错误相信的或然性，那种或然性会显现。在这些语境中，柯恩关注的是错误的或然性，关注“这是一匹精心伪装的骡子”这个选择的相关性。由于我们不排除那个选择，所以我们不知道那是一匹斑马。

柯恩的相关选择语境论允许我们像解决斑马-骡子这样的难题一样去解决SP。因为他的理论是根据证据形成的，且这样的难题包括信念，由于这些信念我们才拥有证据。不过，柯恩指出，激进的SP也包括使得我们不能拥有证据的信念——在任何证据的基础上对异议有免疫性。由于这个理由，柯恩的语境论对激进的SP似乎也无能为力。

为了克服这个困难，柯恩修正了其理论。对某些信念，即使我们没有它们的任何证据，我们认为它们是认识上理性的，他把这种信念称为内在理性信念。“我不是BIV”就是内在理性信念，即使我没有这个信念的任何证据，我也相信“我不是一个BIV”是理性的。根据内在理性信念，主体S相信命题q仅仅是因为S拥有充分的证据支持q，或者说q是内在理性的，是有理由的。修正的内在标准是：命题p的一个选择h是相关的，如果S否定h而相信非h不是有充分理由的，由此推测，理由的充分程度在那里是由语境决定的。根据这个内在 标准，“我不是一个BIV”这个选择通常是不相关的，因为我的信念“我不是一个BIV”是内在理性的。这意味着，“我不是一个BIV”这个选择，并没有排除让我基于理由知道我有手。因此，在日常语境中，我知道我有手，因为我有充分理由知道我有手，而且排除了所有相关选择。由于这些标准在日常语境中相对较低，在那些语境中我也同样知道“我不是一个BIV”。

然而，怀疑论者强调，我没有任何证据使我相信“我不是一个BIV”这样的事实的语境也是存在的。关于这一点，怀疑论者关注的是我的错误或然性。这使得“我是一个BIV”这个选择相关，我不能排除这个选择。所以，通过在这些怀疑语境中应用这些标准，我既不知道“我不是一个BIV”，也不知道我有手。在柯恩看来，可靠论允许我们在非演绎推理的基础上知道P。如果用一个与P不相容的任何命题作为P的一个选择，可靠论可以描述为：即使有某些选择P存在，S基于(理由或证据)R能够知道P与R相容。

不过，柯恩的语境论面临两个责难：一个是关于我有证据使我相信“我不是一个BIV”的观点；另一个是他关于我拥有某些偶然事实，特别是关于“我不是一个BIV”的事实的先验知识的观点。关于“我知道我不是一个BIV”是仅仅建立在否认“我是一个BIV”的内在理性基础上的，这意味着我先验地知道“我不是一个BIV”，并因此知道我拥有某些偶然事实的先验知识。这两个责难使得柯恩远离了他早期的相关选择语境论。即使柯恩现在承认“我能够拥有证据使我相信我不是一个BIV”，他仍然认为存在这样的信念，对于这些信念，“我从来没有过证据”。基于这一想法，他提出了一个新的激进的SP。柯恩假设，有一个动物是“BIV”，它从来不会有如此那般的证据证明它是一个“BIV”，他把这种动物叫作 BIV*①。现在的问题是，“我不是一个 BIV”的信念是一个我从来不会有证据的信念。根据那些信念形成的新悖论为

前提或命题（1）：我知道我有手；

前提或命题（2）：如果我不知道我不是一个 BIV*，那么我不知道我有手；

结论或命题（3）：我不知道我不是一个 BIV*。

由于这个悖论涉及一个怀疑假设，对这个假设我从来不会有证据，那么，关于我能有证据使我相信我不是一个 BIV*的观点，不会对柯恩解决这个新悖论的方案造成麻烦。如果柯恩放弃相关选择这个理论框架，他解决 BIV*悖论的方案又是什么呢？他首先意识到，我不是一个 BIV*的信念可能是内在理性的，或是他现在称为非证据理性的东西。② 换句话说，主体 S 相信 p 是非证据理性的，如果 S 相信 p 是认识理性的，即使 S 关于那个信念缺乏任何证据。进一步说：S 知道 p，当且仅当他相信在某种程度 d 上 p 是认识理性的，在那里，认识理性既有证据成分，也有非证据成分，而且 d 在那里由语境决定[16]。

柯恩主张，假设我有一定数量的证据使我相信我有手，且我有手的信念在程度 de 上是有证据理性的；再假设，我不是一个 BIV*的信念在程度 dne 上是非证据理性的。非证据理性（关于我的信念我不是一个 BIV*）是综合理性，或任何经验命题确证的一部分。因此，我们可以设想，我有手的信念在程度 d^* 上是认识理性的，即 $d^* = \mathrm{de} + \mathrm{dne}$。$d^*$ 的程度比 de 和 dne 高，而信念程度的高低是由语境决定的。

根据柯恩的看法，一个信念若算作知识的话，它必须是认识理性的，其程度是由言说者意指的某些复杂函数、听者的期望、会话的预设及凸显关系等共同决定的，而且，听者的合作是这个函数的核心部分。然而，在怀疑论语境中，这个复杂函数能够详细说明：若一个信念在程度 ds 上是认识理性的，则它就是充分的认识理性，且 d*低于 ds。这意味着，有手的信念对于知道有手不是充分理性的。在那些相同的怀疑论语境中，知道不是一个 BIV 没有任何基础，我们因此接受命题（2）和（3）而拒绝命题（1）。

那么，柯恩在坚持闭合原则的同时解决了 BIV*悖论吗？我看未必。柯恩仍然是在高低语境的框架中解决问题。在日常语境中我们接受命题（1）和命题（2），在怀疑语境中，我们接受命题（2）和命题（3），在两种不同语境中，我

① 另一种 BIV，以区别于第一种 BIV。这其实是一种无知论证的 BIV。相对于人，如果我们是 BIV，我们知道如何论证我们不是 BIV。

② 非证据理性在这里其实就是先天理性或称直觉判断力。比如，我知道我不是 BIV 就是不需要证据而知晓的先天知识或直觉知识。这种直觉知识是不需要证据的。

们都接受命题（2）。根据语境论，一个命题在不同的语境中意义不同，命题（2）在两种语境中意义应该不同，但是在这里却是相同的，这不是自相矛盾吗？一个命题如果在不同的语境中意义不变，它就是去语境的，即无须语境。问题是这里有语境存在。如何解释这个问题呢？柯恩没有做出说明。这其实是语境转换中的意义变化问题，也是语境认识论面临的一个难题。

六、事实确证困境

瑞波（S. Rieber）认为“S 知道 P，当且仅当 P 的事实解释了为什么 S 相信 P 的原因”，而“算作解释的东西是高度语境依赖的。特别是最近的对比解释研究工作已经清楚地说明，知识依赖于一种不言而喻的对比”[17]。在瑞波看来，S 之所以知道 P，是因为 P 的事实解释了为什么 S 相信 P。也即，P 所描述的事实坚定了 S 相信 P 的信念，且这一解释是依赖语境的，或者说 P 的事实的确证，使得 S 相信 P。问题是，P 的事实是确证的吗？如何确证？这又涉及知识的确证问题。

安尼斯（D. Annis）主张在“问题语境”中确证知识。当问 S 是否确定相信 h 时，S 必须是处于问题语境中。这个问题语境是包括 h 在内的提出问题的具体境遇。它决定 S 理解的水平和 S 必须展示的知识，也决定一个适当的“反驳者群体”的存在。比如，在给定目标的条件下，如果 S 声称某个陈述是真的，可能遇到的反驳有：S 不处于知道 h 的立场，或 h 是假的。假如我们问 S 如何知道 h，他会给出各种理由 $e1$，$e2$，$e3$，…，en 证明 h 为真。我们会反驳说，理由 $e1 \sim en$ 是假的，它们并不能给予 h 适当的支持。当然 S 可能会给出另外的理由 i 继续证明 h。我们会继续反驳说 i 也不能证明 h 为真[18]。这些反驳可能增强了 S 的理由 $e1 \sim en$ 及 S 对反驳的回应。但是，某人的主张及其反驳是在问题语境中实现的，脱离这个问题语境，争论就会无限进行下去，必然导致“无穷倒退问题”。

在笔者看来，认识论就是探讨“知道”的问题，方法论探讨知道的过程，知识就是知道的结果。知道的根源弄清了，过程明了了，结果也就是确证了。从知道到获得知识的整个过程均是语境依赖的。威廉姆斯（M. Williams）认为，语境论是这样一种主张，“如果不依赖于所有的东西（情境的、学科规范的和语境的变化因素），那么一个命题就没有任何认识的地位。至于它或承认或需要哪类确证的问题，没有任何事实”[19]。这一辩护是反实在论的。认识的实在论主张，即使不依赖语境因素，一个信念需要哪类确证问题的事实都存在，尤其是它坚持认识优位（epistemic priority）的真理观。

根据认识优位学说，如果我们关于外部世界的信念要成为知识的话，那些信念一定是由我们的感觉经验确证的。威廉姆斯认为，一般的认识的实在论和具体的认识优位学说都是“容易引起争论和可能不必要的关于知识及其确证的理论观点”[20]，而怀疑论必然依赖这些有争议的观点。由于是理论形态，这些观点并没有以认知思维的日常形式强加于我们。这说明怀疑论是反常的，证明的责任在怀疑论者一方，而不在语境论者一方。虽然说怀疑论是反常的，但还是值得我们去重视，毕竟它提出了值得我们去思考的问题，比如，基于信念的知识一定是确证的吗？我们如何知道知识是确证的呢？知识和确证是什么关系？这些问题是语境论者无法回避的。

事实上，在知识确证的过程中，我们很难排除怀疑假设。在日常语境中，我们能够排除某些选择，知识归因可以是真的，而在怀疑语境中，我们无法排除怀疑假设，因此不能保证知识的真实性。这是一种否证或排除方法，类似于波普的证伪主义。我们知道，证实一个知识主张需要极大量的证据或理由，排除所有其他的选择或可能性同样需要极大量的理由，这会使我们陷入逻辑经验主义的“实证困境”；如果选择否证据或理由，即选择非相关选择，又会使我们陷入证伪主义的“否证困境”，即寻找反例的困境。因为证实一个命题和证伪一个命题在寻找证据方面同样难，况且正例的概率通常情况下也比反例高，这也就是人们偏爱“实证”的原因所在。

结　　语

费尔德曼（R. Feldman）认为，20 世纪 80 年代以来的反怀疑论包括普特南的内容外在主义、诺兹克关于否定的闭合原则和关于知识归因的语境论[21]。这三种观点虽然避开了怀疑论提出的认识论的核心问题，但又退回到怀疑论立场。即使语境论关于知识归因的真值条件随语境变化的观点是正确的，这个事实也不能说明语境论对怀疑论的回应是令人满意的。因为怀疑论强调：在日常语境中我们是否适当地满足了知识的标准，而不是像语境论者认为的那样，在某些认识论语境中我们是否适当地满足了某些所谓的更高标准[22]。按照语境论，由于认识标准诉诸语境变化，在哲学的超常语境中，知识归因就可能为假，但这不意味着日常语境中当不同标准生效时，知识归因也是假的。语境论的目的就是要把日常知识与怀疑假设分离，它不仅要说明怀疑论为什么错，还要解释它如何错，又如何具有吸引力。

概言之，知道的方式在日常世界和怀疑世界是不同的；不同个体之间的知道方式也不完全相同。因而特定的知道方式需要在特定的语境中去说明，特定的问题对应于特定的语境，混淆不同层次的语境就会使问题复杂化和模糊化。因此，弄清不同层次的知道方式的语境对解决怀疑难题至关重要。不是怀疑假设规定了认识论的语境，而是认识论使得怀疑假设似乎相关。

参 考 文 献

[1] Williams M. Unnatural Doubts：Epistemological Realism and the Basis of Scepticism. Princeton, NJ：Princeton University Press, 1996：108-119.

[2] Unger P. Ignorance：A Case for Skepticism. New York：Oxford University Press, 1975：95.

[3] Schiffer S. Contextualist solutions to skepticism. Proceedings of the Aristotelian Society, 1996：317-333.

[4] 魏屹东．怀疑论难题与认识的语境论的解决策略．社会科学，2011，(10)：115-125.

[5] DeRose K. Contextualism and knowledge attributions. Philosophy and Phenomenological Research, 52 (4)：917.

[6] Lewis D. Scorekeeping in a language Game. Journal of Philosophical Logic, 1979, 8：339-359.

[7] DeRose K. Solving the skeptical problem. The Philosophical Review, 1995, 104 (1)：9.

[8] Lewis D. Elusive knowledge. Australasian Journal of Philosophy, 1996, 74 (4)：549-567.

[9] Schiffer S. Contextualist solutions to skepticism. Proceedings of the Aristotelian Society, 1996, 96：318-319.

[10] De Rose K. Solving the skeptical problem. The Philosophical Review, 1995, 104 (1)：4-7.

[11] Nozick R. Philosophical Explanations. Cambridge, MA：Harvard University Press, 1981：179.

[12] DeRose K. Solving the skeptical problem. The Philosophical Review, 1995, 104 (1)：23-36.

[13] Dretske I. The Pragmatic Dimension of Knowledge//Perception, Knowledge and Belief：Selected Essays. Cambridge：Cambridge University Press, 2000：52.

[14] Heller M. Relevant alternatives and closure. Australasian Journal of Philosophy, 1999, 77：197.

[15] Cohen S. How to be a fallibilist. Philosophical Perspectives 2：Epistemology, 1988：102-103.

[16] Cohen S. Contextualism, skepticism, and the structure of reasons. Philosophical Perspectives 13：Epistemology, 1999, 63-69.

[17] Rieber S. Skepticism and contrastive explanation. Nous, 1998, (32)：189-195.

[18] Annis D. A Contextual theory of epistemic justification. American Philosophical Quarterly, 1978, (15)：214-215.

[19] Williams M. Unnatural Doubts：Epistemological Realism and the Basis of Scepticism. Princeton, NJ：Princeton University Press, 1996：119.

[20] Williams M. Fogelin's Neo- Pyrrhonism. International Journal of Philosophical Studies, 1999, (7)：144.

[21] Feldman R. Skeptical problems, contextualist solutions. Philosophical Studies, 2001, (103)：61-85.

[22] Feldman R. Contextualism and skepticism. Philosophical Perspectives：Epistemology, 1999, (1)：91.

经验的形而上学

——麦克道尔的经验论哲学评析*

何　华

麦克道尔（J. McDowell）的经验论从康德式的问题开始，"经验知识何以可能"？因为他认为如果哲学家们在"所予神话"与"融贯论"间不停地摇摆，经验知识就不可能获得。鉴于此，他重新审视了经验的属性及与之相联系的心灵与世界，为经验成为知识的必要条件寻找合理依据。分析麦克道尔的这些努力，可以发现其经验论的一个倾向，即经验是经验知识的形而上学条件。

一、经验的内容是事物呈现给主体的方式

事物与主体感官发生联系形成知觉经验。事物以不同的方式呈现给主体，形成与之相对应的内容。麦克道尔习惯用短语"事物如此这般"来表述经验的内容。依据呈现方式性质的不同，经验的内容或者被描述为非概念性的，或者被描述为概念性的。呈现方式的性质也在争论之列，对应于前者其呈现的前提是事物与主体间的因果作用，对应于后者则是事物与主体间的理性联系。麦克道尔认为经验的内容是概念性的。这可称为"关于经验的概念论"。这种概念论的好处是，一方面保证思想与世界的联系，世界赋予主体的经验内容对信念起确证作用，另一方面这种经验在概念运行中发生。与康德的理论相似，概念是一种知性能力，自发地被动地应用在经验的内容的形成中，使经验具有了概念性的内容，有了确证信念的地位。

传统经验论中，从对象到感觉予料，从感觉予料到非推论性的信念，然后到推论性的信念的过程，是经验知识获得的过程。在感觉予料到非推论性的信念这一步发生的争论最多。塞拉斯（W. Sellars）批判"所予神话"和戴维森（D. Davidson）主张的融贯论代表了相对立的两种立场。

按照塞拉斯的空间比喻，感觉予料与信念不属于同一个空间。后者在理由空间，前者则在其外，但是二者必须发生联系。思想有"客观意指"（objective purport）的需要，它需要外在的限制。外在的限制是经验性的。缺少经验性的限

---

* 原文发表于《科学技术哲学研究》2014 年第 2 期。

何华，男，山西交城人，山西大学科学技术哲学研究中心讲师，哲学博士，研究方向为科学哲学。

制，“思想”就会缺少经验性的内容，它就不能被称为真正的思想。然而，问题是需要外在的限制（实在的限制）看起来就是需要来自“外在于概念范围”的某物的限制，即来自于理由空间之外的某物的限制。这就是诉诸“所予”。“经验的‘所予’提供给思想的限制毫无疑问是外在的，但不幸的是它并不是理性的。而且如果它不是理性的就不会恰当地限制思想。”[1]8 因此，这种所予是神话。逃避“所予”的诉求会使我们寻求理性的限制：来自于概念活动内容的限制。但是如果概念的能力在判断中被规范地应用，这好像有失去外在性基本要素的危险。可能一些思想是由世界对我们感官的影响激发的，但这根本没法表明它们有任何特殊的认识论地位。从知识的角度看，只要我们保持一致性，好像就可以随意调整信念网。这等于说，思想根本不受外在的限制。这是从“所予神话”退出后接受了无阻的融贯论。于是知性的自发性需要接收性限制，但是看不到这何以可能。这是麦克道尔提出的问题。

二、经验是运行中的接收性

为避免上文所说的困难，经验一方面要与外部世界有联系，另一方面要没有困难地对理由空间的内容起确证作用。这样的经验内容如何获得？

麦克道尔援引康德的感性和知性概念给出了他的说明。一方面我们在感性中接收直观，另一方面在知性中自发地使用概念。这里他提出了两个概念，“接收性”（receptivity）和“自发性”（spontaneity）。麦克道尔有一句口号，“经验就是运行中的接收性”[2]249。接收性这个概念的意旨是保证外部世界对主体经验性思维的限制，也就是保证思想与世界的关联。知性活动的地方是“理由空间”，知性产生的关于经验世界的观念需要来自感觉经验的理性限制，因此自发性的作用就不是完全自由的。这样来规定自发性避免了融贯论所处的威胁“无摩擦的虚空”和“所予神话”，即求助于纯粹的感觉来确证信念。接收性的运行本身拥有一定的概念能力，这种能力所发生的作用是被动地由事实在我们感性之上的冲击引起的。我们从以上这些界定得出，在自发性与接收性的相互作用中，自发性易于遭受接收性的传输物的冲击，并对此冲击进行理性构建，由此所产生的信念或信念体系才能与经验世界相关。此处的一个关键点是接收性与自发性之间的相互作用是理性的。如果接收性与自发性之间没有理性关系又会如何？思想看起来不会与世界发生联系。为了回避这种结果，就需要重新审视经验的作用。接下来我们要讨论的是奎因（W. V. Quine）和戴维森在这方面的努力。

在奎因的哲学中，世界观的内容是自由运行的自发性的产物，不受接收性带给我们的东西的控制。奎因的“概念的独立自主性”（conceptual sovereignty）的含义明确区分人类知识中世界和主体两方面因素[3]。奎因所认为的经验是对主体感觉接收器的刺激，而且“它是任何人在最终得出其世界图景时不得不依赖的全部证据”[4]。这样的经验在麦克道尔、塞拉斯和戴维森看来没有机会与信念或世界观发生理性关系，不可能在确证序列中出现。如果经验不在确证的序列中，那么它就不可能是世界观超越的东西。这里的“超越”指的是感觉向信念的转化。但是奎因的“概念的独立自主性”需要这种超越。超越体现了对自发性或概念独立自主性的运用。世界观可以超越的东西是证据，如果经验在世界观形成过程中只起一种因果性作用而不是确证作用，那么它不能用作证据。如果经验支持世界观不能如证据支持理论那样，那么奎因的哲学图景中世界观的存在就成了问题。按照麦克道尔的观点，自发性（在奎因这里对应的是概念独立自主性）和接收性之间相互作用，接收性的传输物在确证序列中，世界观才有存在的可能性。奎因的“没有教条的经验论”承认了世界观部分取决于内生性（endogenous）要素，部分取决于外生性（exogenous）要素，这二者是自发性与接收性的对应物。在《经验论的两个教条》（1951）中主要是对分析性概念做了批判。普特南（H. Putnam）在《再论“两个教条”》（1976）中指出，奎因的文章的后两部分讨论的是先天性（a priority），他既拒斥了先天性的观念又概括出没有这种观念的情况下的方法论[5]。在我们讨论的语境中可以说，奎因否定了所予来自知性结构之内。同时在奎因看来，经验是不能像所予神话所认为的那样与信念有理性关系，但是“法庭”的说法蕴涵了经验与信念之间有一种理性关系，也就是说奎因有并没有彻底拒斥外生性所予。拒绝内生性所予就是不承认信念来自先天的原则或更一般的信念，拒绝外生性所予最明显的是拒绝“所予神话”，在此前提下，信念与经验的关系是，诸信念是一个不断进化的体系，它们不断调整需要经验揭示的内容，但是经验告诉我们的已经是该体系的一部分，而不是对该体系的外在限制。塞拉斯的经验论和奎因的整体论都包含了这样的观点。在自发性与接收性没有理性关系的情况下，奎因的思想出现了这种不融贯性，他想去除教条又要顾及思想与世界的关联，试图拒斥内生性所予又没有拒斥外生性所予。

奎因的这种困境，戴维森从其融贯论立场出发给予了批判。戴维森的主张是经验不可成为“我们信念范围之外的知识的基础”[6]141。经验不可能既在理由空间之内又在理由空间之外，如果经验要成为知识的基础，那么它就需要在理由空间之内；如果经验在信念范围之外，那么经验就得在理由空间之外。也就是说戴维森认为，接收性只能从外部来影响理由空间。事实上在经验的性质方面，戴维森的理论与奎因的没有不同。他批判的是奎因的概念图式和经验内容二元论，即他所说的“第三个教条”[7]189。经验信念体系产生自自发性和接收性的合作，这本身就是二元论的体现。这种二元论说不清楚思想与世界之间的关系，只能臆造一种思想与经验世界之间的神秘关系。如果我们接受戴维森的融贯论，就要放弃以下图景：思想有一个边界，使思想与世界隔绝。在这一点上戴维森明显是麦克道尔的同盟。但是戴维森完全否定接收性的认识论意义是麦克道尔不可接受的。尽管戴维森声称他自己放弃二元论并不是要放弃世界[7]，麦克道尔还是认为他的融贯论会使思想与世界无关。

戴维森否定二元论，从而否定接收性，也就否定了经验性思维活动（empirical thinking）接受经验过程（the cause of experience）的理性影响。经验的过程能理性地冲击人们形成世界观的活动，产生这种冲击的是显相（appearing），对某人来说“事物如此这般”的显相[1]139。根据戴维森的融贯论，对某人来说事物如此这般的显相已经在概念空间中，有资格与该空间其他事物发生理性联系，但是感觉印象，即世界对我们感官的冲击，与我们的经验性思维活动并没有理性联系。至多感觉印象使事物如此这般呈现给主体，给主体应该思考什么一些暗示。显相所起的作用，在戴维森那里就是信念才能起到的作用，因为他认为只有信念才能作为另一个信念的理由[6]141。

麦克道尔认为，对于某人来说事物如此这般的显相明显不等于关于某物的信念。[1]140事物向我呈现如此这般，我获得了一个显相，这时候并不同于我在相信事物如此这般。通常情况下，当事物如此这般向我显现时，我会相信事物如此这般向我显现，但是此显相并不是此信念。麦克道尔在此区分了显相与信念。虽然他不认可融贯论把显相与信念等同，但是他认同融贯论的与此相联系的一个观点，显相与信念有理性联系。“无论如何，我们可以无害地相信显相本身与我们应该想的内容有理性关联。”[1]140

我们可以看到，奎因、戴维森和麦克道尔三者思想区别的集中点是接收性。奎因没法解决接收性传输的内容如何能与信念有理性关系的问题，戴维森直接否定了接收性的理性作用。麦克道尔则要设法说明接收性本身已有理性活动的参与；为了实现这一目标，麦克道尔重界定了感觉印象这一概念。

三、印象是发挥作用中的接收性

麦克道尔的哲学的独特之处是，接收性的运行本身拥有一定的概念能力，于是接收性可以拥有“事物如此这般”，而事物如此这般可能就是事物所是。于是接受一个印象可能就拥有事物所是。这里麦克道尔需要进一步说明的是，印象可以处于确证序列中，甚至在尊重塞拉斯关于“所予神话”观点的情况下，以及事实本身能参与到主体心灵的理性活动中[2]252。

印象在休谟（D. Hume）那里是知觉中的一种，是观念的意义，是知识的经验基础。塞拉斯在《经验论与心灵哲学》（1956）中对印象的认识论意义做了新辩护。印象间接地参与了经验性思维活动对经验过程的理性回应。印象具有非直接的认识论意义，不具有直接的认识论意义。罗蒂认为，当前对塞拉斯这一立场的解读有两个理路：一个认为应该以纯粹因果性的方式思考感觉；另一个就是麦克道尔的解读方式，即知觉融合了思想和感觉。[8]

如果确证有一个序列，并且印象是世界与我们的感官发生因果作用的结果，印象就起不到奎因所说的“法庭”作用，因为它不在确证序列中。我们的接收性带给我们的东西就是显相，或者至少有一部分是显相，这样显相就能够无害地与我们的世界观一起置于理由空间，因为它们已处于概念空间中。这是戴维森可以接受的观点。这里把显相与印象区分开来，就是把显相与世界对我们的感官的影响区分开来，以确保显相可置于概念空间，保证它们与信念的理性关系。这样的显相俨然是一种信念，它是经验内容的占有者，与经验世界相关联。

第二部分中我们曾提到，麦克道尔认为显相不是信念，但是显相在理由空间中，与信念有确证关系。这里与麦克道尔相对的观点认为，印象不是显相。在印象与信念中间夹入显相，有转移矛盾的嫌疑。因此需要进一步分析这些概念间的关系。麦克道尔在这里迈出了十分关键的一步。他说，可以假设一下，如果把信念对显相的理性可应答性（rational answerability）看成是对接收性的理性可应答性，那情况又是如何呢？[1]142 如果理性的应答只能针对显相或信念，接收性只能是引起了显相而已，不直接与其他方面有理性联系。如果理性可应答性是针对接收性本身的，它就不只是与接收性相关联东西，那么，面对经验的法庭，“概念的独立自主性”的运用对于世界就是理性地可应答的。麦克道尔在这里的理论上的推进看上去解决了奎因的困境。他的这一推进要想具有合理性还需要有一系列观点做支撑，其中与经验直接相关的是经验是对世界的开放性（这一概念留在第四部分讨论）。

麦克道尔显然提出一种另类的经验观，其经验角色与通常理解的明显不同。通常认为经验是主体与世界之间的使者。戴维森担心，这样的经验可能在说谎，不能保证中介的真理性（truthfulness），这种中介并不可靠。[6]144 进一步说，把经验理解为中介的真正麻烦是，经验不具有告诉我们真或假的内容的功能。如果接收性本身理性地影响信念，我们就把经验理解为对世界的开放了。当然经验可能是真的也可能在犯错；当经验误导我们时，经验介于我们和世界之间。在麦克道尔看来，显相这一概念就可说清楚这种情况下经验内容与世界的关系。当我们在没有被误导的情况下，我们就直接面对物质世界的事态本身。这是麦克道尔“析取论”（disjunctivism）的主要观点。

至此，麦克道尔认为，他可以修正戴维森的融贯论主要观点，即只有信念可作为信念的理由。他提出，除了别的也在概念空间中的东西，没有可算作坚持一个信念的理由[1]143。麦克道尔这一主张对他的哲学来说是纲领性的。自发性是要受到事实的理性限制，这是来自自发性运用之外的限制，来自于思维活动之外的限制，不是来自可思考的东西之外，因而也不是来自概念的空间之外。最后一句体现了麦克道尔的概念论，概念是无边的。接收性已理性地参与到自发性之中，只有这样才能理解是来自思维活动外部的限制，而不是来自概念空间外部的限制。我们可以进一步分析出，麦克道尔的哲学中，主体与客体的区别仅是认识要素意义上的，而不是本体论意义上的。他自己这样说，通常信念这个词承载了这样的观点，只有主观的东西属于理由空间，他认为这是灾难，因为这种观点使我们不能拒绝经验性的世界与信念之间关联的神秘性[1]144。

既然接收性中有理性活动的参与，经验与实在之间没有中介，印象本身告诉我们事物如此这般，因此印象是透明的。这是麦克道尔的直接实在论（direct realism）观点。而在戴维森与塞拉斯的图景中，印象是不透明的。人们了解世界是通过他与世界的因果联系的结果而获得的。印象显然是这种因果联系的内容。这里我们能看出麦克道尔的努力趋向，他要给印象即接收性的传输物找到一个位置，必须让它出现在确证序列中，世界是在这个序列的一端，而且是最终的一端。威廉姆斯（M. Williams）认为麦克道尔的极小经验论是一种基础主义，因为它求助于经验的法庭，因此有一个确证的序列，其中经验处于第一位，其他内容只能在其后被确证。这种对理由空间的安排等于主张在处理理由之前有一个事先存在的结构[9]。

麦克道尔引用塞拉斯的话为自己辩护说，“基础”的隐喻会遮蔽如下情况：如果其他经验命题以观察报告为基础是一个逻辑维度，那么后者以前者为基础则是另一个逻辑维度[10]。经验在确证序列中是终极的，其含义是在一个逻辑维度中是终极的，即塞拉斯认为观察报告是终极的那个维度。而经验有概念性内容这一观点可以说是一种关于概念的整体论。这种观点确保了第二个逻辑维度[2]252。但是，虽然是世界确证的一端，外在于自发性的运用，在麦克道尔的图景中，世界依然不在概念的空间之外。麦克道尔的哲学试图去除传统哲学中思想与世界之间的鸿沟。

四、经验是向世界的开放性

麦克道尔强调自发性的能力（判断）和接收性（知觉）是相互依赖的，由此可以得出经验是一种联系，比如世界和判断之间的联系。这种联系既是理性的又是因果性的。这并不是说经验是心灵与世界的交互面，而是说经验是一种渠道，它能够使心灵向世界开放，在判断中与世界关联。在此意义上经验既不妨碍判断的自由，又能保证判断的客观意指。麦克道尔的哲学因此具有先验哲学的特征。如果处于世界和判断着的主体中间的经验是一种交互面或中介物，那么它会阻碍主体与世界的直接联系。在此基础上麦克道尔提出了“向实在的开放性”

(openness to reality)这一观点。“接收性的有概念结构的运行的观念把我们置于一种立场去把经验说成是向实在布局的开放性。经验能使实在的布局本身在主体所思考的内容上施加理性影响。”[1]26在经验中主体自发地接收了世界赋予他的内容，仅这一方面体现不出“开放性”，如果主体思考的就是实际情况，这样才是心灵向世界的开放。麦克道尔进一步说，“人们能意味的那类事物，或普遍的意义上人们能思考的那类事物，与可能是实际情况的那类事物之间没有本体论鸿沟”[1]27。可以说，麦克道尔的开放性概念既是认识论的又是本体论的。这一特征招致的批判是，麦克道尔由此会陷入一种摇摆。“没有鸿沟”在麦克道尔的哲学中有两种表现，一种是思想内容与实在之间没有鸿沟，另一种则承认事实就是弗雷格式的真思想。前者被称为“强的同一”，后者被称为“温和的同一”。“强的同一”提出一种心灵与世界的联系，难以自圆其说时麦克道尔无奈地去找“温和的同一”，但是这种同一不能说明心灵与世界的联系，因为“温和的同一”中思想的成分是含义（senses)，是事物的表征而不是事物本身[11]。就麦克道尔的理论本身来说，这种批判中提出的两种同一之间的张力并不存在。麦克道尔认为经验已经是概念化了的，并且概念没有边界。“如果我们想把概念的领域与思想的领域等同，对‘概念的’的恰当解释就不是‘谓语的’而是‘属于弗雷格式的含义领域’。”[1]107这一点招致批判的一个原因是，与“没有本体论鸿沟”相关的内容具有形而上学的性质。麦克道尔跟从维特根斯坦的思想，把世界看成是“所有的实际情况”。当人们思考的内容是真的时候，其思考的就是实际情况。他不只一次引用维特根斯坦的这段话，“‘思想必定是某种独一无二的东西。’当我们说出、意指如下之点时：事情是如此这般的，我们和我们所意指的东西并非在事实前面的某个地方便止步不前了：相反，我们意指如下之点：某某—是—如此这般的。不过，人们也可以这样来表达这个悖论（它的确有某种自明性的形式)：人们能够思维非实际的情形。”[12]223思考一个对象，正如用某词意谓一个对象，“与对象本身打交道”，于是好像“我们借助于它捕捉住了实在”[12]217。加上第二段引文，我们可以清楚地看出麦克道尔关注的是维特根斯坦的关于思想、经验和意义的意向性的观点。思想、经验和意义是意向的，它们与对象相关，并不会在对象前止步不前，在它们和它们指向的东西之间没有本体论的鸿沟。与维特根斯坦相似，麦克道尔把此看成是我们与世界关系的一般特质。

但是，思考的内容与实际情况没有本体论上的分别可以被解读如下：实际情况或者是世界中的对象，或者是对象的表征，它们与主体概念能力同一，要么会倒向唯心论，要么会使心灵与物理对象没有分别；如果强调理由空间内外同一，强调世界直接呈现给意识，这是寻求一种统一的图景，试图在此图景下解释具体的问题，那么这种观点就纯粹是形而上学的。由此我们可以说麦克道尔的哲学在经验问题上发展成为一种形而上学形态。开放性的问题放大就是心灵与世界的关系问题，当代哲学中这是心灵哲学研究的重要内容。麦克道尔的关于经验的形而上学完全可以被心灵哲学接手，事实也是如此。这是经验论与心灵哲学融合的例子。

参考文献

[1] McDowell J. Mind and World. London：Harvard University Press，1998.
[2] McDowell J. The Engaged Intellect. Cambridge：Harvard University Press，2009.
[3] Quine W. Word and Object. Boston：Harvard University Press，1960：5.
[4] Quine W. Ontological Relativity and Other Essays. New York：Columbia University Press，1969：75.
[5] Putnam H. Realism and Reason. New York：Cambridge University Press，1983：87-97.
[6] Davidson D. Subjective，Intersubjective，Objective. New York：Oxford University Press，2001.
[7] Davidson D. Inquiries into Truth and Interpretation. New York：Oxford University Press，2001：189.
[8] 罗蒂．实用主义哲学．林南译．上海：上海译文出版社，2009：250.
[9] Williams M. Exorcism and enchantment. The Philosophical Quarterly，1996，46：99-109.
[10] Sellars W. Empiricism and Philosophy of Mind. London：Harvard University Press，1997：78.
[11] Dodd J. McDowell and Identity Theories of Truth. Analysis，1995，55：161-163.
[12] 韩林合．维特根斯坦《哲学研究》解读．北京：商务印书馆，2010.

冯·戴伊克的语境论思想*

王 璐 殷 杰

冯·戴伊克（Teun A. Van Dijk）是荷兰著名语言学家、话语分析家与评论家。作为当代语言学的一位重要人物，从20世纪70年代开始，戴伊克一直是“语篇语法”“批评性话语分析”，以及意识形态、知识、认知心理，尤其是语境和社会科学研究等领域最活跃的学者之一。戴伊克最初运用语言学、语义学和语用学方法研究语境元理论及其发展历史，指出语境并非客观环境实在，而是话语参与者主体间的建构和互动。话语是语境的一部分，语境可以通过心理模式影响话语从而控制参与者产生与理解话语。语境是对交际情境的主观抽象解释，可以分为可能语境与真实语境。语境是话语参与者及其内在属性，如知识、信念、目的，话语行为本身及语境时空特征的集合体。语境是动态、变化、有条件限制的。转入心理认知和社会科学分析语境后，戴伊克提出了行为理论概念，强调对社会情境研究，并且提出了四种认知理论：策略信息处理认知、话语理论社会认知、社会认知与社会情境认知、种族话语模式理论认知，进一步指出了社会组成复杂性对语境影响，从而开辟了语境研究的新视角——跨学科多领域运用社会学、政治学、心理学、新闻学、社会心理学和语言学理论研究语境在社会环境中的结构和功能，分析和揭露一些亟待解决的现代社会问题[1]56。

一、戴伊克语境思想的提出

（一）戴伊克之前语境研究简述

从语境研究的历史现状来看，不同学科及不同学术流派关于语境的定义及其基本内容并不完全相同。从哲学角度分析，语境就是作为一种横断的科学哲学研究方法，一种用语码编织的多层次文化集合体的特殊的“场”[2]。目前语境论有两种：描述性语境论和功能性语境论。

最早对语境进行研究的是被人们尊称为逻辑学始祖的亚里士多德。他认为，

---

* 原文发表于《科学技术哲学研究》2014年第1期。

王璐，山西大学外国语学院讲师，研究方向为科学哲学；殷杰，山西大学科学技术哲学研究中心教授，研究方向为科学哲学。

语境对词语意义的理解具有十分重要的作用[3]。19 世纪初期，美国哲学家皮尔士认为索引词语对语境有着很强的依赖性，脱离了具体语言环境，索引词语就无法确定其实际所指的内容，所以语境对确定索引词语的具体意义作用巨大。皮尔士“索引词语”新概念的提出拉开了西方语境研究的帷幕。“语境”概念的第一次提出一般认为是德国哲学家弗雷格在《算术基础》一书提出“语境原则”。1923 年，波兰人类学家马林诺夫斯基（Malinowski）在《意义的意义》一书所写的补录中第一次完整地提出语境概念。他认为语境是由“言语语境”（context of utterance）、“情境语境”（context of situation）、“文化语境”（context of culture）三个层次组成的集合体[4]。现代语言学伦敦学派的创始人弗斯（Firth）吸收了马林诺夫斯基的观点，并进一步提出了“语景语境”（context of linguistics）和“情境语境”（context of situation）概念，且进一步把情境语境分为几个更具体的方面。

20 世纪 60 年代中期，英国功能学派的韩礼德（Halliday）及美国社会语言学家费什曼（J. A. Fishman），先后提出“语域”概念指称语境。但两者理论的英文表述及包含内容有明显区别。作为弗斯的学生，韩礼德的“语域理论”（register theory）继承了伦敦学派，主要包括话语围（field of discourse）、话语方式（tenor of discourse）和话语风格（mode of discourse）三个方面：话语围包括政治、科技、日常生活；话语方式指言语活动的媒介口头、书面、口头书面相交叉；风格指言语交际者的地位、身份、相互关系。而费什曼的“语域”英文表述为“域”（domain），包括地点，身份，言语交际发生的时间、场所，交际的话语主题等社会情境的因素。他着眼于语言变体产生的社会因素，认为“语域”（domain）是受共同行为规则制约的社会环境，在特定的语域中要受到语言规则的制约[5]35,36。费什曼、韩礼德都肯定了言语环境对言语使用的影响，但这一阶段的语境研究者大多采用静态方法，他们大都把语境看作一种静态的并且是先于交际产生之前就已经存在的一种客观实体。直到 1986 年法国学者斯珀泊（D. Sperber）和英国学者威尔逊（D. Wilson）的《关联：交际与认知》（*Relevance*：*Communication & Cognition*）一书出版标志着认知语境的诞生。“关联理论”（Relevance Theory）把语境看成是一种动态的心理构建过程，从认知心理学角度把语言交际看作一个明示-推理过程，提出语言交际是在关联原则支配下按一定推理思维规律进行的认知活动。从此语境研究中融入了动态的因素，语境研究进入了一个新的阶段。此外，美国学者戴尔 · 海姆斯（Dell Hymes）从语言人类学，英国学者莱昂斯（J. Lyons）从语义学，利奇（G. N. Leech）和比利时学者维索尔伦（Jef. Verschueren）从语用学都对语境进行了卓有成效的研究[5]36,37。

（二）戴伊克语境思想提出过程

戴伊克主张运用更具社会认知性的动态方法研究语境认知心理，其语境思想研究大致可分为三个阶段。

第一阶段从关注文学语言开始，主要研究文学理论，特别是文学语言中的语义问题。受乔姆斯基转换生成语法的影响，20 世纪 60 年代末的语篇结构描述问题无法用上述理论解决，戴伊克提出了“生成诗学”[6]。

第二阶段开始研究篇章语法，重点放在局部与全局的语义联系上研究篇章语法的逻辑问题，研究话语语用学，研究篇章处理的心理学，提出话语理解的模式。法国结构主义语义学家格雷马斯提出的生成语篇语法并没有解决句子之间的连贯和意义。戴伊克认为：“决定句子之间连贯关系的不仅是句子之间的意义关系，更重要的是指称关系，也就是语篇中句子指示的“事物”之间的关系。”[7]145,146 “宏观结构”概念的引入解决了语篇中句子之间存在的局部的或微观的关系，而且在整体和全局上也有宏观结构决定着语篇的整体连贯和组织。但为了避免将两种宏观结构，即意义的整体结构和形式的整体结构相混淆，戴伊克又引入“超结构”解释形式结构，即管理语篇整体形式或格局的摘要或图式结构。随着局部（句子之间）和整体（语篇层次）连贯的研究深入，伴随心理学领域研究变得日益复杂，戴伊克认为：“语篇局部连贯应该建立在‘可能世界事实’之间的指称关系基础上，语篇不是在摘要中连贯，而是由于某个交际情境的语篇参与者之间的关系而连贯”[7]147,148。

第三阶段研究语境的认知模式，研究社会科学语境的结构和理解，关注话语中的种族歧视现象，研究社会权力、意识形态、知识和话语对语境的影响。戴伊克与沃尔特金茨合作对语篇加工的心理学进行研究发现，语篇中指称关系决定于心理模式(mental models)。语篇局部连贯不仅是“外延性的”，而且是“内涵性的”。曼恩(W. C. Mann）和汤普森（Thompson）的“修辞结构理论”[Rhetorical Structure Theory (RST)]进一步发展了语篇中句子之间这种功能关系[1]123。（语境）模式（context model）概念的引入奠定了指称连贯理论的基础，但是话语语法理论仅仅停留在连续的句子或命题这种“线性”层次上，忽视了决定语篇整体意义和形式的关键——整体结构（宏观结构，超结构）。戴伊克因此转向社会心理学，率先提出从语篇整体目标和任务出发，定义语篇微观结构，并进一步提出了建立在语篇更高层次上的宏观结构（macro-structure）概念，包括语义宏观结构与语用宏观结构。

宏观视野下语篇结构的形成与理解过程就是参与者主观特定经验的语境模式形成的过程。语境模式突出自我、其他参与者、场景（时间和地点)、社会特点、参与者之间关系，以及整体目标、意图和目的的主观特征，同时形成依赖语境的言语行为、风格和修辞的心理基础。由于语境模式是主观的，不同话语参与者对当前语境会形成不同模式，所以可能导致误解和冲突。但在社会实践当中语境模式作为话语建立的基础也突出共同评价信仰、意识形态及知识策略，所以消除了社会与语境中充分话语之间的隔阂，解释了交际冲突[8]。因此戴伊克主张把语境与社会认知相联系，关注语篇语法、话语语用学、话语社会性，也关注话语与种族主义、批评话语分析与意识形态等，逐渐形成了对语境研究的语义学、语用学、认知心理学与社会学科的多角度跨学科系统理论，为语境研究提供了新思路。

二、戴伊克语境思想的特征

(一) 语境认知模式是社会与话语中介的实在

作为社会交际情境的中介，戴伊克从认知角度分析了语境在控制话语产生与理解过程中起到的关键作用。融合语言学、社会语言学及认知心理学等相关学科知识后，戴伊克提出了语境（模式）概念，即社会认知因素对语境研究具有重要作用，语境是会话参与者根据社会的、互动的或交际情境的相关特点所建构的特殊心理模式或主观解释。语境是思维模式，而话语是语境的一部分，语境要通过心理模式影响话语。理论上讲，话语主观参与者结构可以从一种特殊心理模式角度即语境模式去解释。这些模式代表了参与者片段（自传）记忆中的沟通环境及其不断控制话语产生和理解过程的相关特性[9]。由此可以看出，语境不仅仅是一种客观环境，更是主体间的建构，是会话参与者对交际情境的主观解释，因此语境控制话语的产生和理解（内涵）。戴伊克反对把语境概念化为社会、政治或文化的客观属性，而认为语境是参与者主观互动或沟通的独特动态建构。

参与者主观定义交际场合——语境就是独特的结构，突出特色是参与者对正在进行的交际情况不断做出表现观念、知识、观点、意见和情绪的经历，因此独特的语境就是语言使用者独特的方式，也就是独特语境体现为一种特定的动态经验模式。戴伊克认为话语结构不是由社会情境直接决定的，而是事件模式与话语形成之间存在一种语境模式，包括哪些变量可以作为指标确定谈话结构和语境结构，通过会话参与者对社会环境进行主观解释、控制话语产生与理解，从而使话语最大程度地适应交际环境。语境模式是动态、不断更新的，不同的会话参与者针对即时场景会产生不同的模式，可能会导致话语误解与交际冲突。因此语境就是人们分析和交流日常生活情境和环境的思维模式，这些动态模式控制人们交际活动中的感知和互动，我们可以称之为“经验模式”，而且在现实生活中解决人类意识复杂问题就是运用了这样的经验模式。

(二) 语境模式多重功能及社会基础

从以上表述可以看出，冯·戴伊克把语境理论建立在坚实的认知基础上，即心理模式。也就是说，作为对交际情境的主观解释，语境被定义为语境模式。语境不是某种客观条件或直接原因，而是话语参与者主观的结构组织和更新互动。因为如果语境仅仅是客观社会条件或某种约束，那么所有在相同社会情境下的人会以同样的方式说话。所以语境理论必须同时避免实证主义、实在论和决定论：语境即是参与者建构，这也是把语境理论假设为一种社会认知的主要原因。语境是主观参与者的特定建构也解释了文本和谈话的唯一性，因为可以实现：①控制参与者如何产生和理解话语；②能够让参与者调整话语和交际情境解释，关系到互动或沟通的任何时刻；③在事件谈论的心理模式和话语实际形成的方式之间提供了重要的缺失环节；④定义恰当话语的条件，因此也是语用学理论的基础；⑤语体、体裁、语域理论的基础，一般来说也是所有话语变体的基础；⑥弥补了话语和社会、个人和社会、机构和结构之间的缺失环节，确认微观和宏观问题，至少确定语言和沟通的基本围；⑦对于语言学和（正式）语法，语境模式（部分）被形式化，超越了指示词的指示语义和形式化语义；⑧语境模式允许社会语言学继续明确超越与社会变量关系的研究，同时更注重社会对话语结构的影响[10]。

虽然语境可以控制话语参与者的文本和谈话，但都无法观测。但是语境模式可以根据已有基础更新或更改信息：回顾前语境并且通过观察和分析当前社会交际情境，计划产生一个临时语境。同时语境模式具有计划性，作为思维模式，语境包括共同计划、文化基础上的传统类别，而且可以迅速解读正在进行的交际活动。但这并不意味着社会结构和政治局势没有客观性质（如时间和空间）或者说它们没有被社会成员“真实”地经历过。毕竟语境是以社会为基础的，虽然语境是交际情境自我的主观定义，但结构和条件显然有社会基础，例如，从话语社区的共同社会认知条件来说（知识、态度、思想、语法、规范和价值），对于可以定义语境结构的概要性范畴也一样。这意味着语境作为主体间建构在互动和沟通过程起到决定作用[11]201。

戴伊克强调社会情境只有通过参与者（相互）主观解释影响话语。他认为交际情境是一般社会结构的观点是一个特例，而且也只有这样才能够影响人类行为。相同语境的主观定义根据每个参与者不同的属性特点定义他们的知识、意见和情绪，但同时也必须时刻对首先表达意义的互动表现出最低限度的不同。而最关键的是被定义为思维模式的语境控制话语产生和理解的过程中也产生了话语结构和话语诠释。语境的认知基础也说明了传统上被称为社会对文本或谈话的解释，而且这个过程保证了语言使用者能根据沟通情况的相关特性恰当调整话语。

（三）语境是可以包容所有科学学科的一种研究方法

语境分析不仅限于人文学科和社会科学，戴伊克特别强调知识在交际中的重要作用。许多学科中，语境不只是一个概念或范畴，其在每一门学科中都有不同的意义和含义。戴伊克更愿意把语境说成是动态的观点或某种理论，在每门学科中和非语境、抽象、静态结构、形式主义、自主、隔离的“内省”研究方式形成鲜明对比[12]。

因此，在许多学科中语境研究意味着必须和情境或环境知识相联系，然而语境并不表示全部社交情境，这些属性只有按计划才具有持续的相关性。换句话说，语境模式理论也是个体参与者场景解读互动关联性的理论。

由于语境模式中有一种特殊的知识设置 K-设置（K-device），在交际中时刻评估受话者的已知信息，戴伊克提出了由语境模式控制话语形成的假设。它不停地激活、构建、更新心理模式，使交际动态适应变化的社会环境，即 K-设置控制着话语产生与理解。语境模式的一部分即经验模式，在交际开始时就已经存在。当会话参与者要用话语去做事时，语境模式作为一种特殊的经验模式开始启动——K-设置开始产生。一旦参与者外在属性特点与语境模式中的相应条件形成互动，会话参与者便能够在语境模式的控制下构建语篇或言谈的结构。这个过程可以在几个层面上同时进行，如词语选择、句子结构、语义、修辞与言语行为等，从大到小的范畴发展，从说什么到如何说。事件模式影响语境模式及具体话语，话语内容又会改变以后的语境模式，从而影响人与社会的关系。因此在哲学，特别是认知领域，语境理论打破了过去把知识定义为非语境的合理正确信仰的绝对真理理论。

语境主义认识论把更现实和普遍的知识点概念化。戴伊克认为对社会语言文化研究要考虑到交际事件不同程度的复杂性、多模式性变化，并强调复杂交际环境决定语境结构可能随社会文化变化而变化，所以定义不同恰当性以适应不同社会话语。虽然有一些语境范畴可能（或必须）具有普遍性，对演讲者和不同类型的受众也一样，包括知识和其他文化变量，比如参与者的特定社会属性。一般语境理论可以解释语境中文化的共性和差异性。因此戴伊克特别强调真理的信仰会根据社会情况的不同而不同：在一种语境下对一些人来说是正确的可能在另一种语境下就不对了，知识也一样随语境而变[13]。

具体到学科语境结构，语境模式可以表示社交场合不同层次的共性和个性。微观层面模式表现定位、瞬间、持续、面对面互动；宏观层面模式表示整体社会或历史情况、社会结构。情境定义模式理论方法也可以解决社会学里宏观与微观链接的老问题。以历史研究为例，在定义上重点关注话语的历史语境。社会科学其他几个学科也一样，比如政治科学和教育，语境研究的大部分就是各种形式的文本和谈话。事实上，历史也被描述为“团体”语境话语［伍斯诺（Wuthnow），1989 年］。“口述历史”研究已经成为历史、叙事学和话语研究领域中的一个重要方法和途径，并且在解释社会事件和社会成员角度的个人解读之间的关系中具有特别作用。语境作为独立变量影响沟通信息，其次是信息对人产生的影响（如媒体劝说）。1942年，斯蒂芬·佩珀（Stephen Pepper）提出世界假说研究：世界观除了“机械主义”“形式主义”“有机主义”就是语境。语境隐喻的根源在于“历史性事件”或“行为”在当前环境中的存在，这些事件正在现实世界中以一种新颖的方式在个体身上经历，语境的目标在于理解，这个过程是个人化和情境化的，突出哲学语境和语用主义关系[11]41。皮尔斯（Peirce）、克罗内（Cronen）和其他研究者倡导的协调管理方式沟通意义研究认为：语境“不是被发现的事情，而是……解释性成就”。组织研究领域有一场关于是否自主研究话语还是在（组织、社会、政治）语境中研究的辩论。生物学［斯莫科维斯奇（Smocovitis），1996］、物理学［基奇纳（Kitchener），1988］和其他科学中发展强调生命形式或者自然事件需要在各自语境基础上研究。

三、戴伊克语境思想的意义

戴伊克的语境思想强调把语境放在现实的社会、文化、历史等多元环境中来理解，把知识真理看成是依赖于语境的产物，有助于把多种学科的观点联系起来，成为系统，甚至独立学科，从而架起语境思想与科学沟通的桥梁。戴伊克对话语与语境的研究不满足于语言的自足系统，而是要求具有开放性，更多地从社会文化多角度、多层面地考察研究及其运用。所以戴伊克对语境模式分析基本上是具有学科横断性，包括语言学、诗学、符号学、语用学、心理学、社会学、人类学、历史和交际研究。从法国结构主义开始，然后到现代语言学，接着集中研究认知心理学，后来是社会科学，为不同学科理论对话提供了平台。

然而理论上还是远远不够，尤其因为社会本身不能影响文本或谈话，我们需要两者之间的某种接口——语境——而且必须是认知的：它是人们理解或解释构成话语和社会活动的语境的社会环境的方式。语境整合认知、社会和文化共享因素在特定社会条件下用一种复杂与细微的方式提供了语篇类型、语体概念和理论基础，以及直接、间接或隐性的语言使用。戴伊克把语境定义为一种特定的思维模式，也就是作为主观参与者对交际情境的表述，而不仅仅是交际情境本身。这种思维衔接主观地表达了交际情境的相关方面，同时也是一种能够监控话语产生和理解的认知结构。大多数心理学研究都开始趋向于语境论，语境论好像演变为心理学普遍观点的方法论解释。根据对社会情境和社会结构影响文本的深入研究，认知心理科学普遍认可关于事件或场景的主观解释方式，即心理模式。这就是为什么我们指出应该依据片段记忆中的特殊心理模式来确定语境模式[14]。这些语境模式（或简称语境）控制着话语创作和理解的各个层次和各个方面，如语体、语场、语旨、语篇类型及如何调整话语以适应交际场景。因此解释语言使用和话语社会影响的理论，比如社会语言学或批评话语研究方法如果没有与认知科学的关键结合是不完整的。这也是为什么社会语言学变量研究倾向于表面肤浅的相关性研究，因为没有上述的结合就无法解释社会和话语之间产生和解释的细节联系。而语境论为社会科学理论的逻辑连贯性提供了保障。

语境理论重视语言的社会功能和文化差异，强调在动态中联系使用语言的人及具体语境来研究语言。一方面，语境把话语意义与世界知识结合在一起；另一方面，语境衔接个人主体和社会集体之间的语言使用和语言沟通，作为心理模式既可以斡旋个人经验、背景差异和社会知识，也可以解释语言使用者如何灵活适应不同交际情境。语境思想就是语义分析方法的综合化或整体化，即充分展示语义分析方法的意义分析；语境论的核心在于整合语形、语义和语用分析，把语境分析方法作为一种横断的科学方法论全面引入社会科学研究，其语境模式以意识形态为基础解释了许多社会语言学研究的矛盾因果关系的社会变量，并决定社会环境影响参与者主观建构模式复杂交际语场模式的社会属性[15]。以思维模式定义语境并不意味着我们降低了社会对思想的影响。与其他心理模式一样，语境模式也包括背景、参与者和行动，以及时间、地点、身份、角色、目标和知识等构成要素，而这些都是语境敏感和语境依赖的。这种简单的图式结构可以让语言使用者迅速分析并确定正在进行的交际情境，并依此控制话语使之成为适合当前交际情境的恰当模式。由于语境模式具有主观性，这也意味着不同参与者对当前情境有不同的解释模式。因此基于认知的语境理论本质上应被理解为一种以动态结构展示科学解释语义分析方法的意义分析。在这个意义上讲，语境论方法是意义理论的拓展与进步。

但我们也要看到语境论的分析方法在语言及社会科学研究中不是唯一的，也不具有任何特权。但对当前众多语言社会问题求解时，它是目前为止最优、最有前途的方法论之一。早期语言学和社会语言批评分析（尤其是在系统性语言学）语境理论专注于一般论点和社会认知理论模式，但随着社会心理学、社会学、人类学及相关多学科理论关于语境（模式）的介入，我们看到了社会心理学建议分析社会要素和自然环境如何影响语境模式建设，包括知识和意识形态。我们应当看到大多数人文社会学科，甚至包括一些自然学科已经将目光聚焦在戴尔海姆斯开创性的语境反射影响性质分析上。因此语境（模式）的未来发展必然要适应日益复杂多元化的学科发展。总之，我们必须全面把握语境原则，才能真正地理解语境的魅力及其在社会科学研究中的本质意义。

参考文献

[1] Van Dijk T A. Cognitive situation models in discourse production//Forgas J P. Language and Social Situations. New York：Springer Verlag，1985.

[2] 殷杰．语境主义世界观的特征．哲学研究，2006（5）：94-95.
[3] 胡洪泽．语境与语言逻辑研究．湖南师范大学学报，1993（6）：21.
[4] 费多益. 科学文化的边界：科学活动认知层面社会学解释的反思. 哲学研究，2004（12）：46.
[5] 高登亮，等．语境学概论．北京：中国电力出版社，2006.
[6] Van Dijk T A. Discourse as interaction in society//Van Dijk T A. Discourse as Social Interaction. London：Sage Publications，1997：23.
[7] Van Dijk T A. Text and Context：Explorations in the Semantics and Pragmatics of Discourse. London：Longman，1977.
[8] Van Dijk T A. Studies in the Pragmatics of Discourse. The Hague：Mouton Publishers，1981：244.
[9] Sperber D，Wilson D. Relevance：Communication and Cognition. Oxford：Blackwell，1986：160-161.
[10] Van Dijk T A. Society and Discourse：How Social Contexts Influence Text and Talk. New York：Cambridge University Press，2009. 1980：156-158.
[11] Van Dijk T A. Discourse and Context：A Sociocognitive Approach. Cambridge：Cambridge University Press，2008.
[12] Van Dijk T A. Communicating Ideologies：Multidisciplinary Perspectives on Language，Discourse and Social Practice. Frankfurt：Peter Lang Gmb H，2004：51-53.
[13] Van Dijk T A. Communicating Racism：Ethnic Prejudice in Thought and Talk. Newbury Park：Sage，1987：109-110.
[14] 郭贵春．语境论的魅力及其历史意义．科学技术哲学研究，2011，（1）：56.
[15] 殷杰．语境分析方法的起源科学技术与辩证法，2005，（4）：13-15.

自然科学哲学与数学哲学

当代物理学哲学的研究现状及趋势*

郭贵春　王凯宁

物理学哲学是当代科学哲学最重要的研究领域之一，而且从某种程度上来说，它也是年代最久远的一个哲学分支。之所以这么说是因为与物理学相关的哲学探讨在古希腊时期就已经出现，亚里士多德的自然哲学著作以“物理学”命名就是对这种观点的有力证明。当然，从古希腊时期一直到16世纪中叶，物理学尚处于对自然现象的观察和积累阶段，因此亚矢的《物理学》充其量只能算作物理学哲学的萌芽。从16世纪中叶到19世纪，与自然科学基本概念相关的那些哲学观念的演变，促成了经典物理学的建立与发展，并且直接导致那一时期占统治地位的机械论、还原论与决定论观点。不过在经典科学时期，物理学的概念指称与定律所描述的现象，都有明确的经验对应物，物理学理论是以完全的因果性与绝对的实在性为基础，并不需要专门针对基本问题做过多的哲学分析，因而此时的物理学哲学只是作为形而上学的一部分而存在的。物理学哲学是伴随着19世纪末到20世纪初的现代物理学革命才逐渐成为一个专门研究领域的，并最终演化成一个内容丰富且充满生机的哲学分支。

物理学哲学在20世纪之后的蓬勃发展源于两方面的因素：一是现代物理学的三个主要分支——热物理学、相对论与量子力学的理论创立对当时处于早期阶段的哲学分析运动产生了巨大的影响；二是自20世纪20年代之后，现代物理学内部涌现出的众多基本问题，如时间与空间的相对性、量子测量结果的概率性、物理理论的整体性和还原性等问题受到了物理学家们的广泛关注，他们针对这些问题进行的讨论也吸引了越来越多科学哲学家们的注意。第一方面因素的主要表现是从科学哲学正式确立至今，其主要流派的代表人物，如逻辑实证主义的石里克、逻辑经验主义的卡尔纳普、批判理性主义的波普尔、历史主义的库恩、科学唯物主义的邦格等都曾接受过系统的物理学训练，且他们多数情况下都是以物理学的概念演变和理论发展作为案例来阐释其主要科学哲学观点的。第二方面因素

---

* 本文为教育部人文社会科学研究青年项目（10YJC720042）、山西省高校哲学社会科学研究一般项目（编号2013204）成果。

原文发表于《哲学动态》2014年第4期。

郭贵春，山西大学科学技术哲学研究中心教授、博士生导师，研究方向为科学哲学；王凯宁，山西大学科学技术哲学研究中心讲师、博士研究生，研究方向为科学哲学。

即哲学之外的原因可以追溯到玻尔和爱因斯坦关于量子力学完备性的论战，并且在此之后，这种由物理学家针对基本概念及理论做出哲学思考的传统逐渐得以形成并随着物理学研究的深入一直延续至今，直接为物理学哲学提供了很多非常重要且有意义的论题。

一、当代物理学哲学的研究范围和总体目标

简单来说，物理学哲学的主要任务是针对物理学理论及定律做出一般性解释，并对其基本概念和研究方法进行批判性考查。其中，一般性解释的目标是要找到物理学理论的本体论基础，主要说明在某个或某些特定物理学定律的语境下，我们存在于其中的世界是什么样的；批判性考查则关注物理学的认识论和方法论方面，主要讨论物理学中基本概念的意义演变如何反映出我们对世界认识的变化，以及物理学研究如何通过采取还原法、粗粒化法等具体方法获得知识等问题。从历史视角来看，科学哲学在最初建立的时候，对科学方法等问题的探讨就是以物理学作为其主要研究对象的，如惠威尔（William Whewell）正是通过对牛顿之前力学体系的发展进行考察后，才提出其科学归纳理论的。当然这并不奇怪，作为精确化研究的范本，物理学一直都是自然科学的主要象征，再加上自20世纪初起西方大多数有影响力的科学哲学家都曾接受过系统的物理学训练，从而导致一般科学哲学中的很多传统论题最早都是以同时代的物理学为案例进行研究的。可以说，作为早期科学哲学最主要部分的物理学哲学，实际上涉及从因果性的本质、还原论的自然图景到实在论与反实在论争议、观察负载理论等方方面面的科学哲学问题。不过，科学哲学自历史学转向之后就越来越偏向于从社会建构的视角对科学进行分析，而物理学哲学则始终坚持不受自然科学以外因素的影响，逐渐形成了一个专门致力于物理学中基础问题研究的科学哲学分支。

在当代物理学哲学中，绝大部分研究都是围绕20世纪初建立的现代物理学三大分支（量子力学、相对论和统计物理）开展的，其中量子理论引起了物理学家和哲学家们对决定论和客观性的激烈争论，（狭义和广义）相对论使得关于空间与时间的哲学发生了颠覆性的变革，统计物理学的理论发展则激发了哲学家对概率本质的关注。在20世纪90年代之后西方国家出版的综合性物理学哲学著作与论文集中，几乎没有哪部会忽略这三个主要研究领域中的任意一个。例如，在1992年出版的《物理学哲学》一书中，美国科学哲学家斯科拉（Lawrence Sklar）重点讨论的三个主题就是（与相对论密切相关的）时空问题、（统计物理学中的）概率问题及（量子力学展现出的）客观世界的量子图景。他认为“对物理学哲学中的所有重要问题进行全面、系统的研究是一项非常漫长且困难的工作”，选择这三个论题“可以让我们纵览物理学哲学当前问题域中那些最令人困

惑也是最基础的方面”[1]。作为一本引导性读物，斯科拉在本书中论述这三大主题时更多地偏向于采用历史分析方法，从我们的日常感受出发来引出问题，再回顾不同时期物理学理论对这些问题的认识，最后在当代语境下深入主题。与斯科拉为扩大读者范围而避免引入过多物理学公式和数学表述的论证方式不同，由巴特菲尔德（Jeremy Butterfield）和厄尔曼（John Earman）主编的《物理学哲学》则更加侧重于对每个论题进行详尽且专业的探讨，因此看起来更接近于物理学而非哲学。作为2007年爱思唯尔公司出版的《科学哲学手册》系列中篇幅最大（近1500页）的一卷，它收录了包括诺贝尔物理学奖获得者特霍夫特（Gerard't Hooft）在内的当代知名物理学家和科学哲学家供稿的14篇论文，涉及当代物理学哲学的诸多重要论题。两位编者在本卷的前言中指出：“这些论题的大部分可以概括为五大主题，前三个主题对应于现代物理学的三大支柱——热物理学、量子理论和相对论，第四和第五个主题则是这些支柱的结合（量子场论和量子引力），并由此引出对物理学未来的思索。”[2]相比起来，其后2008年由悉尼大学的物理学哲学家里克斯（Dean Rickles）主编的《阿什盖特当代物理学哲学指南》虽然篇幅较短（396页），但研究内容同样非常具体且深入，它主要集中于对四方面论题的讨论，即非相对论量子力学哲学、统计力学的理论基础、量子信息理论的相关哲学问题及量子引力研究的当代路径。里克斯认为：“过去的一些论文或著作在探讨（物理学哲学）问题时思路偏于保守，并且经常局限于固定的视角，认为‘时空问题’就意味着‘双生子佯谬’、‘统计力学’就代表了‘时间不对称性’、‘量子理论’就等价于‘测量问题’，这使得物理学家们越来越觉得科学哲学似乎与他们现在的工作并不相关。”[3]因此，在他主编的这本指南中，各部分内容都重点关注于物理学研究的前沿，以当代视角对现代物理学三大分支中的基础问题进行了分析。

当然，从另一方面讲，在理论物理学的演进过程中，上述三大分支学科并不是完全独立发展的，通过理论之间的不断交叉，当代物理学正试图走向融合。因此，如果我们将物理学看作一个整体的话，那么就容易发现当前物理学哲学的主要工作其实就是要在现代物理学的三个要素——形式体系、物理学本体论与物理现象——之间建立合理的联系，以保证我们能够以在逻辑上一致的物理学来理解和认识客观世界。在这种意义上，我们可以认为当前数量庞大且主题繁杂的物理学哲学文献在本质上都是为了解决三个物理学中的普遍性问题：①理论的形式体系如何能够通过某种特定的物理学本体论与物理现象之间建立关联？②在什么情况下不同的形式体系能表征相同的物理学本体论？③如何确立一个统一的物理学本体论，以协调看似不相容的物理现象？

在经典物理学时期，对于一个成功的物理学理论来说，第一个问题通常并不是非常难回答。例如，在经典电磁学中，“电磁场作为一种特殊的物质存在方式”的观点，构成了该理论的物理学本体论基础，因此我们能够容易地在磁场强度矢量的形式化表征与电磁体产生的磁场这个现实对象之间建立关联。但是在量子力学中，建立这种关联却存在相当大的困难：自量子力学诞生时起，关于“量子理论的形式体系对应的物理学本体论应该是什么”就一直存在着争论，并且直到现在学术界也没有形成一致性的认识。从一开始，哥本哈根学派主张将塌缩假设看作理论的核心，到玻姆、埃弗雷特等认为必须将塌缩假设从理论中清除出去，再到最近的理论认为“量子理论的物理本质应该是量子信息”[4]，关于“量子力学解释”的大量文献在很大程度上都是为了寻求量子理论的物理学本体论。因此，微观粒子的薛定谔波动方程最初被认为是对应于某种类似于电荷分布的物理现象，后来又被理解为是对潜在的概率波的描述，现在则被看作对信息的表征和操作。可以看出，就量子力学哲学来说，回答上述第一个问题仍然是当前研究的首要任务。

针对第二个问题，事实上在很多物理学理论中我们已经找到了答案，“牛顿定律在伽利略变换中保持不变；狭义相对论定律在洛伦兹变换中保持不变；广义相对论定律具有广义协变性；量子力学定律在狄拉克的‘表象变换’理论中保持不变；而规范场论中的‘局域规范不变性’最具包容性，最彻底、最深刻地体现了‘物理学定律在变换中保持内在不变性’的理念”[5]。由此可见，正是在对称变换和规范变换下，无论形式体系是否发生变化，我们都能够确定其表征的物理学本体论是不变的。一般认为，对称变换能保持一个理论的数学结构不变，而规范变换虽然会改变数学结构，但在某种程度上我们有一些理由相信变化了的数学结构所表征的物理学本体论是不变的。因此，在具体的物理学理论中我们实际面对的是“如何通过找到相应的对称变换或规范变换，来确保物理学本体论的稳定性”的问题。

在当代物理学哲学研究中，第三个问题则是我们必须要面对的难题。当我们从不同的理论语境出发，来分析某个物理过程时，我们往往面对的是看似互不相容的物理现象。一个典型的例子是时间的不对称性。从微观物理学看，在相互作用过程中时间都是可逆的；然而在宏观世界中，时间却表现出具有明显的方向性。事实上，如何确立一个统一的物理学本体论，以解决时间的微观可逆性与宏观不可逆性之间的矛盾，是自统计物理学建立之初起，就一直受到物理学家和哲学家们重点关注的基础问题。另一个与日常经验相距较远的矛盾现象与黑洞奇点处粒子的物理状态有关。根据广义相对论，黑洞的密度无限大，因此其内部时空会弯曲为一个点，即奇点。当粒子被黑洞捕获后，最终会落在黑洞的奇点处。然而按照量子力学的不确定性原理，当粒子的速度无限精确时，其可能出现的位置范围则会无限大。因此它完全可能并不处在黑洞的奇点处，相反却可能逃离黑洞。可以看出，就这个现象的预测来说，量子力学和广义相对论是相互矛盾的

(实际上二者在很多方面都是矛盾的)。可以说，寻求量子力学与广义相对论之间矛盾的化解方案，是当前理论物理学研究中一项非常重要的工作。

综上所述，当代物理学哲学就是以回答上述三个普遍性问题作为其总体目标的。就此我们可以看出，哲学并不是像部分物理家们认为的那样，仅仅关注那些无助于经验性物理学的空洞命题。相反，作为物理学发展过程中必不可少的一部分，哲学分析实际上已经渗透到了理论解释和理论建构的整个过程中。可以说，当代物理学哲学研究的意义不仅在于阐明现代物理学为我们展现的世界图景，还在于它甚至会影响物理学未来的发展方向。

二、当代物理学哲学的研究方向

随着现代物理学研究的深入，面对物理学的众多分支及其中蕴涵的形色各异的问题，物理学哲学家们只有沿着一些特定的研究路径，就某个或某些具体问题进行深入分析，才能得到有意义的成果。通过对西方物理学哲学文献进行简单梳理，我们认为当代物理学哲学的具体研究主要是在以下三个方向上开展的。

1. 以分支学科为边界的理论解释方向

将现代物理学中的不同分支学科作为研究重点，对理论的功能和意义进行解释，对其中涉及的基础问题进行哲学分析，是当代物理学哲学研究最明显的一个方向。目前在这个方向上，主要的研究工作都聚焦于对量子力学、相对论与时空物理学、统计物理学、量子场论、量子引力、量子计算与量子信息等物理学分支中基本问题的讨论。

(1) 量子力学中的基本问题是当代物理学哲学研究中最主要的内容之一。我们知道，与起始于几条基本物理学原理的相对论不同，量子力学最初是通过其形式体系的建立而成为一门物理学分支学科的。之所以出现这种情况，是因为包括量子力学创立者在内的众多物理学家们并没有就其基本原理形成统一的认识。同时也正是由于这样的原因，量子力学自创立至今，尽管在预言和实验方面已经得到明确检验，但是仍然吸引着许多学者就其正确性进行各种各样的争论。这些争论主要集中在量子力学的基本问题方面，包括量子力学描述的不一致性、量子测量问题及量子非定域性等，并由此扩展到了对决定论、客观性及实在论等一般科学哲学问题的探讨。当然，如果仅限于在量子力学哲学内部来看的话，那么这些争论所构成的两个重点研究领域如下：①量子测量问题及其导致的多种量子力学解释；②量子非定域性及由此展开的关于量子力学完备性的讨论。

(2) “时空物理学哲学，不同于针对时间和空间的一般哲学，是专门针对狭义相对论和广义相对论进行的哲学研究。”[6]最早从 19 世纪 20 年代开始，哲学家们就已经认识到相对论的基本原理是解决空间与时间哲学的关键。赖兴巴赫（Hans Reichenbach）在1928年出版的经典著作《空间和时间的哲学》中就是用相对性原理及爱因斯坦关于引力的理论来研究空间和时间概念的。从广义相对论诞生到20世纪60年代，包括爱因斯坦在内的很多物理学家和哲学家们普遍认为“广义协变性”说明了经典物理学时期的绝对时空观对空间和时间的客观实在性认识是错误的，从而导致时空的反实在论成为当时流行的观点。在20世纪60年代之后，科学实在论的兴起，使得物理学哲学家们又重新开始思考究竟时空是一种实体的存在还是关系的存在，从而导致了那一时期针对时空本质是实体还是关系的争论。直到20世纪90年代，随着结构实在论观点的提出，再加上物理学哲学家们在量子引力中对时空本质进行了深入分析，才使得实体论和关系论之争逐渐平息，转而形成了关于时空的结构实在论认识。

（3）统计物理是以概率概念和概率解释为基础的一个物理学分支。“统计物理中的大部分哲学问题都关注理论中的概率概念。究竟应该如何理解概率呢？我们选择某个概率分布，而不是其他概率分布的理由是什么呢？在理论中概率是如何被用来做出预测的？它们又是如何被用于为观察到的现象提供解释的？我们又该如何解释概率分布本身呢？也就是说，正确的概率能够在理论中成功地发挥作用，这反映出了物理世界具有什么样的性质呢？”[7]此外，在统计物理学建立之前，描述热现象的热力学中也存在一些基础性的争论，特别是关于如何对平衡途径进行描述的问题。在该分支学科创立之初，麦克斯韦与玻耳兹曼就没有对此达成一致，直到现在这方面的争论还一直在继续。当然，热力学中最重要的一个基本问题还是“时间之箭”的问题，即热力学原理要求物理过程在时间上是不对称的，而这是与系统的微观动力学中的时间反演不变性相矛盾的，特别是在量子力学、混沌理论及现代宇宙学等理论建立之后，这个矛盾实际上已经渗透到了现代物理学的各个分支中。

（4）量子场论产生于量子力学与狭义相对论的结合，它是当代基本粒子物理学的数学基础和概念框架，其主要任务是描述相对论性粒子之间的相互作用和相互转化。在量子场论中，尽管关于量子力学的基本问题，如量子测量与非定域性问题同样存在，但这并不是量子场论哲学关注的重点。事实上，量子场论中出现了许多不同于量子力学的基本问题，其中最为显著的是：“粒子的本性（包括局域化问题），对重整化的解释、规范结构的解释，正则对易关系的幺正等价表示的存在性。”[8]

（5）量子引力作为量子理论与广义相对论的结合，到目前为止尚不存在已经完全确定的理论，甚至对于建构理论的最好路径是什么也没有达成一致。换句话说，现在量子引力还仅仅是多种不同的研究方案，这些方案在技术目标、动机与概念框架上都不相同。因此，在这种情形下，我们或许可以用一种全新的眼光来看待构成该研究领域的“因子”理论，即量子力学和广义相对论中的各种基本问题。例如，量子引力有可能会否定正统量子力学的幺正性，因而顺便就解决了量子测量问题；广义相对论中的广义协变（微分同胚不变性）是否提供了揭示空间与时间的终极量子本性的重要线索？在通向量子引力的主要途径中，弦理论和圈量子引力理论是目前最有希望的两个理论。

（6）量子计算与量子信息是由量子力学与计算机科学、信息论相互交叉而形成的一门新兴科学。自20世纪80年代费曼（Richard Feynman）最早建构量子计算机的思想模型以来，一大批物理学家和计算机科学家投入到量子计算与量子信息的研究中来，使得这一交叉学科迅速成为一个非常热门的研究领域。伴随着理论和实验研究的快速开展，量子计算与量子信息所内含的基本问题也受到了哲学家们的普遍关注。德霍夫（B. D'Hooghe）和皮克兹（J. Pykacz）研究了量子计算并行性的问题，指出量子并行计算完全不同于经典并行计算，其输出结果是以非经典方式叠加的，并强调了纠缠特征在量子计算中的重要性。[9] 哈格（A. Hagar）和克洛雷（A. Korolev）讨论了通过量子计算解决停机问题的可能性，以此分析量子计算对可计算性及计算复杂性理论的影响[10]。霍斯曼（C. Hewitt-Horsman）关注量子计算并行性产生的原因，指出将多世界解释看作量子计算的基础，就理解量子计算并行性来说，与其他解释相比有着非常明显的优势[11]。克利夫顿（R. Clifton）、巴伯（J. Bub）和霍尔沃森（H. Halvorson）则试图将信息理论作为第一原理来重新推导出量子力学[12]。

2. 以概念和方法为主题的横断研究方向

除了上述以学科分支为边界对理论中的基本问题进行研究之外，物理学哲学研究的另一个主要方向是以涉及一般物理学的基本概念和方法为主题，进行“横断”的意义分析和方法论探究。我们知道物理学中许多最基本的概念，如物质、能量、时间、空间、场等在物理学理论演进的过程中通常会发生变化，如果我们只是在某个特定的理论语境下静态地分析这些概念的话，往往不能厘清这些概念变化的原因，从而无法在新旧理论之间建立关联。此外，一些新的概念又会伴随着新理论的诞生而出现，也需要我们通过哲学分析来明确它们的意义。另外，“现代物理学的发展更清楚地表明，物理学每前进一步，都伴随着方法上的重大革新与改进；而物理学作为一门基础科学，它的每一步发展，又为人们创造新的方法、设计新的实验仪器和设备提供了新的理论基础”[13]。在这个研究方向上，一部典型的著作就是物理学哲学家兰格（Marc Lange）的在2002年出版的《物理学哲学简介》[14]，它从对定域性、场、能量和质量等物理学基本概念的哲学分析入手，来建构基于物理学的那些形而上学认识，如因果关系、决定论、还原论等。此外，由布拉丁（K. Brading）和卡斯特拉尼（E. Castellani）主编的《物理学中的对称性：哲学反思》[15]收录了专门以连续对称性、离散对称性、对称破缺等概念为研究主题的29篇论文，专注于从哲学视角分析现代物理学中各类对称性的意义。

3. 以认识深化为视角的历史分析方向

物理学哲学的第三个研究方向专注于人类认识的深化过程，以历史分析方法来看待物理学理论的演进。具体来说，这主要包括两个方面，一方面是对概念和理论演变的历史研究，另一方面是对历史上重要物理学家观点的深入剖析和重新认识。就第一方面来看，比较有代表性的著作是库欣（James Cushing）的1998年出版的《物理学中的哲学概念》[16]，其主要关注从古代到20世纪物理学的发展过程，并就此对哲学和物理学理论之间的相互关系进行了全面概述。库欣从亚里士多德对物理学的影响开始，介绍了日心说、牛顿力学体系、相对论和量子力学等历史上各个时期的主要物理学理论体系，为我们呈现出了整个物理学的发展演进和范式转换过程。另一部以历史视角分析物理学哲学的论著为托瑞迪（Roberto Torretti）的于1999出版的《物理学哲学》[17]，重点探讨了自伽利略之后物理学概念体系的发展。在第二个方面，专门针对某位物理学家或某一时期主要物理学家的哲学思想进行研究的专著和论文是非常多的。例如，专门探讨玻尔科学哲学思想的《解读玻尔——物理学与哲学》[18]与《是什么使经典概念成为经典的——还原尼尔斯·玻尔的物理学哲学》[19]；以及回顾统计物理学建立时期科学家思想碰撞的《玻尔兹曼与吉布斯：一次和解的尝试》[20]。

从总体上看，物理学哲学家们在上述三个方向上的研究也并不是完全分立的，在针对各物理学分支中具体理论所做的哲学解释中，一般都会涉及基本概念的分析和研究方法的探讨，而概念和方法的更新又是认识深化的必然结果。可以说，我们对上述方向的区分只是说明：作为对物理学的发展历史与研究现状进行全面反思的当代物理学哲学，包含了丰富的研究主题和多样的研究方法，吸引了许多学者和学术团队从不同视角出发对其进行专门的探讨和分析，形成了诸多富有意义且影响深远的理论成果。当然，随着物理学理论的不断深入，物理学哲学的研究也展现出了一些新的发展趋势。

三、当代物理学哲学的研究趋势

通过对当代物理学哲学研究现状的分析，我们认为当代物理学哲学的研究趋势主要体现在以下几个方面。

1. 物理学和物理学哲学之间的边界正在逐渐变得模糊

从国外专门关注于物理学基础问题的三本最主要期刊——《现代物理学的哲

学和历史研究》、《物理学基础》及《物理学基础快报》上发表的论文来看，我们已经很难明确地区分到底哪些文章是关于理论物理学的，哪些是关于物理学哲学的。并且我们经常会发现，很多时候物理学家和科学哲学家们会一起合作来进行某些既包括“物理学内容”也包括“哲学内容”的研究，如爱思唯尔出版的《物理学哲学》中就收录了著名物理学家特霍夫特的论文。这是因为一方面当代物理学哲学研究需要以同时代的物理学成果作为出发点，另一方面哲学研究有时也会促成物理知识的形成，特别是在现代物理学理论还尚未建构完全的研究领域。最明显的一个例子就是针对于量子引力的研究。在专门的物理学期刊中我们经常会发现有物理学家在评论亚里士多德、莱布尼茨、赖兴巴赫等人的思想，而在专门的科学哲学期刊中又有学者会重点分析量子引力中的时间概念、广义协变性的意义等物理学问题。这种现象的出现源自于两方面的原因：一是典型的量子引力效应现在还没有得到实验的支持，物理学家在尝试建构理论的过程中只能从一般性的原理出发，那么他们回顾与此原理相关的哲学家的观点就是很自然的事；二是量子引力中的很多论题本来就是科学哲学所关注的问题，哲学家们对这些问题的深入探讨也必然会涉及物理学本身。因此可以说，这一趋势恰恰表明了在基本问题研究方面物理学和物理学哲学本来就是紧密相关的。

2. 当代物理学哲学研究越来越注重方法论的选择

由于现代物理学在不断深化的过程中日益朝着远离经验的方向发展，所以承担理论解释任务的物理学哲学在对科学文本进行分析时，必然会更加注重采用最适当的分析方法，也就是说，方法论的选取在当前针对物理学进行的科学说明过程中受到了更加突出的关注。例如，在时空物理学哲学的研究中，我们看到：“当代时空实在论的发展趋势是试图在当代物理学语境中合理地分析和理解理论的内涵，试图寻找一条能够融合实体论和关系论，并且能对时空实在性进行合理说明的方法论。”[21]那么，在具体的物理学概念分析和理论解释过程中，究竟采取什么样的方法才算得上适当呢？我们认为，为科学文本构建一个完整“语境假设”的语境分析方法就是一种适当的方法。之所以选择语境分析作为方法，是因为物理学哲学家如果不选取一个特定语境基底将物理学家为理论预先假设的条件、结构及目标逻辑地构建成一个整体的话，那么他们就无法读懂科学文本的意义，从而也无法在理论的形式结构与具体的物理现象之间建立关联。实际上，很多时候物理学哲学家并非只是分析物理学家留下的形式化文本或者对已完成的科学理论进行解释，很多时候他们还会重构理论的核心概念和基本原则，而语境分析对科学本文、科学测量、科学实验及其他科学活动的再语境化，恰好为他们提供了合适的平台。因此在这种意义下，我们可以认为语境分析方法是当代物理学哲学研究最好的方法论选择。

3. 伴随着物理学与其他科学的交叉，当代物理学哲学的研究范围也在逐渐扩大

在当代科学的发展过程中，由于研究方向的日益分化和研究内容的不断深入，在某个学科范围内，往往会出现已有的理论不能有效解决现实问题的情况，这时候研究者通常会将视线转向其他相关学科，要么借用其中的理论来分析问题，要么综合两门学科的现有成果来提出新的理论以解决问题。事实上，在这个问题的解决过程中，两个学科间原有的边界就被打破了，于是两个学科相互交叉和融合，最终导致全新研究领域的出现。物理学作为现代自然科学中最成熟的分支学科，经常会为其他相关学科的研究提供理论支持，因而也非常容易和其他学科发生关联，进行形成交叉学科，典型的例子就是上文中提到的量子力学与信息科学及计算机科学相互交叉形成的量子信息科学。自然地，以量子力学中基本问题作为研究对象的物理学哲学，也会将关注点放在这个新的交叉学科之上。实际上，我们在上文中已经指出，与量子信息相关的哲学研究现在已经成为物理学哲学研究的一个主要方向。这意味着当未来物理学与其他科学相互交叉的情况不断出现时，物理学哲学的研究边界也将会持续不断地得以扩张。当然，另外一种可能的现象是，当物理学哲学与其他哲学分支学科出现交叉时，物理学也将会对应地扩大其研究范围。因此，当艾斯菲尔德（Michael Esfeld）在《心灵哲学和物理学哲学中的整体论》[22]一书中将量子力学中的整体论与心灵哲学中的整体论放在一起讨论时，其实就已经预示了量子理论与神经科学未来可能出现的关联。

从上述三个方面的研究趋势我们可以看出，物理学哲学的研究正在“更深入”“更广博”且“更讲求方法”的方向上越走越远，这既为物理学哲学家提供了能够与物理学家就基本问题进行交流和对话的机会，同时也是一种挑战，特别是对于国内的物理学哲学研究者来说，我们的物理学理论功底是否扎实，我们对物理学的概念体系、逻辑发展是否足够明晰，决定了我们是否真正能通过这种交流和对话来达到充实哲学自身的目的。因此，我们只有持续且深入地关注物理学中的基本问题，不断拓宽自身的学术视野，敢于提出有特色的方法论研究纲领，才能逐步走上与西方物理学哲学接轨的道路，在国际舞台上发出我们自身的声音。

参考文献

[1] Sklar L. Philosophy of Physics. Oxford：Oxford University Press，1992：9-10.

[2] Butterfield J，Earman J. Philosophy of Physics. Amsterdam：Elsevier，2007：xiv，xvii.

[3] Rickles D. The Ashgate Companion to Contemporary Philosophy of Physics. Farnham：Ashgate，2008：4.

[4] Bub J. Quantum mechanics is about quantum information. Foundations of Physics，35（4）：

541-560.
[5] 桂起权，等．规范场论的哲学探究．北京：科学出版社，2008：13。
[6] Callender C，Hoefer C. Philosophy of space- time physics//Machamer P，Silberstein M. The Blackwell Guide to the Philosophy of Science. Oxford：Blackwell，2002，p. 173.
[7] Sklar L. Philosophy of Statistical Mechanics//Zalta E N. The Stanford Encyclopedia of Philosophy（Jun 2009 Edition）. http：//plato. stanford. edu/entries/statphy- statmech /#2，2013-2-10.
[8] Butterfield J，Earman J. Philosophy of Physics. Amsterdam：Elsevier，2007：xiv，xvii.
[9] D' Hooghe B，Pykacz J. Quantum mechanics and computation. Foundations of Science，2004，9（4）：387-404.
[10] Hagar A，Korolev A. Quantum hypercomputability. Minds and Machines，16（1）：87-93.
[11] Hewitt- Horsman C. An Introduction to Many Worlds in Quantum Computation. Foundations of Physics，2009，39（8）：869-902.
[12] Clifton R，Bub J，Halvorson H. Characterizing quantum theory in terms of information-theoretic constraints. Foundations of Physics，2003，33（11）：1561-1591.
[13] 万小龙，殷正坤．当代物理学哲学研究途径浅析．哲学研究，1996，(12)：35.
[14] Lange M. An Introduction to the Philosophy of Physics：Locality，Fields，Energy，and Mass. Oxford：Blackwell，2002
[15] Brading K，Castellani E. Symmetries in physics：philosophical reflections. Cambridge：Cambridge University Press，2003
[16] Cushing J. Philosophical Concepts in Physics：The Historical Relation between Philosophy and Scientific Theories. Cambridge：Cambridge University Press，1998
[17] Torretti R. The Philosophy of Physics. Cambridge：Cambridge University Press，1999
[18] Plotnitsky A. Reading Bohr：Physics and Philosophy. Springer，2006.
[19] Howard D. What makes a classical concept classical? Toward a reconstruction of niels Bohr's philosophy of physics. Boston Studies in the Philosophy of Science，1994，153：201-229.
[20] Lavis D. Boltzmann and Gibbs：An attempted reconciliation. Studies in History and Philosophy of Modern Physics，2005，36（2）：245-273.
[21] 程瑞，郭贵春．当代时空实在论研究现状及其述评．哲学动态，2011，(4)：100.
[22] Esfeld M. Holism in philosophy of mind and philosophy of physics. Dordrecht，Kluwer：Academic Publishers，2001.

玻姆语境下作为法则的波函数*

郭贵春　刘　敏

1919年，爱因斯坦在伦敦《泰晤士报》发表了一篇名为“什么是相对论”的文章，在这篇文章中他针对相对论提出了一个明确而又简明的非技术性解释，对“建构性理论”和“法则性理论”进行了区别，并且指出为了适当地理解相对论的性质，我们应该把它看作一个“法则”。在爱因斯坦看来，物理学理论一般可以分为建构性理论和法则性理论两种类型。建构性理论（constructive theory）“企图从比较简单的形式体系（formal scheme）出发，并以此为材料，对比较复杂的现象构造一幅图像”[1]；法则性理论（principle theory）与建构性理论不同，它“使用的是分析方法，而不是综合方法。形成它们的基础和起点的元素，不是用假说构造出来的，而是在经验中发现的，它们是自然过程的普遍特征，即法则，这些法则给出了各个过程或它们的理论表述所必须满足的数学形式的判据”[2]。一般来说，物理学中的大多数理论都属于建构性理论，但是法则性理论却有其不可或缺的重要性。文章的目的就在于分析玻姆语境下的波函数如何可以被看作法则，指出在物理特性的相关语境中理解波函数的一种新方式。

一、作为法则的波函数

除了具有与建构性理论相同的完备性、适当性和明确性之外，法则性理论还具有它自己独特的优点，那就是，逻辑的完整性和基础的牢固性。法则性理论的起点是经验法则的一组集合，从当前理论视角出发，这一法则性理论可能会与位于其中的某些理论发生矛盾。因此最主要的问题就是对这些法则进行分析，从而进一步对理论框架中的事件进行限制，理论框架对于确保经验法则来说是必不可少的。为了充分地理解玻姆理论下的波函数作为法则性理论的适当性，我们首先需要对玻姆理论进行阐述，然后分析其为何可以被理解为法则性理论。

---

*　本文为教育部人文社会科学重点基地重大项目“语境论科学哲学研究纲领”（13JJD720013）成果。

原文发表于《科学技术哲学研究》2014年第6期。

郭贵春，山西大学科学技术哲学研究中心教授、博士生导师，研究方向为科学哲学；刘敏，山西大学科学技术哲学研究中心博士研究生，研究方向为科学哲学。

1. 玻姆理论概述

在一个 N 粒子的玻姆系统中，$\psi = \psi(q_1, \cdots, q_n)$ 是最通常的量子力学波函数，最简单的波函数是自旋为 0 的粒子的“通常位置”（generic positions）的复值函数。玻姆理论的波函数包括实际粒子的波函数和由 $Q_1, \cdots, Q_N$ 所共同确定的位形 Q。这里，$q_1, \cdots, q_N$ 表征通常的位置变量和量子理论中的位形变量，$Q_1, \cdots, Q_N$ 表征实际的位置和位形。虽然在规范的量子理论中并不存在未经测量的实际位置，但是人们还是会用到实际的位置变量来描述波函数。

在玻姆理论中，粒子位置除了与测量相关，它的变化还可以作为变量。在 N 粒子组成的系统中，第 K 个粒子位置的运动方程为

$$\frac{\mathrm{d}Q_k}{\mathrm{d}t} = \frac{\hbar}{m_k}\mathrm{Im}\frac{\psi^* \nabla_k \psi}{\psi^* \psi}(Q_1, \cdots, Q_N) \tag{1}$$

这里，第 K 个粒子的速度是由波函数和其余所有粒子的位置来共同确定的，$K=1, \cdots, N$。因此，当对某个微观粒子进行研究时，必须把这一粒子与其他粒子联系在一起作为一个整体进行考虑。在某种意义上，粒子之间、粒子与多体波函数之间的这种不可还原的相互参与的这一事实，体现了量子测量语境依赖的整体性特征。多体波函数直接与整个量子系统相关，是在所有粒子的位形空间中被定义的。在玻姆理论中，不仅可以用通常的方式来对波函数进行定义，而且还假设粒子具有确定的位置和动量。因此，粒子总是沿着特定轨道运动。粒子的位置和轨道与波函数相关，大量粒子的分布由概率密度确定。

在物理哲学界，根据杜尔（Dürr）、戈德斯坦（Goldstein）和粜慧（Zanghi）的观点，在玻姆理论中，粒子的位置具有初始本体论性（primitive ontology）[3]。“初始”这一概念表明，理论客体与测量对象之间存在对应关系[4]。如果按照这种观点来分析玻姆语境下的波函数，可以看到，波函数对粒子的位置的变化进行描述，指示器正是根据这一变化最终进行指示并且得到最终的实验结果，这正是量子力学需重点解释的内容。由于波函数描述了粒子的运动，所以我们认为波函数与具有初始本体论性的测量对象相关，然而从本质上讲波函数本身并不是测量对象，因为在玻姆理论中的测量对象是粒子。贝尔就曾认为玻姆“隐变量”名称不当的原因就在于，波函数只有在大量测量结果中才作为一个场统计性地显露，在单次测量中直接显露的反而是粒子变量。而现在我们知道，这个矛盾的统一恰恰是玻姆理论的精要所在。

2. 玻姆理论中波函数作为法则的可能性

正统观点认为，波函数为物理系统提供了一个完备描述。目前位形在玻姆理论中是作为部分实在而存在，这自然产生了一个优于正统观点的有利条件，即它

允许存在一个更加明确且自然的子系统的波函数的概念。但在根本意义上，玻姆宇宙中的波函数自身作为一个大的整体才是唯一真正的玻姆系统。由于宇宙波函数在量子力学的实际操作中难以理解并且很难实现，所以大多数物理学家在实践过程中并不处理作为一个整体的宇宙，而是一直处理子系统，比如氢原子、斯特恩-盖拉赫磁铁中的粒子及玻色-爱因斯坦凝聚等。不可否认，玻姆宇宙中子系统的波函数这一概念对于拓展玻姆理论的含义来说至关重要，但在玻姆看来，现行量子力学仅仅从现象层次上进行描述是远远不够的，因为这些量子现象实际上由亚量子层次的因素所决定[5]。玻姆力学方程描述了大量粒子的运动情形，它通过宇宙波函数（wave function of the universe）Ψ 来对这一运动进行了确切表征。玻姆在阐述其整体论思想时曾经说过，“波函数似乎只抓住了在类似测量的统计系统中所发生的东西的某些方面，而这些方面在本质上只是全部过程的更大语境中的一个单一元素”[6]。

为了理解子系统的波函数，我们需要了解玻姆宇宙中客观存在的宇宙波函数 Ψ 与其位形 Q（configuration）。整个位形 Q 分解为 $Q=(Q_{sys}, Q_{env})=(X, Y)$，$Q_{sys}=X$ 表征子系统的位形，它是由子系统中所有粒子的位置所形成的“X-系统”；$Q_{env}=Y$ 表征子系统的环境位形。也就是说，要想了解一个子系统波函数，必须充分理解宇宙波函数 $\Psi(q)=\Psi(x, y)$、子系统的位形 X 及子系统的环境位形 Y 这一大的整体。

我们假定，宇宙层面子系统波函数的位形不受外力的作用，那么这些波函数即存在于测量对象的其他元素之间。因此，子系统的波函数所构成的宇宙波函数则并不是一个独立的理论实体，而是属于特定测量关系种类的集合，它的存在是法则性的而不是物质的。换句话说，玻姆语境下的宇宙波函数并不应该被看作一个具体的测量对象，而是应该被看作一个法则。它的实在性意义更应该被看作法则意义上的实在。

在经典力学中，“作用-反作用”（action-reaction）法则几乎等价于动量守恒，它自身就具有伽利略不变性，这样就符合了诺特定理，即每一个对称性都存在一个与它相对应的特有的守恒定律，反之亦然；因此在大多数物理学家看来，量子力学具有同样的特性。然而，在玻姆理论中，宇宙波函数的位形并不受反作用和其他方向的影响作用。原因为，它是一个一级理论，即使没有反作用，我们也能实现旋转不变性。也就是说，玻姆理论在根本上与经典力学的结构并不相同，人们并不能要求用作用-反作用法则来实现对称性。[7]

引导方程（1）在语义上表明，波函数确定地影响了粒子的位形的运动方式，其简化形式为

$$\frac{\mathrm{d}Q}{\mathrm{d}t}=v^{\psi}Q \tag{2}$$

波函数存在于规范的量子理论中，根据薛定谔波动方程自发进行演化。然而，它在规范的量子理论中并不存在实际的位置或位形，所以位形 Q 在薛定谔波动方程中并不能直接显现。

一个（非零）标量乘以一个波函数所表征的新量子态在物理意义上等价于初始波函数所表征的量子态。由此，量子态所表征的并不是一个场，而是一类等价的场。所以，在规范的量子理论和玻姆理论中，波函数只是描述了一个更加物质的“量子态”。在多粒子系统中，波函数被认为存在于位形空间，而不是通常的三维空间。把多粒子系统的波函数看作物理空间的一个场，其物理意义需要更清晰的解释。在那种测量对象中，波函数对应的东西比我们迄今为止所要表达的更加抽象。目前，对玻姆理论是否可以采取实体性说明，有人支持，也有人反对。在反对者看来，在量子信息理论中，就是用波函数或量子态来描述量子信息，波函数的不同线性组合传递不同的信息，而其中的主动信息（active information）的作用就是“规范”粒子的运动。这意味着，人们更倾向于把波函数看作一个法则，而不是一种具体的测量对象。方程（2）更像是一个运动方程、一个运动法则。

二、作为法则的波函数的困境及解决方式

虽然有人赞同把玻姆语境下的波函数看作法则，但在反对者看来，把波函数看作法则会遇到确定性、控制性及对称性的困境。我们有必要对这三种困境的具体内容进行阐述并且提出相应的解决方案，而且要指出的是，通过与经典哈密顿量进行类比，可以证明把波函数看作法则具有一定的合理性。

1. 作为法则的波函数的确定性困境及其解决方式

按照爱因斯坦的定义，法则性理论是自然过程的普遍特征，那么，它就应该是一种确定性的理论，因此，它不应随时间发生改变，但一般来说我们认为系统的波函数是随时间发生改变的。

就此困境而言，在玻姆语境中，宇宙子系统的波函数 ψ 是根据宇宙波函数 Ψ 确定的，所以我们实际上只需要考虑宇宙波函数这一最根本的函数。对于宇宙波函数而言，Wheeler-Dewitt 方程是规范的量子宇宙学中最重要的方程。作为 Wheeler-Dewitt 方程的一个解，宇宙波函数 Ψ 可以表征为[8]

$$L\Psi = 0$$

在宇宙波函数 $\Psi(q)$ 中，q 为立体几何，并且其中包含一些其他物质，这些物质所对应的结构位于立体空间之上。正确的量子理论正是先从一个经典的拉格朗日表述形式出发，然后再进行一个有明确规定的量子化过程。由于经典运动方程是

从拉格朗日函数通过哈密顿原理得到的，所以量子化过程的任务就是如何构造正则动量算符、哈密顿算符和量子力学方程，这样才能满足玻尔所提的“对应原理”，所以在量子力学中，我们只需要讨论拉格朗日函数，因为只有得到它之后，该理论形式才能确立下来。

在这个方程中，L 是一种广义的拉普拉斯变换，它是薛定谔哈密顿量 H 的宇宙论说法。但与薛定谔方程在语形表征上的不同之处是，Wheeler-Dewitt 方程的一侧为零，而不是一个关于 $\boldsymbol{\Psi}$ 的时间导数。因此它的自然解不依赖于时间，并且这些解在量子宇宙论中彼此相关。由此，既解决了把波函数看作法则所存在的时间难题，又体现了整体性思想。总之，从玻姆的立场来看，$\boldsymbol{\Psi}$ 的确定性（即不随时间发生改变）并不是一个难题。

波函数在玻姆理论中的主要作用是规范粒子的运动。但粒子在玻姆理论中所发生的改变很大程度上不是因为波函数的改变而是因为 Q 的规范，根据波函数所确定的法则

$$\frac{\mathrm{d}Q}{\mathrm{d}t} = \boldsymbol{v}^{\Psi}(Q) \tag{3}$$

时间难题在玻姆宇宙中彻底消失，因为法则是不随时间发生变化的，所以我们对波函数不随时间变化这一特性有了更充分的理解。

2. 作为法则的控制性困境及其解决方式

因为法则性理论使用的是分析方法，那么它应当是不可控的，但是，因为人们通常在一定的量子态中预设具有某一波函数的一个系统，所以量子系统波函数的选择是以预设的形式出现的，是作为初始条件受到其他东西控制的。在这个意义上，我们能够控制一个系统的波函数，但是我们并不能控制法则。

就此困境而言，对于宇宙波函数而言，它的另一个优点是其具有唯一性的特征，这同时意味着它是不可控制的，人类实际宇宙的那个确定的波函数将会是唯一的波函数。尽管 Wheeler-Dewitt 方程可能有许多的解，但是当用 Hartle-Hawing 边界条件之类的附加的自然条件进行限制时[9]，这个解可能变成唯一的。总之，这种唯一性很好地吻合了把波函数看作法则的要求。

简言之，对于前两个困境而言，当对宇宙波函数 $\boldsymbol{\Psi}$ 本身而非一个典型的子系统的波函数进行研究时，情况会发生极大改变。因为不但 $\boldsymbol{\Psi}$ 是不可控制的，它就是它自身，而且 $\boldsymbol{\Psi}$ 也可能不依赖于时间，这就解决了把波函数看作法则所存在的困难。

3. 作为法则的波函数的对称性困境及其解决方式

从理论的逻辑特征上讲，法则性理论应当具有对称性的特征，但通常的波函

数并不具有对称性。具体来说，法则在洛伦兹作用或其他对称性操作下保持不变，如果波函数表征一个法则，那么它必须在洛伦兹操作下保持不变，但通常洛伦茨转换或者其他对称操作总是破坏波函数的位形，以上内容是作为法则的波函数的对称性困境的明确表达。

就此困境而言，把宇宙波函数继续看作一个法则有以下两种解决方法。一种解决方法是像大多数人建议的那样，放弃宇宙波函数在根本意义上所具有的洛伦兹不变性。另一种解决方法是利用位于波函数之外的附加的具有洛伦兹不变性的动力学结构来确定波函数。比如，根据万有引力度规和时空中的物质来确定一些合适的类时矢量场。

长期以来，人们坚持认为不存在一个洛伦兹不变的玻姆理论。根本原因是系统的位形在玻姆理论起到了重要作用，即或者是给定时刻对粒子位置的描述，或者是对理论的初始本体论的详细阐述。

但是，在杜尔等物理哲学家看来，可以通过以下方式来获得一个洛伦兹不变的玻姆理论，即不是通过一个不随时间发生改变的超曲面，而是考虑通过一个广义的类空超曲面来对位形进行确定。比如，粒子本体性可以通过曲面上的时空点来确定曲面的位形，其中曲面的曲面线是由 N 个点粒子所组成的。因此，如果在实践上能以某种方法把一个洛伦兹不变的时空结构排列进入类空超曲面上，那么便可以根据这个时空结构进行玻姆操作并且对一个玻姆型的动力学进行定义[10]。

在实践中，或许最具有可行性的操作方法为，利用某个洛伦兹不变规则对宇宙波函数的时空结构进行确定。通过这种方法，波函数与其时空结构之间出现一个协变的图景。通过上述方法所形成的洛伦兹不变的玻姆理论具有洛伦兹不变性的优点。更重要的是，在洛伦兹度规之外通过恰当地引入附加的时空结构，进而利用一系列烦琐的变换操作，任何理论都可以具有洛伦兹不变性，由此引发对具有洛伦兹不变性结构的识别。1967 年，安德森（James Anderson）对这一问题进行过处理，他通过利用理论中所不存在的一些附加的固定结构来对固定结构和变化结构进行区分，进而对理论的洛伦兹不变量进行识别[11]。也就是说，波函数在一定程度上具有洛伦兹不变性。因此，可以根据协变的客体来对波函数进行单独定义。

总之，对玻姆宇宙系统而言，通过对玻姆理论所具有的洛伦兹不变性进行研究，我们可以对宇宙波函数的时空结构进行更深入的理解，进而可以得出宇宙波函数在根本意义上具有洛伦兹性的结论，进而走出对称性的困境。

4. 作为法则的波函数的类比性证据

把波函数看作一个法则这个观点有许多争议，而经典哈密顿力学似乎无人质疑，所以下面我们将对波函数 ψ 与经典哈密顿量 H 这两种情形进行比较。

在位形空间上，N 粒子所构成的波函数的空间维度是 $3N$ 维，人们通常认为这一点是不同寻常的。在经典力学中，N 粒子系统的相空间维度为 $6N$ 维，是波函数空间维度的两倍 。在相空间上，系统的哈密顿为 $H\ (q,\ p)\ =H\ (\chi)$，为了定义经典力学的运动方程，对方程进行求导后，把 H 放在运动方程的等式右边。但是我们从未听到任何人质疑经典力学在相空间中产生了一个物理意义不明晰的场并且询问那种场是什么，所有人把哈密顿量仅看作一个可以根据运动方程进行恰当表达的实用工具。

因此我们认为可以用近似相同的方式来看待波函数。为了与经典力学更加相似，不是把 ψ 本身而是把一些类似于 $\log\psi(q)$ 的东西作为对应的哈密顿量 $H(\chi)$ 。原因是，玻姆理论中的速度正比于标量波函数 $\nabla\psi/\psi$ 的虚部，对 ψ 取对数后再对其进行求导，方程（1）可以表征为

$$\frac{\mathrm{d}Q}{\mathrm{d}t}=\mathrm{der}(\log\psi)$$

在经典力学中，也有类似形式的演化方程

$$\frac{\mathrm{d}\chi}{\mathrm{d}t}=\mathrm{der}H$$

给 H 增加一个常数这一操作并不会使其运动方程发生改变。用一个常数乘以波函数能产生新的波函数，这一操作相当于给其对数增加一个常数，新的波函数在物理意义上通常等价于初始波函数。在玻姆力学中，新的波函数和初始波函数确定了完全相同的位形速度和运动方程。

选择合适的常数分别对 $\psi(q)$ 和 $H(x)$ 进行恰当的“归一化”后所得到概率形式也极为相似。在经典力学中是“玻耳兹曼-吉布斯”概率，H 被合适地归一化后，由 $e^{-H/kT}$ 所给出

$$\log\mathrm{Prob}\propto -H$$

在玻姆理论中是由 $|\psi|^2$ 所表征的概率

$$\log\mathrm{Prob}\propto\log|\psi|$$

通过比较可以看出，经典力学中的“玻耳兹曼-吉布斯”概率与玻姆理论中的概率在表征上具有极大的相似性。这种相似性一方面体现在数学结构的语形表征上，这是理论之间的逻辑连续性的表现；另一方面则在于前语境中的形而上学解释对新理论的形而上学假设的影响。因此，既然可以把经典哈密顿力学看作法则，那么通过上述相似性的比较，把波函数看作一个法则也未尝不可。从这个例子中可以看出在玻姆语境中提出把波函数看作法则具有类比性证据。

三、结束语：特定语境下的一种新平台

通过对不同语境下波函数的意义进行研究，我们可以看出，把波函数看作法

则需要多个限制条件，并且会产生许多无解的难题。如果把玻姆语境下的波函数看作表征运动的法则，那么从子系统的波函数到宇宙波函数的过程中还存在诸多难题。例如，为何运动方程可以表征为公式（3）的形式？为何 $\boldsymbol{\Psi}$ 具有如此的演化方式？控制宇宙中元素的运动法则为何具有如此形式？为何波函数可以被简洁地表达等。虽然目前为止这些问题仍需要更深入的研究，但是这些问题将会帮助我们更好地理解量子力学所描述的世界。目前看来，许多物理学家对波函数是否在根本意义上是法则并不真正关心，但是我们认为，法则有非常重要的意义，而这个意义的核心就在于法则是简单的。如果我们相信宇宙波函数是法则，那么这种信念必然会影响我们对物理学发展的期望，而这种期望将会以特定的方式帮助我们更清晰地理解物理学。

在对作为法则的玻姆理论下的波函数进行分析的过程中，我们可以看出，之所以把波函数看作法则，是因为它具有法则的如下特性。

（1）普遍性。按照爱因斯坦的定义，我们可以用某些简单的普遍适用的法则来认识客观实际，法则性理论是自然过程的普遍特性。玻姆理论下的波函数所描述的量子态所表征的不是一个场，而是一类等价的场，从而具有了普遍性的特性。

（2）规范性。规范性是法则为人们提供模式、标准、样式和方向，它是一种一般的、抽象的行为规则，规定着一种行为模式或行动方案，在相同的条件下可以反复使用。在玻姆理论中，波函数构成的主动信息“规范”粒子的运动，起着规范的作用。

（3）简单性。正如爱因斯坦所言，简单性是指“一切科学的伟大目标，即要从尽可能少的假设或公理出发，通过逻辑的演绎，概括尽可能多的经验事实”[12]。这里的简单性指的是逻辑简单性而不是广义上的简单性 。也就是说，如果科学体系所包含的彼此独立的假设或公理最少，那么，无论其形式体系如何庞大，推论如何众多，仍不失为一个具有逻辑简单性的科学理论。在量子力学中的玻姆理论中，我们只需要通过讨论拉格朗日函数，便可以确定量子力学的理论形式。在本文中则应用到了宇宙波函数之中，并且作为法则的波函数具有对称性形式美，对称即简单，满足了科学家尤其是物理学家通常用对称性作为理论美的评价标准的要求。

在上一部分的分析中我们也看到，把玻姆理论下的波函数看作法则会遭遇到确定性、控制性及对称性的困境，这与法则所具有的普遍性、规范性及对称性形式美相违背，面对这些困境，我们利用了一些方法来实现把玻姆理论中的波函数看作法则。首先，我们把波函数拓展到宇宙空间，利用宇宙波函数与时间的无关性来解决确定性困境；其次，利用了某个附加的自然条件来对宇宙波函数的解进行限制，通过这种方法所得到的解来克服作为法则的波函数所面对的控制性困境；最后，利用了位于波函数之外附加的具有洛伦兹不变性的动力学结构来确定波函数，从而得到具有对称性的波函数，这样便解决了把波函数看作法则所要求的对称性。

在这一过程中可以看出，这些困境的解决离不开物理学语境的相关功能：科学中许多法则并不是严格普遍性的法则，把波函数解释为法则需要极其严格的限制条件。第一，只有把波函数放在宇宙层面，通过把宇宙波函数看作一个大的整体，进而增加合适的限制条件和一些动力学结构才可以成功解决玻姆语境下把波函数解释为一个法则时所面对的三大困境，这是物理学语境制约功能的体现；第二，从规范的量子力学中关注波函数 ψ 、到玻姆理论中共同关注波函数 ψ 和微观粒子，最后到宇宙玻姆理论中把宇宙波函数 Ψ 从具体的物理实在中升华，进而把其看作法则，仅用 Q 来描述物理实在，这一系列过程充分展示了对波函数进行解释的逐步语境化的过程。这种发展变化的理论形式部分地服从相同的数学表征。这就保证了语境交替中意义的相关性，这是物理学语境转化功能的体现。最后，以 ψ 开始，以 Q 结束，这正是波函数从一种表征方式到另一种表征方式的变化的语境依赖性的体现。众所周知，在语言哲学中，语境和意义是成反比的：语境越大，适用范围就越大，普适性就越强，但意义变弱；语境越小，适用范围就越小，规律的普适性越弱，但意义越强。与此类似，在物理学中也是如此，给定的范围或语境越大，规律的普适性越强，但是规律的精确性越弱；给定的范围或语境越小，规律的普适性越弱，但是规律的精确性越强[13]。显然，波函数从规范的量子力学转换到玻姆理论，再从玻姆理论转换到宇宙玻姆理论，其语境越来越小，需要的限制条件越来越多。玻姆理论下的波函数语境是一种具体的语境，把宇宙波函数看作法则也只能在宇宙层面，利用许多附加的限制条件才成立。

总之，我们只有在物理特性的相关语境中，利用语境的关系进行理解，才能够实现把玻姆理论下的波函数看作法则这一目标。无论如何，把玻姆语境下的波函数看作法则是一种新的平台，这种平台能够帮助我们更清晰地理解物理学理论发展过程中众多理论之间的相关性及各种特定理论自身的物理学内涵。

参考文献

[1] 爱因斯坦．爱因斯坦文集．第一卷．北京：商务印书馆，2010：183-184.

[2] 爱因斯坦．爱因斯坦文集．第一卷．北京：商务印书馆，2010：183-184.

[3] Dürr D, Goldstein S, Zanghi H. Quantum equilibrium and the origin of absolute uncertainty. Journal of Statistical Physics, 1992 (67): 843-907.

[4] Beck C. Wave functions and Minkowski Space-Time. Fakultät FÜR Physik der Ludwig-Maximilian-Universität-MÜNchen, 2010: 9.

[5] 聂楚杉．戴维·玻姆整体论思想研究．华中科技大学硕士学位论文，2010.

[6] 玻姆，张桂权．隐变量与包卷序．哲学译丛，1999 (1)：53.

[7] Dürr D, Goldstein S, Zanghi H. Bohmian Mechanics and The Meaning of The Wave Function. 1995 (29): 9. http: www. doc88. com/p4969900736508. html [2012-12-09].
[8] Dewitt B. Quantum theory of gravity. Physical Review, 1967, (160): 1113-1148.
[9] Hartle J, Hawking S. Wave function of The universe. Physical Review: A, 1983, (28): 2960-2975.
[10] Dürr D, Goldstein S, Munch- Berndl K. Hypersurface Bohm- Dirac models. Physical Review: A, 1999, (60): 2729-2736.
[11] Anderson J. Principles of Relativity Physics. New York.: Academic Press, 1967: 329-368.
[12] 许良英，李宝恒，赵中立，等. 爱因斯坦文集. 第一卷. 增补本. 北京：商务印书馆，2009：528.
[13] 郭贵春. 科学实在论的方法论辩护. 北京：科学出版社，2004：69-80.

不确定性与计算机模型思维变革*

殷　杰　边旭兴

互联网在人们的经济、政治及日常生活中所占的比重越来越大，不仅为计算机之间进行数据传输提供了高效、便捷的通道，更为使用计算机的人提供了一种全新的交流平台。当前，Web 2.0 之前那种单方主导数据的时代已一去不复返，迎接我们的是多元化且实时更新的大数据时代。一方面，网络极大地推动了人类知识拓展途径的发展；同时，也极大地困扰着人类知识的发展。而互联网自身的不统一性与不规则性，也在一定程度上加剧了人们所获取数据的不确定性。以经济活动为中心的网络数据泛滥，使得人们对有效数据的渴求与对垃圾数据的厌弃同样不可避免，这种爱恨交织的矛盾情感亦变得越来越突出。如何提升人们获取有效数据的效率，同时减少垃圾数据带来的困扰，已不仅仅是一个技术问题，而是“一场生活、工作与思维的大变革”，“大数据开启了一次重大的时代转型”[1]1，“信息爆炸已积累到了一个开始引发变革的程度”[1]8，已从一个学术概念转为人们每天都在切身体验的真实感受，从而亦变革着我们对世界的理解方式。大数据已然不仅仅是一个计算机科学的研究领域，而被认为是一个即将来临甚至是已经到来的时代的标签。

在这样一种大数据时代的预设之下，传统数据处理模型，即以精确模拟和结构化的数据库为主要特征的数据处理思维，已无法适应网络社会化发展的现实需求。这使得关于大数据的研究不再局限于计算机学科领域，而是以一种时代转型的重要特征出现在大众的视野之中。

一、计算机模型的确定性之殇

1. 计算机模型的类型及其确定性基础

计算机模型在本质上是物理世界的符号化，是数学和逻辑思想与计算机语言

---

* 本文为国家社会科学基金重点项目“语境论的社会科学哲学研究”（12AZX004）成果。

原文发表于《自然辩证法研究》2014 年第 4 期。

殷杰，山西大学科学技术哲学研究中心教授，研究方向为科学哲学；边旭兴，山西大学科学技术哲学研究中心博士研究生，研究方向为科学哲学。

相结合的产物。我们必须借助符号、数学和逻辑来抽象现实世界中的各种结构、关系和特征，才能在计算机上予以处理。数学和逻辑是计算机科学作为一种具有理性的学科存在的根本。

计算机作为基于逻辑门电路的“一种经典逻辑机器”[2]，是逻辑学和数学的一种实际应用。计算机模型是运行在计算机形式系统上的模拟方法，一般从定性或定量的角度来刻画现实世界中存在的各种问题，并尝试运用强大的计算能力和数据资源，为现实问题的解决提供有效的数据支持。因此，计算机模型的内容源于对现实原型的抽象，其运行结果必定是基于对现实原型规律性的把握。抽象的角度不同，计算机模型的种类就不同。利用模型的目的，是决定使用哪种模型来运行的首要问题。

从对象原型中变量之间的关系来看，计算机模型可以分为确定性模型和不确定性模型。确定性计算机模型是对现实原型中必然现象的描述，而不确定性计算机模型则是对现实原型中存在的或然现象的描述。在确定性计算机模型中，变量之间的关系是确定的，而在不确定性计算机模型中，变量之间的关系则需要以概率分布或统计值的形式给出。事实上，不论是哪一种，计算机模型的建立，本身就是我们对对象原型规律性进行认知的一种确定性把握，是类比逻辑思维应用于计算机建模过程的结果。

数学与逻辑对于计算机模型的有效性，取决于所采用的算法是否能够恰当地描述用户所需的现实原型。而模型描述世界的能力，则取决于模型中所蕴涵的数学思想及模型所采用的形式语言。尤其在人工智能中，基于形式化的知识表征与相应的数理逻辑运算，已成为人工智能模拟人类智能的经典方法。作为一种利用数学和逻辑方法来解决实际问题的模型方法，计算机模型最大的特征，就是它需要利用强大的数据库作为支持。因此，除了数学建模的思想之外，计算机建模还需要考虑如何搜集所需的数据及将这些数据以何种结构存储于计算机中，也就是需要构建所谓的数据模型。数据模型是为目的服务的，因而分析使用者对数据的需求及所需的信息系统的类型，是数据模型必须要考虑的首要问题。尔后要解决数据的来源和采集等问题，接着才能考虑如何设计这些数据的结构，并构建用于其上的逻辑推理和算法问题。从一个概念数据模型转变为一个或数个逻辑数据模型，并定义模型中数据之间的结构和关系，只有这样的结构化数据，才能在计算机系统中发挥其应有的作用。而一个计算机模型是确定性的还是不确定性的，则主要取决于在所形成的数据模型之上采用的推理和算法是否是确定的。

一直以来，对现实原型表征的近似程度，以及数学和逻辑推理的可靠性，是决定计算机模型质量的核心所在。其中，数学和逻辑推理是对已经存在的各种判断之间的联系进行刻画的有效工具，这些判断之中就包括了各种自然规律。因此可以说，在一定程度上，计算机模型是在对现实原型中存在的各种现象进行判断的基础上，所形成的各个判断之间的规律系统。这种判断之间规律的形成，就是对诸多判断进行的逻辑加工，此时的逻辑推理就是一种计算。

而我们判断逻辑推理结果是否正确的标准，不仅要看推理过程是否符合已有的逻辑规则，还要看结果是否符合我们的已有经验。也就是说，能否在现实世界中为这个结果找到一个证明其存在或有效的实例。因为逻辑规律是对人类经验的归纳，逻辑的有效性源于利用那些符合经验的规律所进行的推理结果的合经验性。

虽然逻辑与数学赋予计算机模型以可靠性，但它们自身的可靠性却有待考量。这也是以追求终极真理的确定性世界观所不能容忍的。自身都无法保证科学性，如何成为其他所有学科可靠性之根本？尤其是在大数据时代，数据本身的复杂性及处理数据工具的不确定性，对于我们而言将意味着什么？这恰恰是关涉计算机模型思想之变革是否可行的根本性问题，也是网络智能化过程中难以逾越的关键所在。世界被符号化于网络之上，而网络则被模型化为终端可获取的状态。如何看待互联网世界与计算机模型之间的关系，是影响这个时代所有人理解其与世界之间是何种关系的根本问题。

2. 确定性计算机模型的症结

毋庸置疑，在计算机形式系统之上，确定性计算具有绝对的优势。然而，在大数据时代，成也萧何败也萧何。早期，确定性作为计算机的绝对优势，在当前却成为计算机学科发展中最难以逾越的障碍。

传统图景中，科学立足于理性主义立场，即以数学和逻辑作为其可靠性的保障：数学作为一种“必然和先天可能的”存在，“与物理世界有某种联系”，“对于科学地探索世界来说是本质的东西”[3]22；逻辑以“秩序”和“规律”为最基本含义[4]引言，“是关于推理和论证的科学”[4]37，广泛存在于人们的日常生活和思维中。而数理逻辑的出现，则将逻辑与数学相结合，为现代科学的知识体系打下了坚实的理性基础。理性主义作为一种世界观，早已深深根植在现代自然科学研究的各个领域。这是一种以世界必然是有秩序的和有规律的为信念的研究基点，所构造出的必然是可以用逻辑和数学语言来描述的理性主义知识体系。这种知识体系最大的体征就是可论证性，也就是预设着真的存在。

确定性计算机模型源于对世界确定性规律的把握，作为一种对现实原型在满足“一定条件下必然发生的事情”[5]进行判断的工具而存在。以经典逻辑为基础，用确定性知识和精确推理来保障推理结果的可靠性，是确定性计算机模型的主要特征。然而，确定性推理的弊病在于如下两个方面。

首先，在实际应用中，在给定初始条件的情况下，我们无法保证初始条件永远不变。一次建模只为某个特定的应用服务，以一套公理化体系为依托，追求严密性的推理过程及精确的推理结果。这使得模型对所运行的环境条件要求极为苛刻，稍加改动就必须重新建模。并且，确定性计算机模型对初始条件的数目要求也极高，初始条件的数目不能庞大到我们难以在其之上进行有效的逻辑推理。早期确定性计算机模型的开发成果，就是因为这些原因而难以推广。

其次，确定性计算机模型所用的初始条件及逻辑规则是有问题的，现实世界中没有多少事件能够完全符合确定性模型的要求。因为确定性模型所利用的初始条件及推理规则，都是从现实原型中抽象出来的特征，而“特征是有问题的”，因为“不存在已经建立起的标准来判定特征是同一的还是有区别的”。“特征似乎分享了集合和数的缺点。它们不存在于空间和时间中，它们没有进入与物理对象的因果关系中”[3]232,233。随着信息时代的到来，计算机描述能力的增强，表征现实原型的数据模型越来越逼近于“全息数据”。而以特征抽象为基础的确定性计算机模型，则更加难以胜任大数据时代对各类数据进行有效分析的要求。

人类的知识和经验存在着大量的不确定性，包括量子力学及相对论在内的理性主义中，最为本质的“自然法则表达确定性”，因而可以“预言未来，或‘溯言’过去”的传统图景遭到前所未有的颠覆。不确定性使“自然法则的意义发生了根本变化，因为自然法则现在表达可能性或概率”[6]4，科学不再与机遇无涉而独尊因果决定论。广泛存在的不确定性成为确定性计算机模型之殇。

二、不确定性对计算机模型思想的挑战

1. 确定性世界观对不确定性理论的影响

到目前为止，计算机依然是图灵机理论在冯·诺伊曼结构上的实现。但需要引起足够重视的是，计算机并不等同于图灵机，二者的关键区别在于：“图灵机是无穷的，而计算机是有限的”，“因此任何计算机都可以用命题逻辑描述为一个（超大规模的）系统，该系统不受哥德尔不完备性定理的制约”。而图灵和哥德尔作为数学家，贯穿于他们学术生涯的“某些数学问题在原理上就是无法被特定的形式系统解答的”[7]。基于二进制的计算机形式系统，其局限性并不等同于图灵机，亦不适用于所有的数学问题。在有限形式系统可解的范围内，计算机必然要从确定性的数学和逻辑出发，通过一层层的形式转换机制，才能达到用确定性系统来构造不确定性计算的目的。

并且，在理性主义影响下，确定性的世界观依然是驱动现代科学技术向前发展的根本信念。即便在人们的日常生活和科研活动中存在着诸多的不确定性，人们对这些不确定性的理解，也是建立在可预测和可模型化的暗喻之上的。人们研究各种不确定性现象，目的是寻找隐匿于表象之下的秩序，或者是寻找如何控制

那些看起来极为复杂的系统的方法。人类始终期望能够对世界的终极状态加以预测，可预测几乎是所有科学研究的出发点和归宿。

对于计算机模型的研究亦是如此。用简单的数学公式或抽象的数学模型去描述复杂的现实原型，几乎是所有不确定性研究的必然途径。人们总是期望用最小的代价实现对复杂的现实原型的模拟。对于计算机模型而言，不确定性意味着“缺少足够的信息来做出判断”[8]119，因而事先无法确切地知道某个事件的结果或者事件的结果可能不止一种。例如，波兰科学家帕拉克（Z. Pawlak）提出的粗糙集理论就是一种用于处理不完整或不确定性数据的有效工具[9]，可以从不精确、不完整或不一致的数据中发现隐含的规律[10]。不确定性对于决策而言是一个不好的存在，它导致系统给出的决策是不可靠的，甚至是糟糕的。在网络商业化应用中，不确定性带来的很可能是直接的巨额经济损失。因此，消除不确定性因素、提高模型的可利用价值，一直是不确定性计算机模型努力的方向。

此外，数学算法本身可以解决的不确定性问题是很有限的。当纯粹的数学计算难以处理诸如模糊、不确定、不精确、歧义、似然等现象时，就需要逻辑推理来解决。也就是说，逻辑推理可以弥补数学算法的不足之处，尤其是在较为复杂的计算机模型中，逻辑推理能够在缺少参数或者没有合适的数学算法抑或是信息不完整的情况下，完成不确定性计算机模型设定的目标。并且，除了以往的静态描述逻辑，近些年来，针对语义网中不断变换的动态数据又逐步发展出了动态描述逻辑（dynamic description logic，DDL）理论[11]，为同时处理静态数据与动态数据提供了统一有效的形式化框架。

2. 计算机模型中的不确定性

通常认为，计算机模型的构建包括模型规划、数据收集、模型设定、校准与确认、仿真与评估等几个阶段。与确定性计算机模型相比，不确定性计算机模型往往更符合现实需要。由计算机解决的各种实际问题，往往不需要绝对正确和绝对精确的结果。在不确定性计算机模型构建的整个过程中，可能面临以下几个方面的不确定性问题。

其一，在从现实原型中抽象出计算机模型的过程中产生的不确定性问题。人类的认知和记忆中存在着大量的不确定性，要想把人类从现实世界中获取的各种复杂性认知融合到计算机模型中去，就必然要以损失关于现实原型的全息数据为代价。在这一过程中，会出现各种各样的不确定性问题。由于建模对象的不同，所面临的问题也会有所不同。此外，针对同样的现实原型，可以构建不同的计算机模型；在模型生成的各个阶段——从数据输入到参数设置，再到模型结构设计与模型处理的结果——都存在着各种不同的不确定性因素，这些都导致了计算机建模过程中的不确定性问题。

其二，计算机模型的规则系统中存在的不确定性。由于计算机模型是一个基于规则的系统，关于规则有可能存在以下几种不确定性。

（1）存在于单个规则中的不确定性。单个规则的不确定性是对现实原型的单个特征进行抽象的结果，是认知和表征不确定性的直接体现。其中，在规则的前件和后件中通常会遇到由误差、证据的似然性及证据组合等因素造成的不确定性。这类不确定性需要通过验证来规避。

（2）由规则间的不兼容性所导致的不确定性。在一个计算机规则系统中，所有的单个规则都是恰当的，并不意味着整个规则系统就是可靠的。很可能由于抽象角度的不同，规则之间出现不兼容性，从而导致推理结果是不确定和不可靠的。与规则的兼容性相关的不确定性有可能出现在规则间的矛盾、规则包含、规则冗余、遗漏规则及数据融合等方面。对于这种不确定性，需要通过减少每个推理链中的确定性，来减少局部及整个模型中的不确定性。

（3）冲突归结中存在的不确定性。由于规则有显式优先级和隐式优先级，当两个或两个以上的规则同时具备被引发执行的条件从而导致推理机无法根据优先级别来确定这几个规则的执行次序时，就会出现规则之间执行次序的不确定性。这类不确定性无法避免，但可以通过从规则堆栈或队列中随机选取的方式来避免模型中的人为机制[8]163-166。

其三，算法理论中的不确定性。计算机模型中，与不确定性相关的算法理论主要有概率理论、模糊集理论、粗糙集理论、混沌与分形等。它们最大的共性就是都属于算法复杂性的范畴。“一个数据序列的算法复杂性”是指“作为输出而得到这一序列的计算算法的最小长度。”[12]26也就是说，“算法复杂性即是一给定（有限）序列的最简短扼要描述之长度”[12]213。算法复杂性处于最大可能的算法复杂性与最小可能的算法复杂性之间。完全随机序列有着约等于其自身长度的最大可能的算法复杂性，并可认为其中包含的信息是最大的；而一个单符指令序列因其完全可以将该单符再生而具有最小可能的算法复杂性，且其包含的信息为零[12]213。而“信息涉及的基本条件为：（ⅰ）一种鲜明的空间中的对称性破缺”，“（ⅱ）一种不可预测性要素与揭示读者开始不能推断的课题或信息相关联”。对于一组包含信息的富信息序列而言，我们对其局部信息的了解不能成为对其整体结构加以推断的依据，“不管这局部有多大”。在这个意义上，整体结构是不可预测的，“可视为一随机过程”[12]207。

需要注意的是，算法复杂性不同于物理科学中的复杂性。在物理科学中，“简单与复杂、无序和有序之间的距离远比人们通常想象的短得多”[12]4。从简单、有序状态到无秩序无规律的分子混沌状态，只是几埃①的距离。也就是说，在物理科学中，简单性由分子之间的短程特性决定，而复杂性则同分子之间的长程特性相关联[12]27。复杂性“似乎已经根植于自然法则之中了”，“将揭示不同等级的系统之间的某些共同性质”[12]6。自然客体的复杂性处于最大可能复杂性及最小可能复杂性两种极端情况之间。处于最大可能的算法复杂性与最小可能的算法复杂性之间的这一特性的相似性，是物理科学中的复杂性与算法复杂性之间最大的共性，也是可以将这两种复杂性相联系的最主要因素。

在计算机科学中，当说到复杂性与复杂系统这两个概念时，需要甄别当这两个词用于某个特定对象时所特指的含义。通常，复杂性比复杂系统的意义更为明确。计算机模型中所涉及的不确定性算法理论，每一种都有其优势及不可避免的缺点。这就需要根据特定现实原型的特征，综合利用各种相关理论来解决不确定性计算机模型中的问题。这才是提升模型处理能力的必要手段。但问题是，当模型化的现实原型的不确定性特征需要不止一种理论时，有可能没有相应的编程工具帮你在一个模型中同时实现多种不确定性理论的应用。此时，联合其他开发工具和资源是必要的选择。

三、不确定性之于计算机模型的意义

当“时间之矢”不再隶属于现象学范畴，人们无须纠结于爱因斯坦构造的那难以理解的“时间错觉”，才能够在时间这一基本维度中去感受生命真实的存在；当非平衡过程物理学赋予不可逆性以新的含义，它便不再是“一种如果我们具备了完善的知识就会消失的表象”[6]3，而是地球上生命现象之所以会出现并不断演化的根源之所在。当不稳定系统动力学使自然法则可以表达可能性，相关关系便获得了向因果关系讨要话语权的资本；当互联网以不可思议的速度深刻变革着人类的生存模式，“一切皆可量化”[1]97，数据开始主宰一切，绝对精确为效率让路，信息时代向大数据时代迈进。

在这样一种大数据时代预设下，传统的计算机模型思想难以解决各种新出现的应用问题，一种全新的建模思想有待形成。大数据时代，不确定性对于计算机模型思想的意义在于三个方面。

首先，大数据时代的不确定性问题，向传统计算机模型思想中的经验性提出挑战。传统的计算机模型，无论是确定性的还是不确定性的，都是对经验的一种概括和总结，同时亦预设着对结果的某种程度上的把握。从 20 世纪 90 年代初开

① 1 埃 $=10^{-10}$ 米。

始的互联网商业化进程，加速了大数据时代到来的步伐。互联网本身就是一个没有确定性物理规则的实体，其上的数据资源更是以各种不同的形态存在于各种网络、各种类型的数据库之中。这些数据资源日益庞大且不断更新，为计算机模型的构建带来了极大的困扰。

在互联网商业化时代，数据爆炸带来的是人们对以往经验的否定。在海量的数据面前，有着明确预设的经验规律不再可靠，人们强烈感觉到信息不完善给决策带来的困扰，更不用说利用已有的经验对未来进行预测。但令人感到尴尬的是，“科学又无疑是经验的”[3]22。当人类将其在物理世界中经验到的知识归纳为科学时，经验的不确定性，使得传统数学与逻辑中的确定性思维及不确定性计算，都难以逼真地描述某些人们从现实物理世界中归纳出的科学知识，尤其在大数据时代，即便是数学与逻辑的结合，也难以解决不断出现的各种不确定性问题，特别是在语义理解及网络智能化的计算机模型方面，人类经验难以归结为一条条适用于各种语境的计算机可执行的规律，进而无法形成有效的模型处理系统。这也是计算机模型思想一直无法获得令人满意进展的一个主要原因。当描述世界必然现象的确定性模型不再独步网络且描述世界或然现象的不确定性模型也难以满足复杂的网络应用时，计算机模型思想中固有的基于大量经验总结出的规则体系，就成为大数据时代模型思想变革面临的一个最主要的难题。

其次，海量的非结构化数据是计算机模型思想变革着力要解决的问题。

计算机模型在不确定性问题上取得的进步，极大地改善了人们处理数据的技术水平，小数据时代的随机样本已被全体数据代替。现有的不确定性计算机模型的最大优势，是能够在已知的海量数据基础上发挥不确定性算法的优势，尤其善于处理那些具有某种复杂性的现实原型的模型。但这种处理的有效性是建立在对现实原型大量原始数据的把握之上的，以传统结构化的数据库为基础。然而，“黑天鹅事件”告诉我们，未知的才是更重要的。大数据时代，人们追求的是数据化而不是数字化，更关注未知因素有可能对自己造成的重大影响。

在数据问题上，对于人类而言，过去和现在的区别在于数据的量及处理方法。过去人们需要面对的数据量少，处理方法落后，数据获取渠道不畅且获取成本很高。现在人们被各类数据包围，尤其在网络上，信息获取方便且成本很低，但数据量巨大。如何获取有效信息，甚至如何避免不相关信息或价值含量很低的信息对我们正常工作的干扰，几乎成为每个使用网络工具的人每天必须克服的难题。个人数据管理所涉及的不再是仅仅针对个人数据信息的问题，还包括所有非个人自愿却不得不面对的那些大量的“意外数据”。它们不是我们当前最需要的数据，却因为我们使用了别的信息而被迫接收它们。无论在视觉效果上还是心理层面上，它们都很有吸引力，会引导人们支付更多的时间甚至货币去消费它们，带来的大多是负效益，但我们却难以管理它们。当互联网上只有 5% 的数据是可用于传统数据库的结构化数据时，人们必须学会利用剩下那 95% 的非结构化数据。当我们难以在海量的数据之间建立精确的逻辑链时，因果关系为相关关系所取代。人们没有必要知道为什么，只要知道是什么就足够了[1]27,45,67,97。已有的不确定性计算机模型，无论从算法上还是逻辑推理上，都无法满足人们的现实需求，一种新的不确定性世界观，正从一个理性概念转变为大多数人日常都可以感知到的现实存在。

根据数据的不确定性，人们提出过不同的数据模型理论，其中最核心的不确定性数据模型思想就是可能世界模型（possible world model）理论[13]，主要用于构建与特定现实原型的场景相匹配的不确定性数据模型[14]，可以从一个不确定性数据库衍生出多个被称为可能世界实例的确定性数据库。而将不确定性与数据的世系（Lineage 或 Provenance）有效地整合在一起[15]并提出相应的算法，亦成为计算机模型必然要面临的一个问题。数据的世系已成为研究单一数据库及跨数据库的数据的产生与演变过程的一种主导方式。事实上，传统的计算机模型，无论是确定性的还是不确定性的，在如此海量且不规则的非结构化数据面前都显得捉襟见肘，不确定性计算机模型理论亟待变革。大数据意味着，计算机模型的构建，不再仅仅是搜集足够的数据并抽象出能够真实反映现实原型的规则体系和算法结构，而是帮助用户洞察这些庞大的非结构化数据之间的关系并利用其为决策制定和价值创造贡献力量。正如孔菼（Kathy Koontz）所言，“重要的不是数据，而是如何使用数据”。在大数据时代，“数据的核心是发现价值，而驾驭数据的核心是分析”[16]。序言这些海量存在的非结构化数据已成为计算机模型思想变革着力要解决的核心问题。

最后，新的不确定性问题为计算机模型思想变革指明了方向。

互联网的扩张与智能终端的普及，迅速将人类推进到一个超乎想象的大数据时代，在带给人类便捷的同时，不可避免地也带来了困扰。变革的速度考验着人们的适应能力，网络化程度越高，困扰就会越大。对整体形式的确定性把握业已成为一种奢望，在各类庞大的、实时变化的数据面前，人们变得不再自信满满；数据选择成为大数据时代每个人时常都会遇到的问题，机会成本正在成为一个难以估量的因子。在尚未学会如何驾驭数据之前，我们往往先迷失了自己。

虽然互联网在以前所未有的速度扩张，但各相关领域却始终没有取得多少实质性的理论突破。不仅强人工智能的愿望遥不可及，就连对扩张过程中出现的实际应用问题也难以给出一个具有建设性的解决方案。在大数据时代，以面向对象、模块化、封装、抽象化及测试为主要特征的经典程序设计思想，显得无所适从；而兴及一时的云计算、深度学习、机器学习及大数据，则被业界戏称为计算机界的四大俗。之所以说它们俗，很大程度上是因为，在解决同类问题上，人为地创造出四个颇具市场效力而缺乏学术价值的概念，却没有多少本质上的区别。

真正的突破尚未取得，但对获取突破的可能路径已经达成了较为一致的认识，那就是，必须到作为计算机之根本的形式语言、数学及逻辑理论中去寻找，到新的不确定性理论中去探索。

总而言之，大数据时代对于计算机模型思想而言，带来的是一种全新的不确定性理念。它不仅颠覆了人们对传统的确定性及不确定性理论的理解，而且也很有可能导致计算机模型在未来对新的不确定性算法的突破。无论是市场还是学术，都希望突破瓶颈期，尽快解决网络扩张过程中出现的各种实际问题，并且为可能到来的以互联网技术和可再生能源技术相结合为主要特征的第三次工业革命，扫清一部分技术障碍。“经济是一种有关信任的游戏”[17]，构建以网络技术为依托的社会信任机制，将是未来社会经济繁荣发展的重要支撑。而互联网在快速扩张中出现的各种问题，使得公众对互联网自身的安全问题都难以产生应有的信任感，更不用说对网络虚拟生活中的人际关系、经济关系、数据通信安全等各种关系产生信任。由此，利用互联网技术来推动社会变革并建立相应的信任机制，实现起来就变得困难重重。如果说公众信任是经济发展之依托，那么，互联网则是大数据时代这一依托之技术根基。要想获得真正的突破，不仅需要找到计算机模型在不确定性领域的症结所在，更主要的是能够整合市场、技术及管理等诸多相关资源，才有可能在各个领域及各个层面之间寻求一个适合全局发展要求的契合点，从而制订出可执行的方案。

这是一个解构确定性世界观的时代：当不确定性作为一种新的理性为自然界立法，牛顿和爱因斯坦描绘的那个没有时间维度的、可逆的确定性世界，逐步为普里戈金的不可逆且可确定的概率世界所取代。从宏观到微观、从自然科学到社会科学，不确定性理论正逐步解构着各个领域原本占有统治地位的确定性世界观。大数据预设下，在计算机模型领域，一种全新的不确定性世界观亟待形成。

参考文献

[1] 维克托·迈尔–舍恩伯格，肯尼思·库克耶．大数据时代：生活、工作与思维的大变革．盛杨燕，周涛译．杭州：浙江人民出版社，2013.

[2] 丹·克莱恩，沙罗恩·沙蒂尔，比尔·梅布林．视读逻辑学．许兰译．田德蓓审译．合肥：安徽文艺出版社，2007：103.

[3] 斯图尔特·夏皮罗．数学哲学：对数学的思考．郝兆宽，杨睿之译．上海：复旦大学出版社，2012.

[4] 陈波．逻辑学是什么．北京：北京大学出版社，2002.

[5] 谭永基，俞红．现实世界的数学视角与思维．上海：复旦大学出版社，2010：215.

[6] 伊利亚·普利高津．确定性的终结：时间、混沌与新自然法则．湛敏译．上海：上海世纪出版集团，2009.

[7] 斯图尔特·拉塞尔，彼得·诺维格．人工智能——一种现代方法．第二版．姜哲审校．

姜哲，金奕江，张敏，杨磊等译．北京：人民邮电出版社，2010：731.
[8] 约瑟夫·贾拉塔诺，盖理·赖利．专家系统原理与编程．印鉴，陈忆群，刘星成译．北京：机械工业出版社，2006：119.
[9] Pals S K，Skowron A. Rough Fuzzy Hybridization：a New Trend Indecision Making. Singapore：Springer，1999.
[10] Walczak B，Massart D L. Rough sets theory. Chemometrics and Intelligent Laboratory Systems. 1999，47（1）：1-16.
[11] Shi Z Z，Dong M K，Jiang Y C，et al. A Logic Foundation for the Semantic Web. Science in China，Series F，Information Sciences，2005，48（2）：161-178.
[12] G. 尼科里斯，I. 普利高津著．探索复杂性．罗久里，陈奎宁译．成都：四川出版集团，四川教育出版社，1986.
[13] Engineering Ltd. iSIGHT User's Guide. Engineering Ltd，2004.
[14] Abiteboul S，Kanellakis P，Grahne G. On the Representation and Querying of Sets of Possible Worlds. ACM SIGMOD Record，1987，16（3）：34-48.
[15] Widon J. Trio：A system for integrated management of data，accuracy，and lineage. Proceedings of the 2nd Biennial Conference on Innovative Data Systems Research. Asilomar，2005：262-276.
[16] 比尔·弗兰克斯．驾驭大数据．黄海，车浩阳，王悦，等译．北京：人民邮电出版社，2013.
[17] 杰里米·里夫金．第三次工业革命：新经济模式如何改变世界．张体伟，孙豫宁译．北京：中信出版社，2012：27.

从新埃弗雷特解释到多计算解释*

——量子计算语境下多世界解释的演变

王凯宁　郭贵春

量子计算作为量子信息科学最重要的一个组成部分，近年来在理论、实验及算法方面都得到了很大的发展，然而就当前来说，对于量子计算过程本身，我们却并没有一个明确的物理图景。这种现状令众多物理学家感到尴尬，但同时也是必然的，因为建立这样一个关于量子计算的整体图景，是与确立一个令主流学者满意的量子力学解释紧密相关的。当然，现在我们已有了多种多样的量子力学解释，从最初的正统解释到隐变量解释再到范·弗拉森的模态解释等，但正如牛津大学量子计算中心的霍斯曼（Clare Hewitt-Horsman）博士所认为的那样，“选择多世界解释作为量子计算的物理基础，会比其他解释或者不做解释更有优势”[1]869。

量子力学的多世界解释并不是一个单一的解释理论，而是一个由多种解释集合而成的解释群。从多世界解释各种进路之间批判与继承的历史关系[2]来看，它们是建立在一种共同的哲学基础之上的，即它们都在一定程度上承认，“微观世界”中的态叠加现象在“宏观世界”中也是存在的且是真实的，简单地说，就是“猫既是死的也是活的”是一个客观事实，这就意味着传统观念上的量子与经典之间的鸿沟是不存在的。在这种观点下，我们就很容易建立一种对量子计算的一般性认识，因为在多世界解释的语境下，经典比特与量子比特之间并没有本质的不同，经典处理器也不过是处于特殊环境中的量子处理器的一个子类而已。这样做的好处是显而易见的，一方面我们不需要在一个计算过程中明确地划出量子计算与经典计算的分界线；另一方面我们也能很容易在不同的计算资源之间建立一种基本关联。这两方面的优势在事实上支持了一种广义的计算主义（computationalism）哲学观，即认为一切自然事件的演化都是某种自然规律下的计算过程，我们可以用计算的观点来解释所有物理现象。当然，应该注意的是，计算主

---

*　本文为教育部人文社会科学研究青年项目（10YJC720042）、山西省高校哲学社会科学研究一般项目（2013204）成果。

原文发表于《哲学研究》2014 年第 4 期。

王凯宁，山西大学科学技术哲学研究中心讲师、博士研究生，研究方向为科学哲学；郭贵春，山西大学科学技术哲学研究中心教授、博士生导师，研究方向为科学哲学。

义的产生和发展是完全独立于量子计算的，但当有学者将其应用于量子力学时，就形成了一种新的量子力学解释，即多计算解释（many- computations interpretation）[3]我们也可以将其看作一种特殊形式的多世界解释。

一、量子力学的新埃弗雷特解释

量子力学多世界解释的最早形式是由埃弗雷特（Hugh Everett）1957 年在其博士论文中提出的相对态解释（relative-state interpretation），他认为，“在量子测量系统中，冯·诺意曼的‘塌缩’解释所描述的组合系统从叠加的‘可能态’向具体的‘现实态’的跃迁是根本不存在的。实际上，是观测者的观察状态分裂（split）成了同时存在的各个不同的‘分支’（branch），每一个分支对应于客体系统中的一种本征态，代表了观测者获得的确定的（虽然是不同的）测量结果”[4]。尽管埃弗雷特理论在提出之后的近十年内一直未受到重视，但到了 1967 年之后，多世界解释又开始兴起，并逐渐沿不同进路迅速发展，成为一种受大部分物理学家支持的新正统解释。当前多世界解释已经有 10 多种不同的有影响力的分支理论，主要包括埃弗雷特的相对态解释（relative-state interpretation）、德维特（B. DeWitt）和格拉汉（N. Graham）的多宇宙解释（many-universes interpretation）、斯奎尔斯（E. Squires）的多视域解释（many-views interpretation）、阿尔伯特（D. Albert）和罗伊（B. Loewer）的多心灵解释（many- minds interpretation）、盖尔曼（M. Gell- mann）和哈托（J. Hartle）的多历史解释（many-histories interpretation）及巴雷特（J. Barrett）的多纤维理论（many-threads theory）等。从“态—宇宙—心灵—历史—纤维”[2]这种对物理世界结构的不同理解来看，这个解释群中的每种解释在其理论内核上都是具有独立性的，我们并不能将它们简单地兼并包容，来说明量子计算背后的物理图景。因此，本文中我们主要引入一种具体形式的多世界解释，即由埃弗雷特、桑德斯（S. Saunders）和祖瑞克（W. Zurek）的思想相融合而成的一个理论框架，有学者称之为新埃弗雷特解释（neo-Everettian interpretation）[1]874。

量子力学之所以需要解释，是因为量子物理学中存在一个非常重要的基本问题，即测量问题（measurement problem）：在未进行测量之前，量子系统按照薛定谔方程幺正地演化，其过程是决定论的、可逆的；在测量之后，量子系统发生突变，叠加态随机“塌缩”（collapse）到一个本征态，其过程是非决定论的、不可逆的。当只涉及微观状态时，这两个演化过程之间的矛盾似乎并不明显，但当我们考虑一个将宏观结果与微观状态相联系起来的实验时，由量子力学得到的结论就会与我们的日常经验完全不同，于是测量问题就会得以凸显。例如，在著名的“薛定谔猫”思想实验，猫处于死的状态 $|CAT_{dead}\rangle$ 还是活的状态 $|CAT_{alive}\rangle$

是取决于粒子处于基态 $|0\rangle$ 还是激发态 $|1\rangle$ 的，粒子处于基态和激发态的概率各为50%。那么，在测量前，粒子与猫构成的总系统处于叠加态，为

$$|\Psi\rangle = 1/\sqrt{2}\,|0\rangle|\mathrm{CAT}_{dead}\rangle + 1/\sqrt{2}\,|1\rangle|\mathrm{CAT}_{alive}\rangle \tag{1}$$

即粒子处于 $|0\rangle$ 和 $|1\rangle$ 的叠加态，而猫的生死状态不确定；测量后，粒子将以50%的概率处于 $|0\rangle$ 态或 $|1\rangle$ 态，对应地猫则为死猫或活猫。这意味着，当我们将量子力学所描述的微观状态在演化过程中的决定论性与在测量过程中的非决定论性之间的矛盾放大到宏观领域时，就表现为客体的状态由观测者的主观测量所决定这个事实的存在，但这是明显有悖于常理的。因此，这就要求人们提供一种合理的描述，以说明被测系统、测量仪器及主观观测者之间的关系，即对量子力学做出解释。

在多世界解释之前，几乎所有为解决测量问题而提出的量子力学解释在一开始都会假设如式（1）那样的叠加态不能描述宏观的物理实在。它们认为除了那个“真实的”物理状态经过测量会保留下来，而叠加态中其他的项则会以这样或那样的方式消失。但埃弗雷特提出了一种新的观点，即无论是微观的还是宏观的物理实在都可由式（1）来描述，其中构成叠加态的每一个状态都同样是“真实的”。在这种观点下，我们需要解释两方面的问题：其一是测量问题本身，即如果叠加态中的所有项都是真实的，那么为什么测量之后我们只会得到一种状态？其二是逻辑问题，即我们要如何解决事物同时处于多种不同的状态这个逻辑上的矛盾。针对第二个问题，多世界解释可以通过引入一些外部参数来化解这种矛盾，如通过引入区分不同的世界、分支或宇宙的参数，我们可以说在这个世界（或分支、宇宙等）中猫是死的，而在另一个中是活着的。这与我们使用时间参数是一样的，如我们在这一时刻处于打字的状态，在下一时刻处于休息的状态，这就不会在逻辑上造成矛盾。同样，如果将这些区分不同世界的参数的应用范围扩展到包括观测者在内的整个系统，我们就容易消解第一个问题，即在某个世界中，观测者看到猫死了，而在另一个世界中，他则会看到它是活着的。

当然，这只是各种多世界解释都认可的一种比较笼统的观点，每一个明确的解释都会以其特定的方式将这种观点具体化，我们这里所讨论的新埃弗雷特解释也是这样。新埃弗雷特解释认为物理实在作为一个整体可由“多重宇宙”（Multiverse）的态 $|\Psi\rangle$ 来描述，这里多重宇宙是全部世界的主结构。在这个主结构中，我们可以将其子结构定义为具有不同历史的单一宇宙，来代表我们直觉地感受到的那些分支宇宙（即我们所存在的世界）。霍斯曼给出了新埃弗雷特解释下宇宙、分支与世界的概念：“多重宇宙：物理实在的总体，它由‘完全态（universal state）’来描述，再没有比它更大的系统了；分支（branch）：多重宇宙的子结构，我们会直觉地称之为“宇宙”，它是一个具有确定（或准确定）的随时间稳定演化历史的可辨识的宏观范围；世界（world）：类似于分支，只是在

很长的时间尺度上，其结构并不稳定，在适当的时间尺度（即在对我们有意义的足够长的时间范围）内，我们可以从主结构中辨识它，但在很长的时间尺度上，他不能稳定地演化并保持其结构。”[5]

新埃弗雷特解释的一个重要特点就是将多世界解释与退相干（decoherence）理论相结合，指出我们得到世界稳定性的主要方式是退相干。退相干理论最早于1970年由德国海德堡大学的泽（H. Zeh）提出，他认为实际的系统不是封闭的，它们与环境不断发生相互作用，导致了描述系统的波函数的各本征态之间的相干性会被破坏。我们“不能把退相干理论作为一种独立的量子力学解释体系……退相干理论是在量子力学框架内，在冯·诺伊曼测量理论基础之上，对实际情形中的量子系统及观察效应进行量子力学描述的一种动力学理论，是对封闭系统量子力学研究的补充”[6]。新埃弗雷特解释指出，在由完全态描述的多重宇宙内，具有确定子结构的分支系统随时间进行着稳定的演化，然而当测量发生时，被测量系统通过与一个更大环境发生纠缠而导致原系统内发生退相干过程，令其波函数各个基之间的相干性消失，从而在叠加态的分裂过程中分别选择一个新的在动力学上稳定的演化方向，形成不同的分支世界。新埃弗雷特解释与早期的多世界解释相比，最主要的区别在于它们对分支、世界等子结构的理解方式不同。新埃弗雷特解释认为子结构的定义并不是基本的或精确的，它们是为了实用目的而被定义的，其标准根据需要可以是可辨识性或随时间的稳定性等，即只要在我们研究所需的时间内能确保不同分支之间是消相干的就可以了。这样事实上就避免了多伊奇在1985年提出的必须为量子力学找到一个确切解释基础的问题，即他所认为的：“……（对量子力学来说，）无论是经典解释还是埃弗雷特解释，都没有建立一个明确的解释基础。但是如果量子力学想要成为一个普适性的物理理论，那么量子力学的解释基础不仅需要被明确地说明，而且这个基础还应该完全能由量子理论的形成体系来表征。”[7]这种观点意味着量子力学的解释基础也必须是精确的、绝对的，对于多世界解释来说就是分支或世界的定义必须精确，但这恰恰是多世界解释无法做到的。因此新埃弗雷特解释认为我们必须改变这种从基础物理理论层面解决量子测量问题的思路，而是从方法论层面来理解“世界”这个概念，即在未能明确地以形式化方式给出“世界”的定义之前也可以使用“多世界”这个术语来解释量子测量问题，这就类似于虽然我们缺乏对时空的精确形式化定义，但仍然能相对地使用“时刻”的概念。因此，接受新埃弗雷特解释对世界或分支的这种模糊化定义，就意味着尽管我们不能给出世界或分支的具体结构，但我们还是能在说明和预测量子现象方面采用这种解释的，当然也能适用于对量子计算过程的说明。

量子计算的物理理论及实验研究的最终目标是实现真正可操作的、能解决实际计算问题的量子计算机。尽管物理学家并不会过多地关注其哲学基础，但这一目标事实上已经包含了一个普遍的哲学预设，即量子计算过程是一个客观实在的物理过程，因为只有在这样的预设下我们才能相信量子计算机能针对具体问题给出客观的结果。不同于经典的哥本哈根解释所内含的工具主义观点，用新埃弗雷特解释说明量子计算过程的意义正在于它契合了物理学家普遍坚持的这种实在论立场，避免了“主观意识引起波函数塌缩”观点导致的观测者地位的特殊性，由此来保证量子计算结果的真实与准确。

二、新埃弗雷特解释下的量子计算

将新埃弗雷特解释引入量子计算，一个主要的好处在于我们容易以此说明量子计算相对于经典计算的加速性。从本质上来说，量子计算与经典计算一样，都是利用一个物理系统随时间演化而实现用以编码的系统状态变化（即信息处理）的过程，其区别只是在于前者遵循量子物理规律演化，而后者按照经典物理规律变换。因此，要解释量子计算的高效性，我们完全可以抛开具体的物理系统不谈，而仅需说明量子系统的演化规律在哪些方面是有别于经典系统的。另一方面，正如对经典计算来说并不是所有的算法都有同样高的计算效率一样，要实现高效的量子计算，还必须通过巧妙地设计算法来充分地利用量子系统的特性来降低计算复杂度，从而提高计算效率。事实上，在目前提出的量子算法中，也并不是所有的算法都能实现量子加速，只有大数质因子分解的绍尔（Shor）算法、无序数据库搜索的格罗夫（Grover）算法等一部分量子算法能通过利用量子态的叠加、纠缠及干涉特性来降低计算的复杂度，求解在经典计算机上无法有效计算的问题。因此，我们接下来就结合多伊奇（Deutsch）算法这个最简单的量子算法来讨论如何利用多世界解释理论为量子计算过程建立一个整体图景。

1. 多伊奇算法

多伊奇算法是为了判定一个函数为“常数函数”还是“对称函数”而提出的量子算法。假设 $f(x)$ 为一个定义域和值域都为 $\{0, 1\}$ 的函数，若 $f(0)=f(1)$，则我们称其为“常数函数”，若 $f(0) \neq f(1)$，则我们称其为“对称函数”。如图1（a）所示，在经典计算中，最快的算法也至少需要两次运算才能判定这个函数，即第一次将输入位 x 赋值为0，将输入位 y 赋值为0，测量输出位 $y \oplus f(x)$ 的值，若为0，则说明 $f(x)=0$；若为1，则 $f(x)=1$——这里 $\oplus$ 表示模2加（即异或操作，输入相同输出为0，输入不同输出为1）。第二次将输入位 x 赋值为1，将输入位 y 赋值为0，同样测量输出位 $y \oplus f(x)$ 的值以确定 $f(x)$ 的值。将两次计算得到的 $f(x)$ 的值进行比较，就能确定其为“常数函数”还是“对称函数”。

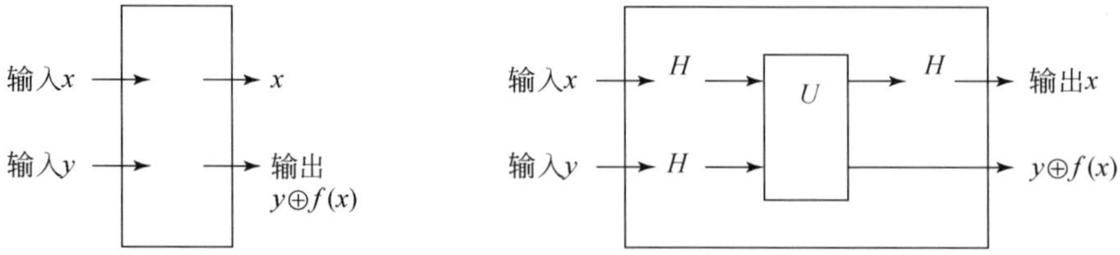

(a)经典计算模型　　(b)量子计算模型

图 1　经典计算模型与量子计算模型

与经典计算不同的是，在量子计算中，利用多伊奇算法我们可以仅进行一次运算就完成对这个函数的判定。如图 1（b）所示，多伊奇算法对数据的操作主要为两个变换，即哈达玛（Hadamard）变换：

$$\boldsymbol{H} \equiv \frac{1}{\sqrt{2}}\begin{bmatrix} 1 & 1 \\ 1 & -1 \end{bmatrix} \tag{2}$$

和一个 2 量子比特幺正变换：

$$U\text{：} |x\rangle|y\rangle \rightarrow |x\rangle|y\oplus f(x)\rangle \tag{3}$$

首先，我们将一个两比特量子寄存器赋值为 $|0\rangle|1\rangle$，这与在经典计算中为一个二比特寄存器赋值为 01 是相同的。从新埃弗雷特解释的视角看，由于我们只能存在于多世界中的一个分支上，这个分支与世界的其他分支是消相干的，在其中系统的状态是确定的，所以我们只能为一个状态赋予确定值，即 0 或 1。

接着，利用量子态可以为两个经典状态的叠加的特性，我们可以通过哈达玛变换 H 将第一量子比特 $|0\rangle$ 变为叠加态 $(|0\rangle+|1\rangle)/\sqrt{2}$，将第二量子比特 $|1\rangle$ 变为叠加态 $(|0\rangle-|1\rangle)/\sqrt{2}$。这一步变换从形式化表征上是容易理解的，但它却是量子计算中最重要的一步，因为它将一个代表确定值的经典态转变为代表不确定值的叠加量子态。根据新埃弗雷特解释，我们可以认为叠加态事实上占用了两个分支世界的资源，并且在此后对叠加态的幺正变换操作都同时会在这两个世界中产生作用，但此时这两个世界仍然是平行的。

然后，我们将幺正变换 U 作用到上面得到的两个处于叠加态的量子比特上，即

$$U\text{：}[(|0\rangle+|1\rangle)/\sqrt{2}][(|0\rangle-|1\rangle)/\sqrt{2}] \rightarrow (1/\sqrt{2})[(-1)^{f(0)}|0\rangle + (-1)^{f(1)}|1\rangle][(|0\rangle-|1\rangle)/\sqrt{2}] \text{①} \tag{4}$$

从形式化角度看，上述两个量子比特不能再以 $[(|0\rangle+|1\rangle)/\sqrt{2}]\otimes[(|0\rangle$

① 为简单起见，我们略去了一些烦琐的形式推导，详细步骤请参见李秀林，李阳．量子计算基本原理．杭州：浙江科技出版社，2006.

$-|1\rangle)/\sqrt{2}]$ 这样的乘积形式表征，这意味着我们利用幺正变换 U 将上述两个原先分别处于叠加态，但并不相干的量子比特纠缠在了一起，即将表征这两个量子比特的粒子以量子力学特有的方式相互关联了起来，而且在未来的演化中无论它们之间相隔多远，这种关联都不会消失，直至我们对其中一个粒子进行测量，使它们分别都处于一个确定的状态。在新埃弗雷特解释的语境下，我们认为这一步操作使得原本相互平行的两个分支世界由于分别包含着不可分割的物理实体的一部分而相互关联了起来，这里的物理实体就是纠缠在一起用来表征两个量子比特的粒子的集合。

现在，让我们回到表达式（4）。不需要进行实际的操作，仅就 $f(0)=f(1)$ 和 $f(0)\neq f(1)$ 这两种情况对（4）式进行推导，我们就会得到下面的表达式

$$\begin{cases}\pm[(|0\rangle+|1\rangle)/\sqrt{2}][(|0\rangle-|1\rangle)/\sqrt{2}],\ f(0)=f(1)\\ \pm[(|0\rangle-|1\rangle)/\sqrt{2}][(|0\rangle-|1\rangle)/\sqrt{2}],\ f(0)\neq f(1)\end{cases}\tag{5}$$

很明显，我们现在就可以根据第一量子比特值的不同，来区分 $f(x)$ 是“常数函数”还是“对称函数”了。当然为了测量上的方便，最后我们再将一个哈达玛变换 H 作用到第一量子比特，就会得到

$$\begin{cases}\pm|0\rangle[(|0\rangle-|1\rangle)/\sqrt{2}],\ f(0)=f(1)\\ \pm|1\rangle[(|0\rangle-|1\rangle)/\sqrt{2}],\ f(0)\neq f(1)\end{cases}\tag{6}$$

这就表明处于纠缠的粒子就同时包含了两个分支世界的信息，在其中一个分支世界中量子寄存器处于态 $|0\rangle[(|0\rangle-|1\rangle)/\sqrt{2}]$，在另一个中处于态 $|1\rangle[(|0\rangle-|1\rangle)/\sqrt{2}]$。这时通过一次对第一量子比特的测量，我们就能判定 $f(x)$ 是什么函数了：当测量结果为0时，则 $f(x)$ 是“常数函数”；当测量结果为1时，则 $f(x)$ 是“对称函数”。在新埃弗雷特解释的语境下，这里进行的测量意味着我们使得这两个粒子构成的系统与一个包含测量仪器和观测者在内的更大环境发生纠缠，从而导致原系统内发生退相干过程，令这个两比特量子寄存器的不同基之间的相干性消失，分裂后的叠加态则会分别在不同的演化方向上进行选择，形成不同的分支世界。存在于这两个分支世界其中一个之上的观测者，就会测量到一个确定的第一量子比特的值，从而确定了函数 $f(x)$ 的类型。

2. 量子计算的整体图景

通过上述对多伊奇算法的分析我们发现，量子计算充分利用了微观粒子包含有多重世界中一些全局信息这个特征，通过对粒子的状态进行巧妙的变换，使得我们所需的那部分信息在测量发生时能够以非常高的概率（在多伊奇算法中为1）被提取到我们所在的分支世界中，从而表现出相对于经典计算的加速性。事实上，这意味着在新埃弗雷特解释的语境下，我们能够更容易地将量子计算过程

（即可控的量子系统演化）看作一个信息处理过程，其中量子态制备对应于信息存储，量子态幺正变换对应于信息处理，对量子态的测量对应于信息提取。

在信息存储阶段，当我们利用哈达玛变换将一个量子定态转变为叠加态时，就意味着我们将两个经典比特中的信息 0 和 1 储存在了一个量子比特中。对比这两个经典比特与这一个量子比特，容易发现它们包含了同样多的信息量，那么量子比特是如何能够做到多存储一比特信息的呢？如果按照量子力学哥本哈根解释的观点，我们很难对此做出说明。因为哥本哈根解释认为量子叠加态是不确定的，只有通过测量叠加态才会以一定的概率坍缩到一个确定的状态上，其中隐含着的关于信息的观点就是：处于叠加态的量子比特是不包含任何信息的，信息是在有主体参与的测量发生时才被创造出来的。事实上这种观点人为地增加了量子信息的神秘性，将其彻底与经典信息割裂开来了。相反，在新埃弗雷特解释语境下，我们则容易得到上述问题的答案，即量子寄存器利用量子态的叠加特性将两比特信息分别存储在了多重世界的两个分支中，而经典寄存器则只能将这两比特信息存储在一个分支世界内，因此就需要两位经典比特。

在信息处理阶段，由于量子叠加态在多重世界的两个分支中分别拥有一比特信息，且幺正操作决定了叠加态中这两个线性无关的状态会同时发生变换，因此一个量子处理器就实现了对两个分支世界中信息的并行处理，这就等价于一个分支世界中的两个经典处理器并行地对两比特信息同时进行运算，从而体现出了量子计算的加速特征。

在以上两个阶段，我们一直都将关注点放在仅由我们所关注的量子态构成的系统之上，即我们假设该系统是孤立的或者通过创造条件保证该系统是孤立的，但是在信息提取阶段，对量子态进行测量则必然会导致该系统与包括测量仪器和观测者在内的更大的环境发生相互作用，使得量子比特存储在不同分支世界中的信息只能有一部分被我们提取到，即存储在观测者所在的那个分支世界中的那一比特信息。这时候，量子计算并行性与经典计算并行性之间的区别就得到了体现，以上面多伊奇算法中最后得到的信息为例：利用量子计算，我们最终得到的是一比特信息，即只是确定了 $f(0)=f(1)$ 还是 $f(0)\neq f(1)$ ，关于究竟 $f(0)$ 为 0 还是 1，以及 $f(1)$ 为 0 还是 1，我们并不知情；作为对比，通过经典计算，我们则最终得到了两比特信息，即 $f(0)$ 为 0 还是 1，以及 $f(1)$ 为 0 还是 1。所以，虽然量子计算具有并行处理数据的优势，但由于作为观测者的人只能感知多重世界的一个分支，因此最终我们所能掌握的只能是量子态所拥有的这个分支世界中的信息，这也是计算学家之所以需要精心设计量子算法以使得所需的信息能以最大的概率出现在这个分支世界中的原因；相反虽然经典计算（相对于量子计算来说）不能使计算过程加速，但由于所有的数据都是在一个分支世界中被处理的，所以最终我们得到了关于被计算系统的全部信息。

在新埃弗雷特解释的语境下，我们可以简单地将量子计算的整体图景描述如下：一个孤立于环境的量子叠加态包含了超过一比特的信息，它们分别被存储于多重世界的不同分支中；当量子处理器对该量子态进行幺正变换操作时，这些信息在不同的分支世界中并行地发生了转化；测量使得孤立的量子态与外部环境之间产生了纠缠，导致了量子退相干现象的出现，量子态存储在各分支世界之间的信息变得不再相互关联，这时观测者就得到了他所能感知的那个分支世界中的部分信息。这样一幅关于量子计算的整体图景，事实上改变了我们对量子计算与经典计算关系的认识，量子与经典之间泾渭分明的界限变得不复存在，量子计算应该被视为在多重世界中更基本的信息处理方式，而经典计算只是它的一个子类，是我们在受到系统与环境相互作用的限制下，不得不忽略处于不同分支世界的状态之间的相干性，而仅利用某一个分支世界中系统的状态变换来完成信息处理任务的方式。这种将量子计算与经典计算相统一的观点，不仅具有方法论方面的功能，使得我们容易在实现计算的不同类型资源之间建立起基础性关联，从而形成一个包含多种计算方式在内的整体协议来完成复杂性计算，而且在认识论方面支持了当前流形的计算主义观点，让我们能够从信息表征和信息处理的视角重新认识量子力学系统，从而为更合理的量子力学解释的提出开辟了一条新的路径。

三、量子力学的多计算解释

计算主义最早源自于人工智能及认知科学方面的研究，其主要观点是计算能为人类的意识活动和认知能力提供一种解释。不过这里的计算只是一个缺乏语义定义和真实物理过程的模糊概念，因此“许多计算主义者，基于不同的考虑，把各自心目中的计算主义进一步推进和具体化。一种推进就是进一步阐发计算的概念，一些人认为计算就是对形式符号的操纵，一些人按照图灵机理论和可计算性理论来理解计算的概念，还有一些人认为计算就是信息处理”[8]。从最后这种对计算的认识来看，计算主义仅考虑如何将认知和意识理解为计算就显得过于局限了。很显然包含个体意识和人类社会在内的系统的演化都是信息处理的过程，因此可以说任何自然事件的发展都是在执行某种意义上的计算，类似于将粒子或能量看作世界的本质那样，我们也可以将计算看作世界的本质，这就是广义计算主义观点。

广义计算主义为我们提供了一个不借助身心二元论来解释客观的物理系统与有意识的观测者之间关系的框架，因为在其观点下观测者自身的意识也是一种利用脑部状态变化来实现的计算，观察不过就是不同计算类型之间的映射而已。当然，为了避免由这种认识导致的将任何物理系统都等价于心灵的泛灵论，即“一切事物执行一切计算（everything implements every computation）”[9]的观点，我们还是必须考虑计算的执行（implementation），即某个物理系统是以何种方式实施计算的。通过合理地定义计算的执行，我们能够明确某个物理系统能完成哪些计算，这样当给定某个计算问题时，就能确定哪些系统能实施对这个问题的计算，哪些则不能。对计算的执行方式进行区分可以区别不同类型及不同复杂程度的计算，一个执行低复杂度计算的物理系统一定能够通过某种方式被映射到执行高复杂度计算的物理系统之上，反之则不然，这样就能在“心灵”（mind）与“岩石”（rock）之间做出区分，从而避免了泛灵论问题。这里我们并不想一般性地讨论如何将客观物理系统映射到意识的问题，而是将关注点放在如何利用广义计算主义来更好地解释量子力学特别是量子测量的问题上。很显然，从物质世界即计算世界的观点出发，我们认为量子力学系统本质上就是执行量子信息处理的一个计算系统，这一点在众多量子计算的文献中已经得到了印证，而有意识的测量则是将量子计算映射到观测者“心灵”所进行的计算上的过程，这使得我们就能够避免采用“身心二元论”来解释量子系统线性演化与有意识的测量导致波包塌缩这两个过程的不一致性，从而有利于形成一个更少引入非物理假设的量子力学解释——多计算解释。由于它将意识也看作执行计算的一套物理系统，不强调观测者的特殊地位，这一点是与量子力学的多心解释相一致的，所以它可以被看作是多世界解释的一个最新发展方向。

量子力学多计算解释的思想起源可以追溯到查尔莫斯（David Chalmers）关于意识所做的研究。他认为“量子力学中的（测量）问题看起来是与观测者身份的概念紧密相关的，而这个概念中至关重要的部分是如何理解一次主观体验与世界其余部分之间的关系……（量子力学中的）问题与（有关意识的）问题之间以一种微妙的方式相互联系着，如果量子力学不能解释意识的话，或许关于意识的某种理论能使量子力学中的问题清楚的显现出来”[10]。可见，查尔莫斯认为解释量子力学的困难就在于量子测量问题，同时这也是一个有关于意识的问题。他将这两个研究领域联系起来的观点为解决量子测量问题提供了一种思路，而多计算解释正是该思路下的一种尝试。在广义计算主义语境下，我们可以将测量问题不失一般性地表述为：“对于一个能执行许多不同计算的系统来说，我们必须恰当地‘计量（count）’完成每一个计算的执行步骤，以使得观测者能够将其测量结果与他们提前预测的结果出现的‘概率’对应起来，因为他们预测的‘概率’是与计算的执行步骤相关的。”[3]因此，解决测量问题就是给出一套标准来定义计算的执行，并制订一个方案来计量执行步骤。一套定义计算执行的标准是由一个形式化系统及该系统内部变量的变换规则构成的，早期是通过有限状态自动机（finite state automaton，FSA）这个模型来对其进行定义的。FSA 具有有限个状态，不同的状态代表不同的意义，输入 FSA 的字符串中的全部字符构成一个字母表，当系统处于某个状态时，FSA 根据当前状态和输入的字符串将系统变换为一个新的状态。由于普特南利用FSA的定义质疑计算主义的实在论性质，所以查尔莫斯提出了一个组合状态自动机（combinatorial state automata，CSA）的模型对其进行反驳[11]。CSA与FSA的区别在于FSA的状态为标量，而CSA的状态为矢量，它由有限多个子状态分量构成。CSA的框架既包括了数字计算也包括了模拟计算，而量子计算就是一种模拟计算。有了定义计算执行的标准，我们还需要确定执行步骤的数量。由于很多物理系统特别是量子力学系统在完成给定的计算任务时，计算过程的各执行步骤之间并不是完全无关的，因此要计量执行步骤，我们需要做的是给出一个标准以明确哪些步骤可被看作相互独立的，从而计量这些独立的执行步骤。为此马拉罕提出了一个"测量计量执行无关性"（measure counting implementation independence，MCII）的标准："针对给定计算的执行步骤之间是相互独立的，如果这些执行步骤被同时映射到同一个物理系统时，它们各自表征的形式化变量是独立无关的话"[3]。在这个标准下我们就能将一个执行步骤看作在实施一个具体计算，而许多这样的具体计算联合起来构成了一个完整的计算过程，计量执行步骤就意味着统计这些独立的具体计算。

将上述标准应用于量子力学系统，我们就能够得到量子力学多计算解释的主要观点：有意识的观测者得到量子系统状态的某个确定性测量结果的概率是与该系统所实现的量子计算中的执行步骤数相关的。量子测量问题是我们无法将量子计算中的全部执行过程映射到人类意识计算中的相关态上导致的。合理地解释量子测量问题就是要正确地定义量子计算的执行，并建立一个从量子计算到意识计算的映射模型，以说明"粗粒化"的意识计算在计量量子计算的执行步骤数时如何略去了某些独立的具体计算，从而使得我们不能掌握量子系统包含的全部信息。需要说明的是，目前多计算解释尚处在思想建构阶段，还不能精确地说明量子力学过程，也无法确定是否可由其推导出量子力学的玻恩规则（Born Rule），它的发展更多地有赖于关于意识方面研究的进一步深化。尽管如此，量子力学多计算解释还是为我们找到了一条摒弃量子力学中令人难以接受的"二元论"的新思路，可以说作为一个针对具体问题的科学解释，它至少具有以下三方面的意义：首先，多计算解释以"世界的本质是计算"这样的观点来说明多世界解释中不同分支世界的真实性，支持了多伊奇提出的平行世界理论，避免了由"观测引起世界分裂"的认识所导致的某个可能世界具有特殊性的问题，确保所有分支世界在计算中都具有的平权性，从而消解可能世界与现实世界的关系问题；其次，多计算解释坚持对科学问题做出实在论解释，否定了工具主义所主张的从观察结果出发寻求预言的科学说明观点，强调科学解释的目的是寻求科学理论背后普遍蕴涵的客观真理性，而非仅仅通过增加一些背景假设来说明具体的科学现象；最后，多计算解释以计算主义的认识论观点，将量子力学中的"经典-量子二元论"与意识研究中的"身心二元论"联系了起来，这有可能促成不同领域科学研究之间的相互交叉，为新科学研究范式的提出指明了方向。

结　语

从量子力学的新埃弗雷特解释出发，我们重新梳理了量子计算与经典计算的关系，探讨的问题从“为什么量子计算可以做得更多”转变为“为什么经典计算会受更多限制”，因为我们将量子计算看作更加基础，而这自然拓展了“计算”概念的外延；另外，我们将计算主义认识论应用于量子力学，通过利用多计算解释理论对测量问题做出解释，来避免自在物理世界的线性演化与有意识的观测者引起的波包塌缩之间的矛盾，消解量子力学中的“二元论”问题。因此，可以说在量子计算的语境下，我们能够以多世界解释理论说明计算，还能由计算主义认识得出新的量子力学解释，这个循环上升的逻辑过程不仅仅意味着通过多世界解释来建立量子计算的物理和哲学框架是合理、可行的，更重要的是反映了以计算的视角来认识世界的本质是可操作的、有意义的。

参考文献

[1] Hewitt- Horsman, C. An introduction to many worlds in quantum computation. Foundations of Physics 2009,（8）.

[2] 贺天平．量子力学多世界解释的哲学审视中国社会科学，2012，（1）：50.

[3] Mallah J. The Many Computations Interpretation（MCI）of Quantum Mechanics. http：//arxiv. ogr/abs/0709. 0544. [2013-5-2].

[4] 成素梅．量子测量的相对态解释及其理解．自然辩证法研究，2004，（3）：25.

[5] Hewitt- Horsman C. Quantum Computation and Many Worlds. http：//arxiv. org/abs/quant- ph/0210204：3 [2013-7-2].

[6] 赵丹．退相干理论的意义分析．哲学研究，2009，（11）：86

[7] Deutsch D. Quantum theory as a universal physical theory. International Journal of Theoretical Physics，1985，24（1）：22.

[8] 程炼．何谓计算主义．科学文化评论，2007，（4）：5.

[9] Davenport D. Computationalism：The Very Idea. Conference of New Trends in Cognitive Science，Vienna. http：//www. cs. bilkent. edu. tr/ ~ david/papers/computationalism. doc. 2013-1-10.

[10] Chalmers D J. Does a Rock Implement Every Finite- State Automaton. Synthese，1999，（3）：311.

[11] Chalmers D J. The Conscious Mind：In Search of a Fundamental Theory. Oxford：Oxford University Press，1996.

量子对象的模糊同一性问题*

郭贵春　李德新

在传统上，模糊性与语言及思维联系在一起，所以模糊性似乎只是一个传统的形而上学问题。物理理论很少为形而上学的问题提供直接的答案，并且形而上学往往不能直接由物理学证明，就好像物理学不能仅由经验数据来证明一样。然而，随着量子物理理论的出现，量子不确定性，也就是量子模糊性作为量子理论的主要特征又将模糊性和“实在”联系在一起，这将对模糊性的传统哲学观点造成一定的冲击。本文试图通过量子不确定性将模糊性和物理实在联系起来，得出实在本身可以具有模糊性的观点。

一、量子模糊性

对于模糊性，罗素认为，“模糊性和精确性一样，都仅属于表达的特征，如语言表达的特征”[1]。此外，达米特表达了类似的观点，在他看来，“被模糊描述的事物在实际中是模糊的，这样的观念是完全不可理解的”[2]。刘易斯同意他们的观点，他认为，“模糊性的解释仅仅能定位在我们的思维和语言中……模糊性是语义学的不确定性”[3]。根据他们的观点，我们认为，山、沙堆、船等都可以是模糊的。然而，这些情况下的模糊性只是在概念层面上的或是语言层面上的，只是“船”或“堆”这些词被认为是模糊的，而并不是对象本身。例如，“堆”的概念，我们不知道多少沙子或大米可以构成一“堆”，所以这是关于词“堆”的模糊性问题，而并不是对象本身。模糊性的普遍哲学观点认为模糊性只存在于我们的语言表征上而不是真实存在的，模糊性有语义的或者认识论的解释，并不存在本体论的解释。根据语义的解释，如果一个词的含义是不精确的，那么它就是模糊的。“认识论解释的支持者认为，模糊性是由一个对象或过程是否具有某一特性的不精确知识导致的。”[4]

然而，仍有一些学者认为存在真实的模糊对象，也就是本体的模糊对象，部分学者借助模糊属性来定义模糊对象，如奥拉夫·阿歇姆（Olav Asheim），在他

---

* 原文发表于《自然辩证法研究》2014 年第 2 期。

郭贵春，山西大学科学技术哲学研究中心教授、博士生导师，研究方向为科学哲学；李德新，山西大学科学技术哲学研究中心讲师，研究方向为物理哲学。

看来，“某一对象 a 是模糊的当且仅当就某一属性 F 而言这个对象是否具有这一属性是不确定的”[5]。而弗伦奇（French）和克劳斯（Krause）则认为“模糊对象可以被看作具有不确定属性的对象”[6]。但是最常见的观点认为模糊对象就是时空边界模糊的对象。例如，泰伊（Tye），他以珠穆朗玛峰为例，他认为“不存在区分组成珠穆朗玛峰的物质和它之外的物质的严格界线”[7]。也就是说，存在空间上的模糊对象：云、山、沙漠、岛，这些对象都是模糊的，因为它们的空间边界是模糊的，并且，目前关于本体的模糊性几乎全部集中于这些宏观对象。这些宏观对象几乎都遵守经典物理规律，宏观对象的属性附属于它们的基本成分的属性，经典物理学所对应物体的基本成分的属性原则上都是精确的，前者的模糊性原则上通过还原成后者而被消除，正是这个原因使得传统上的讨论几乎都反对本体的模糊性。随着量子理论的提出及发展，人们将研究的物理对象从宏观的经典对象转向了微观的量子对象，并且量子理论最重要的特征之一就是量子不确定性，也就是量子模糊性。那么，量子模糊性对传统的模糊性的冲击能否像量子力学对经典力学的冲击一样巨大？让我们首先对量子模糊性进行深入讨论。

量子模糊性涉及量子理论的完备性。1935 年，爱因斯坦（Einstein）、波多尔斯基（Podolsky）和劳森（Rosen）（简称 EPR）在美国《物理评论》杂志上发表了一篇题为“量子力学对物理实在的描述是完备的吗？”的文章[8]。他们认为，当且仅当物理实在的每一个要素都能在该物理论中找到对应的部分，那么这个物理理论就是完备的，这就是 EPR 的完备性条件。也就是说，一个完备的物理理论必须能够准确描述物理实在的每个要素。对于物理实在性，他们认为在对系统没有任何干预的前提下，如果可以准确地预言某个物理量的值，那么这个物理量就具有实在性。不管是经典理论还是量子理论，物体的属性分为两类：一类就是态-独立属性，也就是内秉属性，如静质量、电量和自旋等；另一类就是态-决定属性，也就是外在属性，如位置、动量等。内秉属性通常都是精确的，而外在属性在量子理论中通常并不是确定的。量子模糊性正是体现为量子对象外在属性的不确定性。例如，量子对象的位置是不确定的，这也导致了它们运动轨迹的不确定性。经典理论中的粒子态通过，一个六实数集合来表示，其中三个位置分量和三个动量分量。在量子理论中，一个粒子的纯态是一个复值函数，通常也可以用波函数表示，其实就是希尔伯特空间的向量。经典理论中的确定态可以预测物体所有的力学量，如动能、角动量等。然而，量子态不能精确给出量子对象所有的外在属性，它不能精确地预测所有的力学量。那么根据 EPR 的完备性条件，他们得出了量子力学不完备的结论。对于这个结论，量子理论的支持者也给出了对应的解释。我们这里不去讨论量子理论关于完备性的争论，我们只是想探索它和本体模糊性的联系。对于量子理论完备性解释是非常复杂的，根据量子理论的发展，我们分析出四种对应理论。

（1）量子理论的正统解释：玻尔认为测量仪器与客体实在是不可分的，物理性质的客观实在与观测有关。他认为这不符合 EPR 提出的“不对体系进行任何干预”的前提，从而否认了量子理论不完备的结论。这个理论仅是关于现象的，而不是关于现象背后的实在的理论。这使得物理描述的实在的概念被抛弃，因此本体的模糊性也就不存在了，这也是一个反实在论的观点。

（2）不确定性原理：物理对象被认为具有精确的属性，但它们原则上都是未知的。海森堡认为对量子态进行测量会使观察的作用量在量子态上引入一个不可避免的扰动，这使得我们得到的是扰动以后的值，它们属性的精确值都超出了我们的范围。缺失的信息在实验上是得不到的，根据实证主义的观点，我们认为量子理论不具有描述这些属性的能力。这个理论原则上被认为是完备的，在这种情况下，不存在本体的模糊性，只有认识论的模糊性。

（3）隐变量理论：对于 EPR 提出的量子力学是不完备的结论，玻姆认为，存在着某个我们不知道的附加元素或参量，这个元素或参量决定每一次测量的结果，这个附加的元素或参量的引入使得物理系统的状态和观测量的值是确定的，系统的动力学演化过程也是完全确定的。“根据通常解释的观点，这些附加的元素或参量被叫作‘隐’变量”[9]，玻姆将他提出的这个隐变量理论应用到量子力学的理论框架中，对原有的理论进行了修正，使得量子力学具有完备性。这样的理论类似于经典物理学的理论，所以不存在本体的模糊性。

（4）实在本身是模糊的：量子理论中量子对象没有确定的外在属性被认为是客观的，这使得量子理论缺少理论值在客观上是模糊的，这意味着在量子理论中的实在是模糊的。也就是说量子实在的模糊性是本体论层面的模糊性，通常的精确对象的本体被模糊对象的实在的观念取代，这一理解和量子形式体系表现出是相匹配的。这是一个实在论观点，只是这里的实在是模糊的。根据这个理论，量子理论被认为是完备的，只是对应的实在本身是模糊的，存在本体的模糊性，量子模糊性可以理解为本体的模糊性。

根据（4），我们得到量子实在本身是模糊的结论，这等价于量子对象是本体的模糊对象，这个结论和量子理论形式体系的表象是一致的。对于本体的模糊对象，微观的量子对象似乎符合我们前面提到的弗伦奇和克劳斯关于模糊对象的观点，因为量子对象具有不确定的外在属性，如位置和动量等。然而前面提到的关于模糊对象的定义几乎都是针对宏观的经典对象，虽然也有微观的量子对象符合的定义，但是那些定义都没有体现出微观的量子对象所独有的不确定性。根据前面的分析我们知道，宏观的经典对象和微观的量子对象的不同就是前者的外在属性是确定的，而后者的外在属性是不确定的。所以，我们可以通过对弗伦奇和克劳斯关于模糊对象的观点进行修正而得到关于微观的模糊对象的定义：模糊对象就是具有不确定的诸如位置和动量等外在属性的对象。也就是说，量子模糊性主要表现在量子对象外在属性的不确定性上。我们列举一个量子对象位置不确定的例子，根据德布罗意假说，物体是物质波，物质具有波粒二象性。我们可以用波函数 ψ （x，t） 来表示粒子的位置。假设这个波函数的空间部分 ψ （x） 是单色平面波，那么：

$$\psi\ (x)\ \propto e^{ik_0x}=e^{ip_0x/\hbar}$$

式中，k_0 是波数；p_0 是动量。根据玻恩定则，波函数可以用来计算概率，在位置 a 和 b 之间找到这个粒子的概率 P 为

$$P[a \leqslant x \leqslant b] = \int_a^b |\psi(x)|^2 \mathrm{d}x$$

对于单色平面波，$|\Psi\ (x)^2|$ 是均匀分布的，这个粒子的位置极端不确定，因为，它在 a 和 b 之间任意位置的概率都一样。当然这个定义对于经典的宏观对象是不适用的，因为经典物理学的基本规律就是决定论和严格的因果律，它们研究的物理对象的外在属性都是确定的。

二、量子模糊性和量子粒子的非个体性

量子粒子是最基本的量子对象，量子粒子的属性可以很好地反映量子对象的属性。假设在一个量子系统中有两个内禀属性相同的量子粒子，且最初被认为是个体，将其标为粒子 1 和粒子 2，对应有两个可能的纯量子态为 $|a^r\rangle$ 和 $|a^s\rangle$，我们认为有四种可能性：

（1） 两个粒子在态 $|a^r\rangle$ 上；

（2） 两个粒子在态 $|a^s\rangle$ 上；

（3） 粒子 1 在态 $|a^r\rangle$ 上，粒子 2 在态 $|a^s\rangle$ 上；

（4） 粒子 1 在态 $|a^s\rangle$ 上，粒子 2 在态 $|a^r\rangle$ 上。

在经典统计力学中，（3） 和 （4） 是不同的，但是，在量子统计中，不管是费米子还是玻色子，（3） 和 （4） 是一样的。但是，从本体论上讲，如果量子粒子是个体的话，（3） 和 （4） 就是不同的。因为，个体具有自我同一性，我们说某事物是一个个体，那么我们就可以区分它和其他事物，即使它们很相似。根据量子统计，量子粒子的交换不被看作产生了一个新的结果。正是由于量子统计的这个结果，波斯特（Post）认为量子粒子是非个体（non-individual）[10]。将量子粒子看作非个体的学者还有海塞（Hesse）[11]和薛定谔（Schrdinger）[12]等。这个观点只是从量子统计的角度得到的，那么到底是什么原因导致量子粒子的非个体性呢？一个非常普遍的观点认为，“这个‘非个体性’的出现正是由于在量子力学中时空轨迹并不是完全确定的”[13]。而导致时空轨迹的不确定性的正是量子粒子的外在属性的不确定性，也就是量子模糊性。并且，确切地说，这里的模糊性

是统计意义上的模糊性。量子模糊性导致了量子粒子的非个体性，将量子粒子看作非个体才能很好地表现出量子模糊性。量子粒子的非个体性观点和量子场论的观点极其吻合，因为在量子场论的语境下，量子粒子是量子场的激发，是一份能量，所以不具个体性。

量子粒子的非个体性能够带来很多哲学思考。粗略地讲，通过非个体性，我们就不能说它和其他的同类对象相同或者不同，这是无意义的。在语言表达上，我们不能说："这是 *a*" 或者 "*a* 位于 *b* 和 *c* 之间"。并且，从严格意义上讲，"非个体的集合是无序的，它们不能被计数，也不能按次序放置"[14]。量子粒子的非个体性主要体现在自我同一性的丧失，由于量子粒子自我同一性的丧失，我们并不是说它和自己本身不同，而是同一性和非同一性可能已经不适合它们了。从某种意义上讲，在量子粒子中，同一性的概念可能是无意义的。量子粒子自我同一性的丧失使得我们需要对物理对象重新认识。当然，这些都是从理论上对非个体进行分析，在当代物理学中，我们仍习惯于称呼"粒子 *a*""这个电子"等，传统的物理学仍习惯于对量子粒子进行标记或命名。但是，对量子粒子进行标记或命名似乎是没有意义的，因为，量子粒子表现出集体行为，并且对于全同粒子而言，即使我们开始标记"粒子 1""粒子 2"，但是根据量子统计，我们不能根据它们的时空位置来区分它们，我们根本不知道哪个粒子是"粒子 1"，哪个粒子是"粒子 2"。正如科尔特斯所说的："假设我们考虑的对象可以命名等价于承认它们是个体。"[15]对于经典粒子，我们可以对其进行标记或命名，因为它们可以被认为是个体。那么，我们要想对量子粒子进行标记或命名，我们可以通过某种方式找到可以区分它们的属性，并通过这个属性将量子粒子个体化，或者直接找到某种可以对非个体进行标记的理论。

为了对量子粒子进行标记，雷德黑德和泰勒将"先验个体性"（Transcendental Individuality）的概念引入量子粒子，也就是赋予量子粒子先验个体性。这个先验个体性被认为是在它们的内禀属性之上或是超越了它们的内禀属性。他们认为"一个对象的先验个体性并不是它的另一个属性，却可以使这个对象获得它的同一性"[16]。也就是说，通过先验个体性使量子粒子具有理论上的自我同一性，我们可以通过赋予量子粒子先验个体性对其进行标记或命名。但是这个理论很有局限性，因为根据量子统计，我们前面所提到的（3）和（4）被认为是一样的，量子粒子在统计的意义上不能被认为是个体。尽管如此，他们仍在形而上学层面为我们提供了一种个体化量子粒子的方法。克劳斯在 1992 年提出了一种适合非个体的集合理论[17]，这种集合理论和标准的集合理论不同，它们是标准集合理论的延伸，所以称之为"类集合理论"（quasi-set theory）。这里的标准集合理论是策梅洛–弗兰克尔集合论（zermelo-fraenkel set theory），策梅洛–弗兰克尔集合论的元素包括：M-元素和集合。克劳斯在策梅洛–弗兰克尔集合论的基础上构造了类集合理论，他的类集合理论包括三类基本元素：m-元素（被认为是微观对象，可以认为是非个体），M-元素（被认为是宏观对象，可以被认为是个体）和类集合。其中，M-元素就是标准策梅洛-弗兰克尔集合论中的基本元素。也就是说，类集合理论包含策梅洛-弗兰克尔集合论，它是后者的延伸理论。它既包括通常的宏观对象也包括量子粒子这样的微观对象，类集合理论为我们提供了一个处理不可区分粒子的集合的数学背景。我们可以通过类集合理论来挑选出量子粒子，它为我们提供了一个讨论非个体和非个体集合的形式结构，类集合理论是又一个数学和物理巧妙结合的理论。

三、量子对象的模糊同一性

传统模糊性的观点同样适用于模糊同一性，普遍的观点认为模糊同一性陈述只存在于语言陈述中，而不存在于真实世界中。对于模糊同一性，埃文斯在1972年发表的《可能存在模糊对象吗?》[18]一文中通过归谬法证明了同一性句子“$a=b$（‘a’和‘b’都是单称词项）”没有模糊的真值，也就是说，同一性陈述“$a=b$”不可能是模糊的。通过分析，我们将他的证明过程整理如下：

假设“a”和“b”都是单称词项，且“$a=b$”是模糊的，表示为“$\nabla(a=b)$”，其中符号“∇”表示不确定算符，即

（1）$\nabla(a=b)$，这意味着 b 具有这样的属性：是否同一于 a 是模糊的，表示如下：

（2）$\hat{x}[\nabla(x=a)]b$，然而，a 是否同一于自己不是模糊的，表示如下：

（3）$\neg\nabla(a=a)$，并且，a 不具这样的属性：是否同一于 a 不是模糊的，表示如下：

（4）$\neg\hat{x}[\nabla(x=a)]a$，根据（2）和（4）可以看出，谓词“$\hat{x}[\nabla(x=a)]$”对于 b 是正确的，对于 a 是不正确的，可见 a 和 b 是不同的，根据莱布尼茨原理得到：

（5）$\neg(a=b)$

根据（5）可以知道，“$a=b$”为假，“a”和“b”的同一关系是确定的，也就是说，它们的同一关系不是模糊的，与假设 $\nabla(a=b)$ 矛盾，所以当“a”和“b”都是单称词项的时候，“a”和“b”的同一关系不是模糊的。然而，刘易斯认为埃文斯的结论是完全错误的，他列举了一个模糊同一性的例子，“普林斯顿=普林斯顿区”。他认为，“‘普林斯顿’仅仅指示市区还是需要加上周围的镇区是不确定的”[19]，所以这个同一性是模糊的。其实，埃文斯的错误显而易见，因为，同一性陈述等式两边的单称词项只要有一个是模糊指示词，这个同一性陈述就是模糊的，刘易斯的例子正是如此。再例如，“世界上最伟大的领导者是世界

上最英勇的领导者”就是一个模糊同一性的例子。因为，单称词项“世界上最伟大的领导者”是模糊的。这个单称词项的模糊性是由于谓词“……最伟大的领导者”的模糊性。因为到底什么标准下的领导者才是最伟大的是不确定的，如聪明、英勇、谨慎等都可以是标准，语言的规则无法确定这个角色。也就是说，这个词的多标准适用条件导致了它的模糊性。具有模糊性的指示词被称作“非精确指示词”（imprecise designator），与之对应的就是“精确指示词”（precise designator）。对于精确指示词，加勒特（Garrett）认为，“指示词‘Z’是精确的当且仅当它的指称不是通过模糊性描述来确定的，且它所指示的也不是模糊的”[20]。在他看来，严格指示词和精确指示词是不同的，所有的严格指示词（rigid designator）都是精确的，但并不是所有的精确指示词都是严格的。然而，我们不同意他的这一观点。例如，前面所提到的“普林斯顿”是一个专名，也是一个严格指示词，却不是一个精确指示词。当然，不是所有的精确指示词都是严格指示词，例如，“这个房间里最高的人”是一个精确指示词，但不是一个严格指示词。后来，努南（Noonan）修正了埃文斯的论证，他认为埃文斯的目的是要表明“如果同一性陈述‘$a=b$’具有模糊的真值，那么等式两边的单称词项至少有一个是指称不确定的词——非精确指示词”[21]14。所以他将埃文斯论证中的“a”和“b”假设为精确指示词，这时已经不存在语言层面的模糊性了，如果它们的同一关系仍是模糊的，那将是真实的模糊同一性或者说是本体论上的模糊同一性。最后通过归谬法证明当“a”和“b”都是精确指示词的时候，“a”和“b”的同一关系不是模糊的。也就是说，通过归谬法证明了不存在本体论层面的模糊同一性，只存在语言层面的模糊同一性。

劳（Lowe）在《模糊同一性和量子不确定性》一文中认为，“传统的关于模糊对象和模糊同一性的哲学问题因为没有考虑量子不确定性而有所遗漏”[22]。在他看来，量子粒子的同一性让我们在本体论层面上支持模糊的同一性。他列举了一个非常重要的例子，在一个电离室内，一个自由电子 a 被一个特定的原子得到而变成阴离子，过了一会儿，这个阴离子通过释放一个电子 b 而又恢复到中性原子。根据量子统计理论，我们不知道 a 是否同一于 b，也就是说，a 是否同一于 b 是不确定的。这个例子的关键特征是，在这样一个解释中，相关原子最外层的电子 a 和其他电子进入了纠缠态，在这个态上电子的数目是确定的，但是它们中的哪一个电子是 a 是不确定的，因此，电子 a 和释放的电子 b 是否同一也是不确定的。所以他认为，根据量子理论的正统解释，这里的不确定性是超出认识论层面的，是本体论层面的模糊性。

对于劳的例子，学术界也出现了许多反对的声音。例如，努南提出了质疑，他认为“原子吸收的电子 a”在劳的例子里并不是精确指示词，因为，“‘原子吸收的电子 a’进入纠缠态后指示的可能是一些新的电子集合的一部分”[21]19，所以，最终的模糊同一性仍是语言层面的。此外，霍利（Hawley）认为，最终不论哪个电子被释放出去，“将‘释放的电子’命名为‘电子 b’都误导了我们”[23]。面对质疑，劳随后承认“限定摹状词‘释放的电子’不能确定地挑选出唯一的实体”[24]。也就是说，“电子 b”并不是唯一具有“释放的电子”资格的。但是，在他看来，虽然“电子 b”和“释放的电子”是非精确指示词，但是它们的模糊性具有本体论的解释和来源。虽然他没有直接回应努南的那个质疑，但是，似乎这个质疑也可以用上面的解释回应。对于劳的这个例子，我们将结合前面的分析做出如下修正和讨论。

劳在他的例子中明确地将电子看作个体，那么他讨论的两个电子至少有一个必须限制在纠缠态上。因为，如果它们都不在纠缠态上的话，“原子吸收的电子 a”和“原子已经释放的电子 b”指示的都是测量以后的电子，根据量子理论，测量以后的电子都是确定的粒子，所以它们都是精确指示词。由于个体具有历时同一性，那么它们要么是同一个电子要么就不是同一个电子，它们的同一关系是确定的。这样得到的结果和埃文斯的结果是一样的，不能成为反例。并且，劳的例子中讨论的电子必须有且仅有一个处在纠缠态上，因为，“如果处在纠缠态上的是确切的两个电子，那么这两个纠缠的粒子是否同一在本体论上就不可能是模糊的，这是由于这些对象在本体论上是否同一是模糊的相当于那些对象的数目是模糊的”[25]。为了避免这个问题，可以将“原子吸收的电子 a”限制在纠缠之前，那么最终讨论的同一性就是它和处在纠缠态上的电子的同一性。然而，处在纠缠态上的个体性粒子的概念在理论上是存在问题的，因为，在纠缠态上它们的自我同一性丧失。如果例子中的个体被认为是我们前面提到的先验个体的话，理论上不存在上述问题。然而在纠缠态上，电子还没有被释放出去，我们根本就不能将其标记为“原子释放的电子 b”，而应该是“原子即将释放的电子 b”。而这个词不能唯一地选择电子，所以是一个非精确指示词。这时它们的同一关系确实是模糊的，但是这里的模糊同一性只是语言层面的模糊同一性。这个结果的主要原因是他将量子粒子看作个体，那么它们的量子不确定性就只能体现在量子纠缠态上，然而在纠缠态上的讨论又带来了语言层面的模糊性。

从上面的分析我们可以看出，当我们研究对象为个体的时候，分别用精确指示词选出来的两个个体要么相同要么不同，它们的同一性是确定的。这正是由个体和其他个体的可区分性，以及个体的自我同一性导致的。即使在本体论层面存在具有个体性的模糊对象，它们之间的同一关系也是确定的，因为“每一个模糊对象确定地不同于每一个确切对象和每一个其他模糊对象”[26]。

那么，如果我们将劳的例子中的电子看作非个体的话，可能就会出现不一样的结论。我们前面提到量子粒子的非个体性表现出自我同一性的丧失，而自我同一性的丧失正是由于量子粒子时空位置和运动轨迹的不确定性。也就是说，量子粒子自我同一性的丧失是由量子不确定性导致的，而量子纠缠可以很好地表现出它们的非个体性，所以我们将在纠缠态上讨论它们的同一性。根据量子理论，纠缠态上的全同粒子并不是确定地不同，当然也不是确定地同一，因为如果确定地同一，这个纠缠态上就只有一个粒子，所以，它们是否同一是不确定的。理论上非个体对象是不可以命名的，但是克劳斯为我们提供了一种适合非个体对象的"类集合理论"，通过这个集合理论我们可以挑选出理论上的"电子 a"和"电子 b"。那么，劳的例子相当于首先利用类集合理论从纠缠态上任意挑选出一个电子作为理论上的"电子 a"，然后再从原来的纠缠态上挑选出理论上的"电子 b"，而并不是从挑选出"电子 a"以后的系统挑选出"电子 b"，这样就符合了劳例子中的实际描述。当通过类集合理论挑选出来电子的数学形式不同时，根据前面的分析，它们的同一关系是模糊的。因为数学形式是确切的，所以不会带来语言层面的模糊性，所以这个模糊同一性是本体论层面的。当然可能会出现数学形式相同的情况，相当于挑选出来的是"同一个"电子。而量子粒子自我同一性丧失，这并不是说它们与自己不同，也不是说它们与自己相同，而是说它们与自己的同一关系是不确定的，是模糊的。那么，当挑选出来的电子的数学形式相同的时候它们的同一关系也是模糊的。这与量子逻辑中不存在 $\forall x\ (x=x)$ 的形式在理论上是一致的。也就是说，不管挑选出来的电子的数学形式是否相同，它们的同一关系都是模糊的。因为我们挑选电子的时候没有用到单称词项，那么它们的同一关系的模糊性就不是语言层面上的，而是本体论层面上的。其实，当量子粒子为非个体的时候，埃文斯的论证步骤（3）认为"a"同一于自己是不正确的。也就是说，把劳的例子中的电子看作非个体理论上就可以作为埃文斯论证的反例。通过上面的分析可以看出，它们的模糊同一性来自于量子粒子本身的模糊性。总之，通过对劳的例子的分析讨论和修正，我们认为存在本体论层面的模糊同一性，量子纠缠态上的粒子之间的同一性就是其中的一个例子。

结　　语

传统的哲学家反对模糊对象的存在，在某种程度上是因为他们的思维还停留在先前的经典理论上。通过一些特定的例子对量子模糊性进行分析，我们认为量子理论将模糊属性赋予了物理对象。此外，在粒子物理学中的一些理论上和实验上的结论都是模糊对象存在的有力证据，并且，试图将量子对象看作精确对象的理论都会遇到一些约束条件。我们最终认为量子对象就是模糊对象，量子模糊性就是本体的模糊性。量子模糊性表现为量子对象的外在属性的不确定性，这导致了量子对象的非个体性，表现为自我同一性丧失，这似乎反驳了奎因著名的"没有同一性就没有实体"[27]的理论。在劳的例子中他将电子看作个体就不能表现出量子不确定性，本体的模糊同一性就不可能出现。所以，我们将劳的例子中的电子看作非个体，并且类集合理论为我们提供了一种挑选非个体对象的数学工具。这使得我们挑选出来的电子具有确切的数学结构，最终得到本体论层面的模糊同一性。此外，我们所支持的理论至少是一种温和的实在论观点，所以我们并不支持普特南的这个看法："根据实在论的观点，可以存在模糊概念和模糊的表达方式，却不能存在模糊对象。"[28]

参考文献

[1] Russell B. Vagueness. The Australasian Journal of Psychology and Philosophy，1923，1（2）：85.

[2] Dummett M. Wang's paradox. Synthese，1975，30（3-4）：314.

[3] Lewis D K. On the Plurality of Worlds. Oxford：Blackwell，1986：212.

[4] Chibeni S S. What is ontic vagueness？ http：//www. unicamp. br/ ~ chibeni/public/whatis onticvagueness. pdf［2011-12-17］.

[5] Asheim O. Vague objects and the logic of vagueness. Studies in Logic，2008：34.

[6] French S，Krause D. Quantum vagueness. Erkenntnis，2003，59（1）：97.

[7] Tye M. Vague objects. Mind，1990，99（396）：535.

[8] Einstein A，Podolsky B，Rosen N. Can quantum- mechanical description of physical reality be considered complete？ Physical Review，1935.

[9] Bohm D. A suggested interpretation of the quantum theory in terms of "hidden" variables. Physical Review，1952，85（2）：168.

[10] Post H. Individuality and physics. The Listener，1963，70（1963）：534-537.

[11] Hesse M B. Models and analogies in science. Notre Dame：University of Notre Dame Press，1966.

[12] Schrodinger E. Science Theory and Man. New York：Dover，1957.

[13] Krause D，French S. A formal framework for quantum non- individuality. Synthese，1995，102（1）：198.

[14] Krause D. Remarks on quantum ontology. Synthese，2000，125（1-2）：162.

[15] Cortes A. Leibniz's Principle of the identity of indiscernibles：a false principle. Philosophy of Science，1976：498.

[16] Redhead M，Teller P. Particle labels and the theory of indistinguishable particles in quantum mechanics. The British Journal for the Philosophy of Science，1992，43（2）：203.

[17] Krause D. On a quasi- set theory. Notre Dame Journal of Formal Logic，1992，33（3）：402-411.

[18] Evans，G. Can there be vague objects？ Analysis，1978，38（4）：208.

[19] Lewis D. Vague identity：evans misunderstood. Analysis，1988，48（3）：128.

[20] Garrett B. Vague identity and vague objects. Noûs，1991，25（3）：342.

[21] Noonan H W. EJ Lowe on vague identity and quantum indeterminacy. Analysis，1995，55（1）:14.

[22] Lowe E J. Vague identity and quantum indeterminacy. Analysis，1994，54（2）：110.

[23] Hawley K. Indeterminism and indeterminacy. Analysis，1998，58（2）：101-106.

[24] Lowe E J. Vague identity and quantum indeterminacy: further reflections. Analysis, 1999, 59 (4): 328-330.

[25] Odrowąż-Sypniewska J. Quantum indiscernibility without vague identity. Analysis, 2001, 61 (1): 67.

[26] Noonan H W. Are there vague objects? Analysis, 2004, 64 (282): 131.

[27] Quine W V, Quine W V O. Ontological Relativity and Other Essays. New York: Columbia University Press, 1969: 23.

[28] Putnam H. Vagueness and alternative logic//Hempel C G, Putnam H, Essler W K. Methodology, Epistemology, and Philosophy of Science. Springer Netherlands, 1983: 299.

前达尔文时期生物学思想中的梯度观念*

赵 斌

对于现代生物学哲学思想的起源，很多偏爱进化议题的西方学者倾向于追溯至达尔文，以及那些与他同时代的追随者（如赫胥黎、前期的华莱士）与他们想要反对的人（如拉马克等）。而那些在唯名论意义上关注物种乃至个体概念使用的学者可能会认为以布丰、林耐为代表的博物学家们才是更早的思想起源。事实上，站在如今的生物学哲学立场上看，这些态度是可以理解的，但是，如果站在自然梯级（其中包含了关于生命等级的梯度观念）观念的角度，关于生命的哲学思考显然应追溯至更早的时期。

一、从描述性的生物学到解释性的生物学

如果从事实上判定的话，亚里士多德开辟了最早的生物学哲学研究议题。首先要澄清，他并不是第一位研究生命问题的希腊学者。很大程度上，亚里士多德受到了希波克拉底的医学著述的影响。不同于前苏格拉底时期的自然哲学家进行从理论预设到实践案例的推理，希波克拉底往往是基于实用的理由，“当知道那些人喜欢用假设的论据将医学科学还原为‘假设’的简单事件可以治愈任何人，我全然困惑了”[1]7。所以，希波克拉底更喜欢作为一名职业的医者，而不是成为一名理论家。而亚里士多德也将医学视为一种技艺，与柏拉图和希波克拉底一样，他也曾极力地想要去区分诸如医学这样的真正技术与一般经验性技巧，不过之后他和他的学派开始转向在生物学上继续探索，出于其自身的考虑，采取收集、描述、解释的方式而非实践的方式来进行研究，因此亚里士多德才是第一位理论生物学家，或者某种意义上的生物学哲学家。站在今天的生物学哲学立场上看，亚里士多德无疑需要在方法论上对希波克拉底所想要回避的问题进行评判，即基于假设的推理过程在探索不能被证明但确定的第一原理过程中是有助益的[2]320。在他看来，仅通过简单的列举和归纳是不能形成原理的，而应当对主体

---

* 本文为教育部人文社会科学重点研究基地重大项目“生物学中的还原论问题研究”（201302001）、国家社会科学基金重大项目“科学哲学史研究”（12&ZD116）成果。

原文发表于《科学技术哲学研究》2014 年第 6 期。

赵斌，山西大学科学技术哲学研究中心讲师，研究方向为一般科学哲学、生物学哲学。

不断追溯直到确定其组成要素或本质定义[2]247。这些讨论真正指向了今天生物学哲学依然在追寻的问题，即有关生命本质的第一原理及达到它的方法。

需要澄清的是，“生物学”作为概念一直到18世纪末才出现，而在亚里士多德的时代是没有该词汇的，它只是亚里士多德及其之后的自然哲学或物理学知识中的一部分，只不过这一时期的“物理学”研究要比现代意义上的物理学研究宽泛得多。对于亚里士多德来说，希腊语中的“物理学”就是指“生长或发展中的事物”或现象，是研究所有任何存在中非偶发运动或其他事件的原因。所有这些存在都是物质的、独立的实体，共同组成了世界[2]30,31。这些物质中的一些成为存在并最终消磨掉，这一过程构成了物质的改变。不过，所有这些物质当它们存在时，可以通过各种关于定性的、定量的及动力的变化过程来维持它们自身，并且在这些过程中获得或失去一些属性。但是这些对于亚里士多德来说是非本质的或附随的，它们的重要性低于本质单元的产生或消亡。所以，亚里士多德在生物学研究中所倾向的方法论也体现在其对物理学的态度中。

首先，何为本质。经过附随变化而保持原样的质料才称得上拥有本质或本质的变化[2]31。其次，何为原因。结合亚里士多德的四因说，质料因仅仅是形式因的潜能，因而其重要性要弱于形式因、目的因、动力因，因此后三者自然也就成为揭示生命过程的主要方面。最后，何为规律。他认为任何自发的、机遇的或受外力驱使的发生不可以被称为是规律或类法则，也不能概括出科学知识[2]51,52。因此，亚里士多德实际上将今天生物学哲学中的一些非常重要的问题放入了物理学的范畴，以至于我们对他在生物学和生物学哲学中的贡献仅限于动、植物分类学。除了元素论的物质阐释，考虑到运动作为质料的内部源头（即亚里士多德物理学中目的论的运动阐释），而除此之外便是灵魂（*psuchē*），或者我们今天科学哲学意义中的心灵。对于亚里士多德来说，灵魂就是首要的“组织原则”，这一理解与笛卡儿式的二元论和基督教神学的灵魂学说截然不同，灵魂是生命原理，其与质料是一体的，它代表了一种将生物各部分或器官组织在一起形成统一体的基本原理，从而实现不同形式的工作或功能，表现出差别化的活性。具体来说，植物表现为发起并引导生殖、新陈代谢及生长的功能；动物除此之外还表现出感觉、驱策能力及情感；而人类又多具备了理性灵魂的功能[2]51,52。这其中，生长体现了质料在目标导向的时间因次中的特性，新陈代谢体现了不同点上事件和形式的整合。

二、亚里士多德的自然梯级

在亚里士多德的体系中，灵魂是生命物质进行整合及体现同一性的原则或形式，是不同功能性部分的物质性构成[2]30,31。由于无生命的存在不具有功能性的部分或器官，所以它们几乎是相同物质的聚积。正如他所总结的，使得个体有机体成为整合的实质性生物的是不同类型的生命功能，而这些生命功能的表现就是每种物种的特征或行为[2]269。这些表现是与环境高度契合的，不论是动物还是植物，不同的环境会塑造出不同的功能组合。因此，在亚里士多德的生物学体系中，这些可评估的要素成为其理论的核心。

概括来说，在他的体系中，生命功能包括“交配、繁殖、进食、呼吸、成长、行走、苏醒、睡眠、运动”[2]23。不过，亚里士多德明显对植物和动物进行了区别对待。在他看来，植物无非就是使其他个体与其自身相似[2]270。因而植物的功能也就局限在繁殖、进食、成长、繁殖的周而复始上。而就动植物间的核心区分，运动无疑占有最重要地位。实际上，这一领域也是今天生物学中最令人着迷的。可以想象一下各种动物用以猎食及躲避危险的各类感觉信息获取系统，该系统涉及触觉、视觉、听觉、味觉及嗅觉，对这些知觉能够做出哪怕是十分微小的反馈。通过复杂的渴求与厌恶类型，它们趋向特定的一组目标。动物同时具有模式性的转换，即唤醒状态下保持高度的生命功能水平，而在睡眠状态下，亚里士多德认为它们处于类植物的状态[2]25。

1. 形式与动物发生的循环

熟悉亚里士多德目的论思想的人都应当知道他强调自然的目的性，而生命的循环就是这种目的性的证据。出于对物质与形式的双重关注，在《论动物部分》中对形态学方面的关注占据了大量篇幅，并且这种关注的焦点很大程度上指向了个体生物在发生过程中的分歧发育。对于孕育、出生、成长及生殖这一系列原因性的循环效应的研究最终导致了《论动物生成》。动物基于物质并表现出形式，这其中自然也包括了生物演化并执行其被定义的功能的过程。他认为对于作为部分的过程或早期阶段的探讨是必要的[2]203。受有机组织功能性运转偶发导致的有机复合物自发性发生体现了物质本质所蕴涵力量的大小[3]229-249。总之，在他的这一体系当中，所有的过程都是目标导向性的，对于生物或器官存在本身的解释无不渗透着目的论的形式，特别是在所有发育的解释中，亚里士多德虽承认物质中所蕴涵的物理或化学潜能对于发育是必要条件，但是发育本身并非物质性的工作，而是运用并塑成物质表现出功能性的形式，以确保定义生命及生命循环的“灵魂功能”能够展开。也就是说，形式和物质构成了亚里士多德口中的“目的”与“必要物”[2]269-271。而需要说明的是，亚里士多德的灵魂概念是一种梯度化的概念，包括最为基本的“植物灵魂”，到最为复杂的“人类灵魂”[2]33,34，这种体系更像是一种功能梯度，从“摄取养分”“感觉”再到“思维”，不同类型灵魂反映的实际上是从植物到人类所具备的功能及其背后形式的从高到低的排序（某种意义上可作为亚里士多德“自然梯级”框架中的一个缩影）。

在关于动物发生方面，亚里士多德反对恩培多克勒与德谟柯利特的观点，后两人认为生物发生是更为基础的物质相互对抗而导致的机遇性结果，已经不再是它们的物质自身。恩培多克勒的化学混合理论显然为亚里士多德所采纳，认为各种有机组织自身是由四种要素按不同比例混合构成的[2]25，但亚里士多德并不赞同对生物本质起源的机遇性解释，他不相信仅仅是要素的随机聚集就能导致功能性有机组织的形成，其中必然蕴涵着生命本质的属性或“灵魂”，必然存在形式。但这种形式又与柏拉图意义上的形式截然不同，相较于柏拉图的形式，前者无疑表现出动态性。在亚里士多德的四因说体系中，目的因与形式因是紧密相关的，而动力因也可等同为形式的活动性。可以说，形式在整个体系中既具有起始效能也有目标导向效能，表现出动态的过程性。

2. 作为梯级的生命功能

亚里士多德在生命功能的议题上承认生物的生活方式基于它们拥有的功能，但他并不认为这些功能仅仅表现为确保生物生存的工具，还应纳入认知的层面[2]269。尤其对于人类来说，智力能力无疑是不可忽视的，表现出丰富多彩的想象力及良好的记忆能力。这些能力已经不仅仅是生存与繁衍的需求，还包括了对所处世界的理解。出于这些原因，原本用以维持生存的功能反过来偏离了初衷，出于其探求的目的逐渐趋向于以其带有认知性的灵魂对世界做出更为深入的理解。所以，在亚里士多德看来，生存目的并不是生物界秩序的支配性原则，认知能力也并不仅仅是一种生存机能。灵魂功能意义上的分层评价决定了生物界的秩序。总之，他以认知能力作为一种高级的功能，并以功能体现的能力提出了类似于达尔文意义上的生物界的梯度[2]270。总之，亚里士多德对认知问题的关注很大程度上是为了巩固其构建的形而上学的生物学框架，即一种与众不同的对灵魂的解读。他将灵魂视为一种生命特有的组织形式，并且这种形式并不仅仅是连接最底层的物质并通向作为最高等级的存在，更是为了在德谟柯利特与恩培多克勒的还原论的唯物主义，以及柏拉图对于我们认识的具身性的忽视或轻视之间另辟蹊径。所以从这个意义上可以看出亚里士多德的生物学研究正是他打造其哲学大厦的重要环节。

3. 生命类型

巴姆（D. M. Balme）就曾提出，亚里士多德体系依赖术语“原型”和“类型”（genos，今天意义上“属”的来源），但这样显然对于精确区分庞大的物种系列来说是极为有限的，并且会出现分类重叠和冲突[4]88。劳埃德（G. Lloyd）曾就其中可能存在的相对主义质疑进行了讨论，认为这是关于客观世界相称性或相关性结构在人类知识中的真实反映[5]67-82。不过，从历史语境的角度讲，亚里士多德在生物学领域所给予的启迪是巨大的。中世纪，曾撰写《博物志》（也有译作《自然史》）的普林尼作为一名自然史学家，显然接受了亚里士多德式的系统分类，使用无血与有血的二分体系来进行动物种类划分，并在分支体系上进行了更为细化的下探。到18世纪时，林耐在系统分类学上的工作可以认为是对亚里士多德在分类体系上含混状况的修正和方法颠覆，分类细化到了每一具体的物种，甚至那些尚未被确认的物种也被预留了名称。这种做法显然带有唯名论的影子。而到19世纪时，对于林耐“人为”性质的研究途径表示怀疑的比较解剖学家们认为，这对于澄清亚里士多德的系统分类观念来说毫无意义。即便如此，约翰·亨特（John Hunter）、乔治·居维叶（Georges Cuvier）、理查德·欧文（Richard Owen）等亚里士多德式的博物学家们依然还是坚持围绕“自然”的体系划分类，从现象的层面上进行复杂性的解析。其中欧文直截了当地提出，亨特对于动物界的规划相比林耐较为人为的系统更偏向亚里士多德体系以及自然，但对于其手稿中针对动物界分类的尝试在策略上的确还无法做到清晰明了的阐释，但其中的优点有赖深入研究，而居维叶所做的值得我们赞赏[6]95。

三、亚里士多德自然梯级观念的扭曲与重建

亚里士多德生物学在之后1000多年的延续主要是因为它在许多哲学议题上达到了精巧的平衡，在基于经验观察的同时又不使之被这些观察所掣肘。但也正是期间的一些经验性的研究（或者说今天意义上的生物学研究）逐渐侵蚀了亚里士多德生物学的哲学框架，但更主要的变化还是在哲学层面。

《动物志》与《论动物部分》后期发生了修正，亚里士多德在建立解释性动物学工作中的一些上层设计变得不再清晰[7]114-117。但在文艺复兴时期，伴随着怀疑论的认识论研究转向，亚里士多德关于认知能力的研究开始被注意并得到了辩护，特别是他将思考作为一种生命功能的观念[7]123。这些观点与这一时期兴起的机械论学说在一些方面上相一致，尽管还需要更多改进。其中不得不提到形式因和目的因，它们成为这一时期机械论哲学家们所关注的焦点。这一时期机械论的生物学研究对于亚里士多德的目的论体系存在很大的异议，有必要使用一种物质性的原因来作为有机体运行与运动的类比，以便取代古希腊生物学家们一直使用目的来作为生物及其器官的解释的方法。需要说明的是，此时的机械论哲学家们所要面对的并不是真正意义上的亚里士多德目的论。这其中的核心在于，目的论预设一切物质实体都是出于好的使用，“自然不做徒劳无益的事”这一亚里士多德信条一直发挥着作用，并且亚里士多德后期的希腊哲学家们不断强化着目的论

的解释，盖仑（Galen）甚至指责伊雷西斯垂都斯（Erasistratus）① 并不是真正的目的论者，推行一种纯粹意向性的目的论，没有区分出于目的的原因和出于物质性的原因。其中包括一种物种对于另一物种来说的好的用途，如马的存在是为了服务于人。盖仑完全转变了亚里士多德的目的论体系，将其从内部、演化的目的论转变为外部、使用导向的目的论。亚里士多德《动物志》框架中的“自然阶梯”逐渐让位于普遍性的目的论，宇宙等级中处于较低层级的存在物都是出于服务高层级的目的而存在。而这一思想也被伊斯兰教、犹太教及基督教的经院哲学所接纳。所以当文艺复兴时期亚里士多德的生物学研究文本被重新评定修改并出版，人们发现大不相同，并对其中的研究颇感兴趣[8]33,34。

1. 笛卡儿对于灵魂观念的重建

文艺复兴时期，笛卡儿将生物学纳入其机械论的哲学体系之中，与传统亚里士多德生物学相比表现出较大差异。

笛卡儿虽延续了亚里士多德将生物学置于物理学之下的观念，但生物学进一步下降为局域性运动的学科。生物学从物理学范例的地位转变为物理学中局域性运动的一部分。同时，笛卡儿引入了工程学意义上的“机制”概念，从概念上将动物仅仅看作机械或自动机，将诸如人以及人体器官这样的有机体组织视为上帝精巧设计的机器[9]134。机制上的原因（设计因素）成为生物解释中的第一原因，而亚里士多德式的目的论解释则很大程度上被笛卡儿描述为一种上帝的神秘意志，对于我们来说，能做的仅仅是一步一步地领会那些精巧设计，而对于设计背后的意图则不必去追问。正如笛卡儿在“论人”一篇中所说的，“身体不过是大地所孕育出的塑像或机器”[9]99，而研究的重心也以人类为主，在“人类身体的描述”一篇中，通过描述性的方法展示了人体器官作为机械的运作形式[9]1313-1324。对于人的关注凸显了笛卡儿二元论哲学的背景。对于人类来说，心灵是附加的，而对于动物来说，则不存在灵魂，仅仅是机器。这种“动物是机器”的观点到拉美特利那里甚至发展为“人是机器”。

早先笛卡儿认为，动物不止没有感知能力，也没有思想，因为它们是心灵的功能[9]216。但面对质疑，笛卡儿声称他并不否认动物的感知能力，但感知某种程度上只是依赖于身体器官的附属[9]366。之后笛卡儿一直坚持这一观点，事实上等于摒弃了亚里士多德式的灵魂观念，拒绝承认“植物灵魂”及“感觉灵魂”的存在，而将“思维灵魂”在某种程度上以心灵的形式表现出来，表现出相对于物质的对立。笛卡儿实际上将亚里士多德的灵魂概念局限于思维（心灵），运动

① 其确定了心脏所起的泵的作用（但不包括血液循环），同时在脑部区分出感觉神经和运动神经，通过对神经定位并一直追溯至脊柱。

不再是被摒弃部分（物质及广延）的属性，这样就使得思维是唯一具有动态（主动）性的部分。也就是说，对于人来说，精神才是主动的，而肉体是惰性的。

总之，在对待生物学解释的问题上，笛卡儿充分显露了其基督教哲学的背景，这在一定程度上也导致了新形态下自然神学的兴起，并对之后的时代产生了深远影响。

2. 布丰对“自然梯级”观念的重建

不同于亚里士多德将基于形态的物种（形式）作为自然的单元，布丰认为“个体”才是自然中的唯一单元[10]211。基于这一思想，他建立了一种不同于以往的“自然阶梯”体系。首先，虽然强调个体，但是他依然采用形态作为建立分类的依据。在他看来，物种是由形态上极度相近的个体构成的[10]221-223。其次，创立“属”这一单位。这其中体现了他强调任何分类都是“概念分类”，就像是羊可以分成野生羊和家养羊一样，其基于人的认识因素。尽管存在退化或是杂交，但物种之间不存在转换，是绝对隔离的[10]228,229。最后，也是最为重要的一点，布丰所持的“自然阶梯”观念实际上更像是彼此仅有微小差异的个体所组成的梯度。正如他所认为的，构成物种的既非相似个体的集合，也非他们中的成员。构成物种的是那些组成个体的持续演替和不断再现[10]225。在他看来，自然不认识种、属及其他阶元；自然只认识个体，连续性就是一切[11]121。因此，我们可以将布丰的物种观念定义为一种带有实在论观念的唯名论，并且他对连续性的强调涵盖了多个层面。

在布丰的观念里，物种不再是永恒的形式（eidos）或历史性结果，而是一种历史性的实体。甚至可以将个体生物通过系谱连接在一起的表征。物种作为历史性实体是永恒的。正如加永（J. Gayon）所认为的，作为历史实体的物种概念对于进化理论的发展来说的是一次意义非凡的本体论转变[10]227。

布丰带来的变革还在于对发生问题的回归。虽然布丰持“有机分子”（organic molecules）的观念，认为生命体自身必然是由生命物质所构成，关键在于生命物质是如何通过一定的组织形式成为生命体。在这个立场上，除了诸如“有机分子”概念之外，必然需要一种用以解释有关生命繁殖、发育的“内部模式”（internal mold）的概念，以及一种关于生命的将“有机分子”组织起来构造自身的力量。这一力量能够和牛顿的力学及宇宙学观念相一致，表现出某种“渗透力”（penetrating forces）。通过这些构想，布丰形成了一种关于生命的原子论，将“有机分子”“内部模式”“渗透力”统一起来。而他的假说体系也被归为活力论[12]408。在这一体系中，“渗透力”常被理解为活力源，并且对活力的研究成为牛顿式的科学探索。

不过，虽然布丰试图用一种“自然的”原因来取代宗教性的目的性原因，但在其框架中，缺少了关于组织性的或是遗传性结构指令的抑或是发育有机体中各部分之间相互作用的解释，特别是对于具有感知能力的有机体来说，他提出类似于突现的整体论假说来说明诸如感知能力是作为整体的属性而不是每一部分属性的聚合，而对于部分来说，每一部分彼此之间存在某种紧密的对应关系，除非建立彼此之间的关联，不然作为单一部分很难被干扰[13]368。这种假说并没有对于有机体的组织机制及其性质的来源给予说明，因而在整个启蒙时期，关于这种组织性探讨最终还是回到有关目的论的议题上。

3. 康德对于目的论的重建

康德虽然强调“自然的目的”，即像牛顿定律那样的自然法则，由原因及后继的效应所组成的因果链条。在一个我们对生物的经验的可考量张力之中，原因先于它的效应。但生物体作为一个有机体，其各部分彼此之间互为方式和目的，涉及共同的依赖物及共时性，很难被通常的因果性调和。因此，作为“自然的目的”，必然存在一种法则支配着有机物或器官的发生，并为之提供解释。正如康德自己所承认的，经由自然的纯粹机械原理，我们难以充分了解事物的组织形式及它们内部的可能性[14]400。

显然，康德所关注的效应与最终原因之间关系的问题主要存在于三个领域之中。首先是承载被我们称为生态群落中的各种动植物物种之间关系的相互支持性网络；其次是单一有机体各部分之间形成彼此依赖的根本方式；某种在某种目标状态引导之下，一个有机体朝着后继状态进行演化的个体发生进程。而与这里最为相关的无疑是关于个体发生的环节。康德无疑针对这一问题，在《判断力批判》中设立了“目的论判断力批判”（81 小节）。人们通常存在误解，认为康德采取的是一种预成论（encasement）版本的先成说，不过，其似乎受到同时期生物学家们所推动转向的外成论影响更大。在当时，对于预成论来说，必然存在无限的“设计”，其作为关于有机体整体的微小模型先存在于胚芽（或精液、卵）之中，以某种遗传的方式在代际传递，并在发育中机制性地逐步展开。关于这一点，扎姆巴赫（C. Zumbach）就认为，先成说很容易表现出机械论的一面，而非自然主义的一面。相反，外成论表现出自然主义的一面，而非机械论。康德实际上主张“设计”是为了对关于外成的自然主义假设进行定性[15]92。在朱克特（R. Zuckert）看来，康德意图在于，在自然科学之内，为目的论解释在生物学中的使用进行辩护。他一方面给予系统性科学的推理，认为目的论判断仅仅是反射性的判断（reflective judgment），并不是恰当的表达，应当寻求机制性的，而非目的性的生物学功能；但另一方面，他又认为有必要将生命体看作是目的性的[16]89-90。无论如何，康德似乎都避免滑向完全的机械论，或认为生物和那些用之类比的人造物之间存在明显的区别。

从亚里士多德“自然阶梯”体系开始，功能概念就发挥着作用。这一传统随着机械论将神学的目的论引入，“设计”“人造物”“上帝的意图”便被联系在了一起。而在康德看来，这种至高的意向应当置于更高的位置，他预设一种将自然作为人造物的与众不同的智慧的存在[14]283。可能受到休谟《自然宗教对话录》的影响，康德意识到将上帝概念引入自然科学语境中所带来的问题，即基于神学的目的性解释反过来又去证明上帝的存在[14]38。这也是为什么他决心建立一种新的目的论解释。所以，康德认为生物作为自然的产物其自身既是目的也是手段，是一种表现为相互性的原因和效应的形式[14]373。同时，他还强调生物也不是类似笛卡儿意义上自动机器的存在。一部机器只有驱动力，而生物则具有自我构成（self-formative）的力[14]374。通过对比于人所表现出的艺术能力，他提出“组织性”近乎无限地超越了我们所能表现出的类似艺术的能力[14]384。基于这一推论，康德并不认为生物是一种完全的人造物，而只是类似，并赋予其一种独有的特征“自组织”（self organizing），能够自我产生，并维持物种系谱，而非相互独立且外生（exogenous）的部分所组成的整体[14]371。

这一系列的推论都是为了建立一种新的原因-效应模型，从以往人的经验主体语境，尤其是制造或生产的语境中将方式-目的的因果模型解放出来。这便是“目的性的”因果机制。正如前面所说的，一个有机系统中的各部之间的影响是相互的，为了确定原因和效应，我们必须通过设计、制造及分析（逆向工程）来进行理解这种整体-部分关系，并将之视为具有目标导向性及部分-整体“适应性”。正如康德所讲，如果不设想为意向性的建造，我们甚至无法去思考组织化的事物[14]398。总结来看，康德虽然不将生命物质等同于人造物，但是出于认识论意义上的考虑，仍然倾向于以目的性的视角来审视生命。

基于以上，就能够理解康德要建立“自然的目的”的原因。康德认为，我们应当谨慎并谦逊地按照不去探讨我们所能知晓以外的事物这一信条来严格约束我们自己，这一信条即“自然的目的”。表述为目的性规则的因果机制必须在自然科学中寻找。自然科学不能跳过其界限去理解任何经验上无法获取的概念[14]382。一方面设计推论在达成对人造物的类比上表现出过于积极的一面；另一方面，它模糊了生物深深植根于自然法则体系之中这一事实。正因如此，他将今天意义上整体论的思维与关于生成的自然法则（而非理性主体的意向）引入的自然等级秩序的讨论中，对于神学的机械论做出了修正，规范了目的论解释的使用。

虽然康等没有直接的关于“自然梯级”的表述，但是通过梳理可以发现，通过“自然的目的”概念，他实际上已经对机械论解释中的发生问题做出了解决，即一种基于“自然的目的”的系统演化。结合其所处时代盛行的生物地理学研究，不难理解在“动物—植物—矿物”这一链条观念影响之下，其很可能采取了带有目的性的解释来树立自然中业已存在的那些等级，并按照设计的复杂程度梳理出一条系统演化的路线。明显受到布鲁门·巴赫的影响，康德引用了布鲁门·巴赫在解释生命形成中所使用的“构造冲力”（bildungstrieb）一词，并对布鲁门·巴赫的外成论理论研究进行了肯定。特别是对于“冲力”一词，康德表现出谨慎使用的态度。他明确布鲁门·巴赫这一带有力学特征的进程在构造演化中是以机械法则的形式进行；生命是从乏生命的自然中涌现而出，物质出于维持自我的目的不断进行自我构造。基于这一（我们难以理解的）初始的组织原则，他赋予了自然机制非决定性与不可错性，这种物质对其自身进行组织使其呈现这种组织性的能力就是“构造冲力”[14]424。

不过，还应当看到，虽然康德强调一种以要素的原因性相互直接关联为前提的“当……则……”模型，必须将有机整体视为其自身的目的，而将其近的原因视为其达成这一目的的手段[14]367,368，不过还是应当将这一趋向与“向善”（或拉马克意义上的主动适应）相区分。例如，当时同在东普鲁士的赫尔德（Johann Gottfried von Herder）① 就主张将整个世界作为一个整体按照单一的目的演进，拒斥物质具有固有惰性的观点，甚至威胁到刚被小心建立起来的物理学基础。所以，康德无疑想要建立一个秩序化、规则化、要素之间呈现依存关系的系统化的自然体系，而对于目的性的引入，则要站在理解的角度而非解释的角度。康德只是给出了概念上的方案，但解释依然限于机制性的。正如康德自己所承认的，需要等待第二个牛顿以自然法则的形式来解决意象带来的无序[14]400。

经过笛卡儿、布丰（拉马克）、康德重建后的亚里士多德自然梯级观念很明显已经很好地适合了当时刚刚建立起的物理学，并为达尔文时期乃至之后的生物学理论革命奠定了哲学上的基石，心灵与机制、自然梯级的实在性与动态性，以及目的论解释的合理性议题成为生物学所面临的重要哲学问题并延续至今，我们甚至可以将这一时期亚里士多德传统的回归与转变视为萌芽阶段生物学哲学发展的重要转折，具有重要的意义。

参考文献

[1] Hippocrates. The Nature of Man// Lloyd G E R. Hippocratic Writings. London：Hamondsworth，Penguin Books. 1978：7.

[2] 亚里士多德．亚里士多德全集 I．北京：中国人民大学出版社，1996.

[3] Lennox J. Teleology，chance，and Aristotle’s theory of spontaneous generation. Journal of the History of Philosophy20，1982：21-28.

① 早期受康德影响，其著作《论语言的起源》中同样流露出自然主义的语言发生观念。

[4] Balme D M. Aristotle's use of division and differenties// Gotthelf A. and Lennox J. eds. Philosophical Issue in Aristotle's Biology. Cambridge：Cambridge University Press，1987：88.
[5] Lloyd G. Aristotelian Explorations. Cambridge：Cambridge University Press，1996：67-82.
[6] Owen R. The hunterian lectures//Sloan P. Comparative Anatomy. Chicago：University of Chicago Press，1992：95.
[7] Lennox J. Aristotle's Philosophy of Biology. Cambridge：Cambridge University Press，2001.
[8] Grene M，Depew D. The Philosophy of Biology：An Episodic History. Cambridge：Cambridge University Press，2004：33-34.
[9] Descartes R. The philosophical Writings of Descartes. Translated by Cottingham J. Stoothod R.. Murdoch D. Kenny A. Cambridge：Cambridge University Press. 3 vols. 1985-1991.
[10] Gayon J. The Individuality of the Species：A Darwinian Theory? Biology and Philosophy 11，1996.
[11] 恩斯特·迈尔．生物学思想发展的历史．徐长晟译．成都：四川教育出版社，2012：121.
[12] Gayon J，et al. Buffon 88. Paris：Vrin，1992：408.
[13] Piveteau J. Buffon：Oeuvres Philosophiques. Paris：Presses universitaires de France，1954：368.
[14] Kant I. Critique of Judgment. Pluhar W S Translated. Indiannapolis：Hackett Publishing Company，1987.
[15] Zumbach C. The Transcendent Science：Kant's Conception of Biological Methodology. Netherlands：Martinus Nijhoff Publishers，1984：92.
[16] Zuckert R. Kant On Beauty And Biology. Cambridge：University Press，2007：89-90.

作为数学基础的范畴论*

刘　杰　孔祥雯

自毕达哥拉斯提出万物皆数的思想以来，何为数的本质及何为数学的基础一直都是数学哲学研究的核心议题，尤其是进入19世纪后，数学学科蓬勃发展，延伸出了不同的数学分支，数学家们与哲学家们面临的首要任务就是要澄清不同数学分支、不同数学理论、不同数学概念之间的关系，即为数学找到一个可靠的基础，其中最具影响力的当属康托尔（Cantor）的集合论。康托尔的集合论思想不仅能够渗透到数学的各个分支中，更重要的是从集合论的概念和思想出发，能够导出整个经典数学。因此，集合论成为学界公认的数学基础。而随着1903年罗素（Russell）集合论悖论的提出，数学基础危机彻底爆发。尽管为解决这一危机，出现了著名的三大主义——以罗素为代表的逻辑主义、以布劳威尔（Brouwer）为代表的直觉主义和以希尔伯特（Hilbert）为代表的形式主义，然而它们各自也遇到了不可求解的难题。20世纪，布尔巴基（Bourbaki）学派成立，一种新的数学哲学——结构主义随之兴起，该学派主张数学可以统一到结构上，提出数的本质在于结构。以此为理论基础，伴随着20世纪下半叶范畴论的发展，范畴论结构主义被提出并成为结构主义数学哲学的主要发展动力，尤其是其基本观点“范畴论可以替代集合论为数学提供结构主义的基础”，不仅为数学基础这一传统问题注入了新的活力，更使数学哲学的研究内容得到了丰富与拓展。

一、集合论基础及其困境

康托尔的集合论在第一届国际数学家大会上首次得到了公开承认，在1900年的第二届国际数学家大会上，庞加莱（Poincaré）声称数学的严格性已经完全达到了，但集合论中很快出现了许多悖论，其中最具有代表性的是罗素悖论，这

---

* 本文为国家社会科学基金青年基金项目（11CZX022）“数学真理困境与当代数学实在论研究”、教育部重点研究基地重大项目（11JJD720011）“语境论与当代数学哲学的发展”、山西省回国留学人员科研资助项目（2012-028）“结构主义数学哲学研究”、山西省高等学校哲学社会科学研究项目（2013301）“数学真理困境的结构主义出路”成果。

原文发表于《科学技术哲学研究》2014年第4期。

刘杰，山西大学科学技术哲学研究中心副教授，研究方向为数学哲学；孔祥雯，山西大学科学技术哲学研究中心在读硕士研究生，研究方向为数学哲学。

使得集合论迅速陷入困境。与此同时，人们对数学推理的正确性及结论的真理性也产生了严重质疑，由此触发了第三次数学危机，也引发了人们对数学基础的激烈讨论。为了走出由悖论所带来的困境，有人开始对集合论进行改造，即对康托尔的集合定义加以限制。1908 年，策梅罗（Zermelo）首先提出了公理集合论系统，后经弗兰克尔（Fraenkel）与司寇伦（Skolem）的补充和修正，得到现在公认的策梅罗-弗兰克尔（Zermelo-Fraenkel，ZF）公理系统，ZF 加上选择公理（axiom of choice，AC）得到的公理系统简记为 ZFC。ZF 对于发展集合论是足够的，它能避免已知的集合论悖论，并为数学基础的研究提供一种方便的语言和工具。在 ZF 中，几乎所有的数学概念都能用集合论的语言表达，数学定理也大都可以在 ZFC 内得到形式证明，因而作为整个数学的基础，ZFC 是完备的。值得注意的是，虽然这个公理化集合论得到了广泛认可，但仍然存在许多问题，如不可达基数和序数是否存在、连续统假设能否证明、公理系统的协调性和独立性等。

对集合论最常见的反对意见来自结构主义者，他们采取数学结构主义的一个重要的动机是由保罗·贝纳塞拉夫（Paul Benacerraf）提供的，他论证说“数不是集合，进一步来讲，数也不是对象”[1]69，得出这个结论有两个依据：首先，集合定义数有不同的方式，如数字 2 可以定义为集合 $\{\varnothing, \{\varnothing\}\}$，也可以定义为集合 $\{\{\varnothing\}\}$；其次，没有什么原则能够决定哪一个集合正确并且也不能确定表示数字 2 时这些集合是否等同。因此数不是集合。他还说“在数给定的性质中只能表征一个抽象的结构——事实上结构中的元素除了与同结构中其他元素的联系外没有什么性质”[1]70，结构主义者都同意贝纳塞拉夫的观点，认为“数的性质表征一个‘抽象结构’”[1]70。1996 年，桑德斯·麦克兰恩（Saunders MacLane）对范畴论和集合论进行了对比，他说道：“所有的数学确实都可以建立在集合论中，但是把许多数学对象当作结构的这一描述比一些明确的集合论描述更有启发性。”[2]182集合论的基本概念是“元素”，而范畴论不再关心元素，它关心的是不同对象之间的联系，能更好地抓住许多抽象数学结构的本质特征。追随麦克兰恩的步伐，一些结构主义者主张范畴论不借助集合论就可以为公式化数学结构提供必要的工具。

二、范畴结构主义的基本思想

20 世纪 30 年代，布尔巴基学派提出了数学结构主义，认为我们应该围绕结构而不是经典问题发展数学，主张结构主义关注对象间的关系而不是其内在本质。布尔巴基学派明确支持集合论结构主义，因其能够为数学的各个分支提供一个统一框架，但集合论结构主义面临不能应用于集合论自身，尤其是集合全域的多样性问题。这促使数学家们和哲学家们开始发展其他可以阐明结构主义的方式，主要有斯图尔特·夏皮罗（Stewart Shapiro）的自成一体（sui generis）结构主义，但这种结构主义数学具有非严格的结构，如复数 $a+bi$ 与它的共轭 $a-bi$ 共享所有的结构属性；杰弗里·赫尔曼（Geoffrey Hellman）的模态结构主义（modal structuralism），其面临的是一致性问题；第三种进路是基于范畴论的，1945 年塞缪尔·艾伦伯格（Samuel Eilenberg）与麦克兰恩引进了范畴的数学概念，并证明范畴也包含这样的数学结构，由此产生了范畴结构主义。

1. 范畴论的结构主义基础

结构主义者夏皮罗对结构的表述是，“我把系统定义为有某些关系的对象的集合……结构是系统的抽象形式，突出了对象间的相互关系，并且忽略不影响它们与系统中其他对象相联系的任何特征”[11]73,74。为了具体说明结构的概念及结构与数学之间的联系，我们不妨以阿拉伯数字系统来举例说明。例如 0，1，2，3，…，以及策梅罗数字系统，如∅，{∅}，{{∅}}，{{{∅}}}，…，这两个系统具有很多不同的特征，比如初始元素不同，但也有一些共有的特征，如都有一个可辨别的初始元素，除初始元素外的每一元素都是其他元素的后继，并且它们的后继都满足归纳原理，这三个特点就是这些系统的结构性质。这两个系统的抽象形式，与其他具有可辨别的初始对象且又满足归纳原理的后继关系的形式，都是自然数的结构，也就是说满足相同结构性质的系统可以表征同一个结构。

结构主义者认为数学对象的性质是与这个结构中其他对象之间的关系，与其内在属性无关。拿自然数结构来说，自然数的实质就是它所拥有的与其他自然数之间的关系。对数学做调查可知，自上而下的结构概念占有主导地位，这一现象体现在：它比自下至上的结构概念更灵活，并且能非常有效地为证明定理产生有力的工具。需要指出的是，范畴论可以为自上而下的结构概念提供一个理论框架。

总的来讲，范畴论有三个特征是值得注意的：①一些结构范畴特征的独立性来自其初始的说明方式，而这种说明方式部分地解释了“自上而下”的概念；②范畴论通过其对同构的一般性概念为“相同结构”和“结构属性”提供了精确的定义；③在一个给定范畴中的给定对象可能具有的唯一属性是，作为该范畴中的对象具有结构的属性。因此数学的“箭头理论”① 自动为数学提供了一个结构性的方法。因此，至少在表面上，范畴论为阐明结构主义提供了一个理想框架。

① “箭头理论”指的是通过保结构映射的从上而下的数学方法，这在范畴论中被称为态射并用箭头表示。

2. 范畴论结构主义的形式化表征

在集合和函数中，f：$A \to B$ 表示 f 是一个定义在集合 A 上的函数并且它的值在集合 B 中。每个集合 A 都有一个恒等函数，对 A 中的每个 x 记作 1_A：$A \to A$ 和 $1_A(x)=x$，并且对 A 中的所有 x 任何函数 f：$A \to B$ 和 g：$B \to C$ 都有一个复合 gf：$A \to C$ 和 $gf(x)=g(f(x))$。

在形式语言的演绎规则中，f：$A \to B$ 表示 f 是一个证明，它唯一的假设是公式 A 结论是公式 B。每个公式 A 都有一个证明 1_A：$A \to A$，其中 A 既是假设又是结论。将证明 f：$A \to B$ 和 g：$B \to C$ 连接起来可以给出 gf：$A \to C$。据此，证明可以看作将假设转变成它的结论。

这两个例子所共有的特征在数学中是普遍的，范畴论可以对它们进行公理化处理。范畴公理抽象地谈到“对象”和“箭头”：每个箭头都有一个作为定义域的对象和另一个作为值域的对象 f：$A \to B$，表示 f 是对于定义域 A 和值域 B 的箭头。如果某个箭头的值域是另一个的定义域，如 f：$A \to B$ 和 g：$B \to C$ 的这种情况，箭头就有一个“复合”gf：$A \to C$。每个对象 A 都有一个“恒等箭头”1_A：$A \to A$。公理要求对任何箭头 f：$A \to B$，g：$B \to C$ 和 h：$C \to D$ 我们都有 $h(gf)=(hg)f$，$f1_A=f$ 和 $1_Bf=f$。

按照这样的公理化，我们有范畴“集”（Set），它的对象是集合，箭头是函数；还有范畴“证明”（Proof），它的对象是公式，箭头是证明。范畴公理明显地适用于“集”和“证明”。还有其他的范畴，如“拓扑”（Top），拓扑空间是对象、连续函数是箭头；“群”（Group），对象是群（抽象代数），箭头是群同态。在这些不同的范畴中，范畴论有一个统一的作用就是论证不同背景下的不同定理，更重要的是，它专注于对象间的相关结构关系。

正如史蒂夫·阿沃第（Steve Awodey）对范畴的描述，“范畴为给定的数学结构提供了一种表征和描述的方式，即在具有所讨论的结构的数学对象之间映射的保存方面。范畴可以理解为包含具有某种结构的对象及保有该结构的对象间的映射”[12]212。

3. 作为数学基础的范畴论

毋庸置疑，范畴论并非谈论结构的唯一方式，甚或最好的方式。但值得强调的是，范畴论的确是非常恰当的方式。而何以这项工作由范畴论而非图论、泛代数学、一阶逻辑或是描述性集合论来完成有其理论根源。范畴论发展得如此广阔是基于范畴的概念及函子性、自然性与伴随性的相关概念在现代抽象的数学证明中所具有的广泛适用性。而这种广泛的适用性恰好表明了范畴论在具体说明和操作结构时的有效性。

在范畴论中，像关系、连接、属性和算子这样的概念都包括在初始的态射概念之下。态射概念所具有的一般性和灵活性，足以达到其他更多概念能发挥的功能。具体来看，需要关系的概念就用乘积和单态射；需要算子的概念就用乘积上的态射；同态的概念就考虑结构范畴；结构之间的连接，用范畴间的函子；连接中的连接，用函子的范畴等。许多表面上不同的现象都能以统一的方式进行描述，它们很容易通过范畴论的语言相互关联起来。

但是这些范畴存在于何处？例如，在任意的范畴 C 中一个群 G 的概念仅仅涉及一些对象、箭头和图解，然后讨论这个范畴中所有群的范畴 Group（C），接着讨论从群范畴回到 C 的所有函子的范畴 $C^{\mathrm{GTOUP}(C)}$ 等，这些构造一定会发生在某处，它们需要一些采集原理（collection principles）。但情况并非如此，在层级中“向上”（going up）的思想，需要越来越强的采集原理和存在性假定，而这些却依靠基础主义的概念，其涉及的对象是固定的、确定的。从范畴的角度来看，一个相当于“向下”（going down）的思想，通过详述更多需要考虑的环绕结构，如在一个笛卡儿的（cartesian）闭范畴 S 中，最初的范畴 C 是不重要的。那么范畴 S 来源于哪里？我们通过笛卡儿闭范畴的少数公理来描述它，然后进一步假定其中的范畴 C 具有任何让我们感兴趣的性质——特别是，它有一个群 G。我们是以这个相同的范畴 C 开始的吗？这个问题毫无意义。因为这里的 G、C、S 都不是特殊的，它们是图解的结构，也可以说，它们是通过这些范畴上的对象、箭头与条件的构形（configuration）来指定或确定的，这可以在各种不同的情形下假定或得到，反过来也可能是图解的。例如，“现在假设这个特殊的太阳系是一个原子，这个原子在一个巨大的太阳系的一些大物质中”[4]62，有人提出另一种说法“现在假设特殊的构形出现了，不是作为太阳系，而是作为太阳系中的一些大物质中的原子”[4]62。第一个假设确实需要附加的存在性假定，但第二个并不需要。构形一开始仅被假定为一个结构，因此可以通过假定它发生在更多特殊情形中来具体说明。结构陈述的图解特征对这个方法显然是必不可少的；无论我们最初关于 C 说什么（例如，在它里面有一个群），在我们把它放到环绕范畴 S 中后仍然可以说到 C，因为我们起初没有给出任何关于它的特殊假定。

然而，我们获得有关结构图解陈述的精确概念了吗？仅仅用范畴论的通常语言与方法就可以获得；它们自动把数学对象看作结构，并且在所需意义上对它们的范畴陈述是内在“图解的”。基于此，范畴论无疑是结构主义的一种恰当呈现方式。

三、作为数学基础的范畴论面临的争论

威廉·劳佛尔（F. William Lawvere）在20世纪60年代初首先提议范畴论可

以替代集合论担任整个数学的基础，为传统的数学基础问题提供了新的选择。该主张一经提出，就得到了当代一些倡导数学实践的数学哲学家的拥护，如阿沃第和科林·麦克拉蒂（Colin McLarty）都认同我们应把范畴论作为数学的结构主义基础。但与此同时，这一主张也遭到了集合论者及其他结构主义进路的反对，其中最具代表性的是赫尔曼的批判。两方阵营就是否应把范畴论作为整个数学的基础展开了激烈而持久的论争。

1. 范畴论对集合论的假定

赫尔曼指出，范畴的基础假定了集合论与函数，“坦率承认在公理化范畴论时函数概念是假定的，至少是非正式地假定”[3]133。“非正式地假定”这个意思就是说首先它意味着公理没有正式地假定任何这样的事情，当然如果公理已经正式假定，那么它必定会被明确地指出。这个事实说明公理没有被假定，只是受到了某一个非正式的函数思想的激发，也可以解释为是函数的概念激发了范畴的箭头概念。麦克拉蒂对此质疑做出了回应，“一个最一般的函数概念，早于集合论出现，必然激发了范畴论。但是激发不是假定”[9]50。例如，一阶逻辑的句法发展是由所需语义学激发的，但我们并不能仅依据历史的事实推知一阶逻辑的句法假定了语义学概念。集合范畴的基本理论（elementary theory of the category of sets，ETCS）由集合和函数的一个非正式的思想所激发，甚至一般的范畴公理在20年前正是受到某一个非正式函数的思想激发。另外我们还能证明函数可以在范畴论中定义。例如，把范畴“集”① 的内容看作所有这些小集合的对象和所有这些集合间函数的箭头。在“集”中定义一个内在范畴 C，通过这种方式，内在范畴 C 中的函数概念可以看作环绕范畴“集”中的箭头，由此可以得出一个结论，范畴论可以自主地为函数提供解释，并不是必须要得到 ZF 的支持。

2. 范畴论公理是“图解的”

为便于理解这一论题，我们首先回顾有关公理的两个概念：一个是弗雷格式（Fregean）的，也称为确定的，即这个公理传统上是作为普遍的基础真理，如传统的欧几里得几何学概念或者算术公理或者策梅罗–弗兰克尔集合论公理，其中初始术语有确定的意义，所有用到它们的公理都有确定的真值。另一个是希尔伯特式（Hilbertian）的，也称为代数的、图解的。例如，群、模块、环、场等的代数结构公理，它们甚至不是断言的，而是在感兴趣的结构类型上定义条件，初始术语的意义也不是确定的，通常只是以图式的方式得以理解。比如对于范畴而

① “集”（set）在这里表示的是一种范畴，所有集合与它们之间的全函数构成的范畴。

言，其初始术语“对象”“态射”“定义域”“值域”和“复合”等都没有明确的意义，只能在满足公理的特定解释的情况时这些初始术语才能获得意义。可以说，希尔伯特公理系统的崛起和涌现标志着现代数学对结构主义概念的倾向，而范畴论无疑强化了这一趋势。

赫尔曼对范畴数学基础的主要批判在于，范畴论公理在他看来总是按图解式得到理解。他认为范畴论“作为一个结构主义的基础框架至少在两个主要相关的方面是不完全的：①它缺少一个外在的关系理论；②它缺少实质性的数学存在公理”[3]138。在赫尔曼的论证中②是很容易理解的，在他看来，为了使公理蕴涵涉及数学实体的存在性，公理就必须断言，但从上述公理的概念得知范畴论是图解的，是没有断言的，所以赫尔曼表示“数学存在性的问题真的就是似乎不能由范畴论解决”[3]136。关于①在赫尔曼的论证中并不十分显然，他首先指出对这个观点我们要先“了解满足范畴论公理的结构”[3]135，继而“在这个水平上求助于一些形式上的‘集’和‘运算’似乎是不可避免的。事实上，可以在一个逻辑或关系（与作为一元关系的集合）理论下包容这两个概念：那正是范畴和拓扑斯①理论缺失的，两个都作为一阶理论，更重要的是，作为非形式数学，但是由集合论提供”[3]135。也就是说，因为范畴论是图解的，我们需要了解满足其公理的结构，这就反过来使得范畴论依赖某个外在的关系理论。

麦克拉蒂对赫尔曼的这一观点提出了反驳。他指出，把范畴论公理和一般的拓扑斯公理理解成代数的——也就是没有断言的，这是正确的。然而，某些特别的范畴及拓扑斯的特定公理是确定的，具体的以范畴为基础的理论就可以提供这样一个框架，他特别指出了 ETCS 及范畴的范畴作为基础（the category of categories as foundation，CCAF）。ETCS 和 CCAF 公理提供了一个与其主题有关的范畴理论的描述，即集合与集合间的函数、范畴与范畴间的函子。他主张 ETCS 和 CCAF 的公理可以被断言，因而赫尔曼提出的①就是无效的。进一步地，ETCS 和 CCAF 对涉及数学实体存在性的问题均提供了具体解答，这就表明赫尔曼提出的②是站不住脚的。

3. 对 ETCS 和 CCAF 的质疑

ETCS 和 CCAF 的公理不仅定义了结构类型而且是断言性的，从而对数学实体的存在而言是正确的。事实上，ETCS 可以理解为与 ZFC 所描述的是一回事，尽管前者所使用的是箭头理论而不是初始的集合从属关系。关于 CCAF，劳佛尔把“范畴的范畴”作为基础，这样就可以解决存在性的问题。的确，范畴论本

---

① 拓扑斯是一种特殊的范畴。

身没有这样的公理，但它也不缺乏这样的公理，因为范畴论自身是适用于许多结构的一般理论。每个特殊的范畴基础都提供不同的但相当强的存在性公理。这些都是在范畴的基础上，在 ZF 的基础上没有这样的多元性。任何人谈到“集合公理”或多或少都会意味着一些潜在性的基础理论，如 ZF，但集合的公理几乎没有其他用途。相反，范畴公理在日常的数学实践中以多种方式应用于多种不同的结果中。不可否认，的确存在一些公理，麦克兰恩等并未给出特别解释。这进一步引发了赫尔曼的质疑，即何以这些公理没有存在性的声明还能用于如此众多的不同解释中。而这一质疑对于 ETCS 和 CCAF 来说是不起任何作用的。

赫尔曼并未止步于此，他进而对 ETCS 和 CCAF 作为基础框架提出了质疑。在他看来，ETCS 的不足是它不能充分地解释数学的开放性（open- endedness），如数学表面上不确定的可扩充性。赫尔曼甚至仅把 ETCS 看成是“方便的虚构”[8]154。赫尔曼表示与 ETCS 相比，CCAF 算是“抓住了公牛的角”[8]156。他认为，根据日常的、数学的与科学的经验，初始概念和框架的公理这些前提条件应该是明了的。“范畴”和“函子”正是初始概念，因而 CCAF 公理可以解释范畴的范畴和函子。通过数学实践可知，能够通达这个初始术语“范畴”的唯一概念途径可以支持范畴的范畴理论，由“结构满足范畴论的代数公理”这种类型的表征所提供的作为恰当数学基础的理论具有足够的一般性。赫尔曼意识到，在数学实践中有无数多例子都用到了“范畴”和“函子”这种初始术语，并为它们提供了一种特定类型概念上的理解。然而，把这种理解看作恰当的概括，赫尔曼认为这是不充分的；因为这样的概括，必须依靠上述提到的那种表征。此外，所有这些表征都使用了满足或可接受性等这类概念，这些都依赖于外在关系理论。因此，麦克拉蒂对 CCAF 的解释，在概念层面上依赖于外在的关系理论。

麦克拉蒂对赫尔曼的批判进行了反驳，为作为数学基础的范畴论做辩护。关于 ETCS，他论证说“这不是我的虚构，我经常拒绝任何确定的或最大的集合全域”[7]148。他还援引数学实践中许多“范畴”和“函子”的实例论证了通向 CCAF 公理概念的途径是完全明了的。例如，任意的偏序集 $\langle P, \leqslant \rangle$ 构成一个小范畴，其对象是 P 的元素；态射是从 X 指向 Y 的箭头，其中 $X \leqslant Y$。把一个偏序集 P 看作范畴，那么按 P 引入的有序系统就可以看作函子。如此可以定义“范畴的范畴”和“函子”，从而完全明了地通向 CCAF 公理。此外，赫尔曼坚持使用上述类型的表征得到了广泛的认可，但他认为数学对象只能通过集合论的说明或一些相似的说明才能在一个完全明了的方式上定义，这个观点是不正确的。我们不妨以线性变换为例，当前的数学实践中线性变换定义为同一域上两个向量空间之间的映射。从集合论的意义上讲，定义线性变换首先要对向量空间作定义，但集合论之外的数学实践表明情况并非如此。依据亚历山大 · 格罗滕迪克（Alexander Grothendieck）对阿贝尔范畴（Abelian categories）的公理化，线性空间是阿贝尔范畴中的任意对象，通过箭头的方式定义。线性变换可以通过阿贝尔范畴中箭头的加减及加法的复合来表达。因此描述线性变换不需要谈及向量空间或其他线性空间，除非这些空间是转换的定义域和值域。通过上述线性变换的定义可以例证在逻辑和集合论之外的数学实践中，数学对象通常能以完全明了的方式得到定义，而无须使用集合论或相似的说明。

结　语

“把范畴论作为数学基础”，这一观点的提出从本质上改变了集合论数学基础的传统理解，以全新的语言对数学实践进行重解，不仅消解了集合论数学基础所引发的悖论，更为数学基础问题的研究提供了新的视角与解答。尽管这一主张受到了集合论者及其他结构主义者的质疑，在一段时间内还会面临新的挑战。但它作为对数学基础的一种可能的崭新解释，正以席卷的方式彻底改变着人们对数学本质的看法。而以范畴论为基础兴起的范畴论结构主义，无疑是诠释数学结构主义的最佳语言，其作为数学结构主义的恰当理论框架，必将成为一个具有发展前景的纲领，在本体论、认识论及方法论上为数学哲学焕发新的活力，为传统的问题给出新的诠释和求解。

参考文献

[1] Benacerraf P. What numbers could not be. The Philosophical Review，1965，74（1）：47-73.

[2] Mac Lane S. Structure in mathematics. Philosophia Mathematica，1996，4（2）：174-183.

[3] Hellman G. Does category theory provide a framework for mathematical structuralism? Philosophia Mathematica，2003，11（2）：129-157.

[4] Awodey S. An answer to Hellman's question：“does category theory provide a framework for mathematical structuralism?” Philosophia Mathematiea，2004，12（1）：54-64.

[5] Mclarty C. Exploring categorical structuralism. Philosophia Mathematica（3），2004，12（1）：37-53.

[6] Cole J C. Mathematical structuralism today. Philosophy Compass，2010，5（8）：689-699.

[7] McLarty C. Recent debate over categorical foundations//Foundational Theories of Classical and Constructive Mathematics. Berlin：Springer Netherlands，2011：145-154.

[8] Hellman G. What is categorical structuralism//The Age of Alternative Logics. Springer Netherlands，2006：151-161.

[9] McLarty C. Learning from questions on categorical foundations. Philosophia Mathematica，2005，13（1）：44-60.

[10] Pedroso M. On three arguments against categorical structuralism. Synthese，2009，70（1）：21-31.

[11] Shapiro S. Philosophy of mathematics：Structure and ontology. New York：Oxford University Press，

1997.

[12] Awodey S. Structuralism in Mathematics and Logic：A Categorical Perspective. Philosophia Mathematica，1996，4（3）：209-237.

[13] 保罗·贝纳塞拉夫，希拉里·普特南．数学哲学．朱水林等译．北京：商务印书馆，2003.

[14] 斯图尔特·夏皮罗．数学哲学——对数学的思考．郝兆宽等译．上海：复旦大学出版社，2009.

埃弗雷特：量子力学多世界解释的缔造者*

贺天平　乔笑斐

测量难题和量子力学解释一直是物理学哲学的核心课题。多世界解释于1955年提出，一开始备受冷落，直到1967年，经过德·维特的宣传开始逐渐为人们所接受，如今多世界解释已经为物理学家所熟知。而国内对该领域涉猎极少，自《中国社会科学》2012年第1期发表“量子力学多世界解释的哲学审视”之后，才日益受到国内学者关注。为了让人们进一步了解该理论及其发展始末，本文将对量子力学多世界解释的缔造者——埃弗雷特做进一步的挖掘。埃弗雷特被誉为“多世界理论之父”“平行世界理论之父”，然而，这并不是最值得埃弗雷特骄傲的地方，他更多地被誉为“美国成功的国防防御专家”和承包商，有权获得美国最高军事机密。就是这样一位天才式的人物不仅有着奇妙的科学思索，还有着坎坷的传奇人生。

一、天才的诞生及当时的量子力学诠释

1930年11月11日，埃弗雷特出生于美国华盛顿。埃弗雷特的爷爷是华盛顿邮局的一名印刷工，后来自己开了一家出版公司，这个公司一直由埃弗雷特的叔叔查尔斯（Charles）经营。20世纪30年代中叶，在美国经济大萧条的冲击下，该公司被迫关闭。埃弗雷特的父亲休·埃弗雷特·杰（Hugh Everett Jr）是1928～1936年世界1000码①步枪射击的纪录保持者，1936年加入了华盛顿国民警卫队（DC National Guard），开始了他的军旅生涯。1940年，面对第二次世界大战的威胁，埃弗雷特的父亲作为一名军事参谋官加入了克拉克（Gen. Mark Clark）的第五集团军，开赴意大利战场。埃弗里特的母亲凯瑟琳·肯尼迪（Katherine Kennedy）是一名优秀的作家，在文学期刊上发表了很多小说和诗歌，

---

* 本文为国家社会科学基金项目（10BZX023）、教育部新世纪优秀人才支持计划项目（KCET-08-0884）、教育部人文社会科学重点研究基地重大项目（07JJD720050）、山西省高校人文社科基地项目（2011303）、山西省回国留学基金项目（1105909）成果。

原文发表于《山西大学学报（哲学社会科学版）》2014年第1期。

贺天平，山西大学科学技术哲学研究中心教授、博士生导师，研究方向为物理学哲学；乔笑斐，山西大学科学技术哲学研究中心硕士研究生，研究方向为物理学哲学。

① 1码=0.9144米。

她的很多作品在她去世后，由埃弗雷特整理发表在她的母校华盛顿大学的杂志上。1937 年，埃弗雷特 7 岁，他的父母离婚。之后，埃弗雷特一直跟父亲和继母萨拉（Sarah Everett née Thrift）生活在一起，同时与他的母亲凯瑟琳的关系日渐疏远。后来，凯瑟琳患上了严重的忧郁症，很快离开了人世[1]。

埃弗雷特的童年是苦涩的，不仅遭遇家庭的破碎，而且又赶上美国经济大萧条和第二次世界大战，生活极其艰难。不过这位物理学大厦的撼动者在艰难的环境中锻炼出了坚强的毅力，并且从小就表现出了超乎常人的智力及对自然世界浓厚的兴趣。

1942 年，12 岁的埃弗雷特写信给爱因斯坦，并提出了一个艰深问题："究竟是某种随机性的东西还是一致性的东西掌控宇宙?"爱因斯坦面对这位小天才的问题，非常认真地做了答复："亲爱的休，不存在不可抗拒的力，也不存在固定不移的物体。但是，似乎存在着一个非常固执的男孩已经成功地为了这一目的突破了由他自己创造的奇异困难。您真诚的爱因斯坦。"[2]偶像的鼓励无疑给埃弗雷特幼小的心灵注入了强大的动力，10 年之后，成年的埃弗雷特继续固执地思考他的问题，最终和爱因斯坦一样为探索物理学的终极问题做出了自己的贡献。

1950 年，埃弗雷特进入华盛顿的美国天主教会大学学习化学，1953 年以全优的成绩获得了学士学位。当时的埃弗雷特家庭并不富裕，他的父亲只是在亚历山大港附近的卡梅伦驻地后勤部工作的一名基层上校。为了能在著名的普林斯顿大学继续深造，埃弗雷特申请并得到了美国国家科学基金会（National Science Foundation）的资助。虽然埃弗雷特对理论物理学拥有浓厚的兴趣，但是他的奖学金资助项目要求他进入数学系从事博弈论的研究。进入普林斯顿大学后，埃弗雷特一边从事着关于博弈论的数学研究，同时选修了物理系的电磁学和量子力学课程，并在第二年成功转入了物理系，天才的工作也从此真正开始。

第二次世界大战之后，大批科学家移居美国，美国逐渐取代欧洲成为世界科学研究的中心。物理学家们在政府资金的大力支持下主要从事技术开发和理论的应用研究，很少有人关注对终极理论的形而上学的思考。不确定性原理被物理学家们广泛接受，但是很少有人对玻尔的互补性原理感兴趣。玻尔的互补性原理被物理界人士认为太模糊、太哲学化，无法对科学实验做出明确的预设。玻尔关于量子力学的很多哲学性的思考，大多在学术期刊或是在学术会议上才被提及，而年轻一代的物理学家，对量子力学的理解通常只局限于教科书，而在 1928 ~ 1937 年，美国出版的共 43 个版本的量子力学教科书中，有 40 本提到不确定性原理，只有 8 本提到玻尔的互补性原理[3]。

量子力学的哥本哈根解释，经过了玻尔、泡利、海森堡、玻恩等人的发展，尽管他们各自的工作有所差别，但是他们都支持两个观点即非决定论和微观世界与宏观世界的二元分离。在玻尔看来，量子力学的问题不仅仅是一个解释问题，更是一个关于认识论的哲学问题。微观层面上发现的新的物理现象，是传统的物理学完全没有办法解释的，因此传统的认识论必须革新。玻尔作为哥本哈根学派的领袖，堪称20世纪最伟大的物理学家、哲学家之一，具有超凡的人格魅力，为量子力学的发展做出了极为重要的开创性工作。玻尔主持的哥本哈根理论物理研究所成立于1921年，几乎为包括海森堡、泡利、狄拉克、惠勒在内的整个一代的物理学家提供了引导。尽管玻尔的互补性原理自一开始提出就受到了爱因斯坦等人的激烈批判，但是到了20世纪30年代，批判的声音逐渐微弱，出于对玻尔的尊敬，很多物理学家不想对玻尔提出反驳，同时玻尔的支持者也在努力维持着哥本哈根学派的权威，这一点从后来惠勒对埃弗雷特工作的态度可以看出来。

20世纪30年代之后，哥本哈根解释一直维持着学术权威。但是到了50年代，这种状况开始改变。爱因斯坦早期对互补性原理的质疑逐渐受到了哲学家们广泛的关注。波动力学的创始人薛定谔在一次都柏林的研讨会上，公开对互补性原理提出质疑。1952年，年轻的美国物理学家玻姆提出了隐变量理论，在物理学界引起了极大的反响，对哥本哈根解释造成了极大的冲击。50年代后期，古瑟尔·路德维希（Gunther Ludwig）提出了他的热力学解释，他把宏观的测量仪器作为一个热力学系统，这样在量子力学体系里，测量就有了确定的结果。更重要的是，50年代物理学家开始关注宇宙学和广义相对论的问题，他们希望用量子力学来解决引力问题，但是互补性原理并不能解决这些问题。尽管针对每个挑战者，哥本哈根学派都做了有力的回应，但是作为正统解释的哥本哈根解释的地位已经大大降低，对测量难题的重新思考，已经成为不可忽视的问题。

当时的普林斯顿大学在美国物理学界享有极高的声誉，很多著名的物理家曾在这里任教，浓郁的学术氛围对埃弗雷特的学术事业产生了很大的影响。爱因斯坦从1933年离开德国之后就一直定居普林斯顿大学。爱因斯坦在1954年曾做过一次关于量子力学悖论的演讲，并强调："我不相信仅仅观测者一个简单的行为就使观测结果发生剧烈改变。"爱因斯坦还曾经邀请惠勒和他的学生们到家里喝茶，讨论物理问题。量子力学重要的开创者冯·诺依曼和玻姆也曾在普林斯顿大学任教，他们分别编写的量子力学教科书是埃弗雷特关于量子问题思考的主要来源（玻姆是美国的马克思主义者，于1951年由于反共产主义的麦卡锡主义者的迫害离开了普林斯顿大学，所以埃弗雷特没有见过玻姆）。

二、量子力学多世界解释的提出

埃弗雷特真正的科学生涯始于1954年，也就是转入物理系的这一年，他对多世界理论最初的思考，有一段传奇的经历。在一次毕业聚会上，埃弗雷特遇到了物理学泰斗玻尔的助手彼得森（Petersen）。彼得森对量子力学研究有着近乎宗教般的热忱。24 岁的埃弗雷特此时已经是一个能力极强的思考者，对于量子力学的基本问题已经进行了长时间的思考，他和彼得森侃侃而谈，表达了自己完全不同于传统的独特理解。这次漫谈具有非常重要的意义，为他后来的工作奠定了坚实的基础。

1955 年的夏天，埃弗雷特将他关于量子力学的思考写成了一本长达 137 页的手稿《宇宙波函数理论》（*The Theory of the Universal Wave Function*），由他的妻子南希·戈尔（Nancy Gore）打印和整理（这个草稿直到 1973 年才被重新整理出版）。同年 9 月，埃弗雷特将两篇简短的论文交给了他的导师惠勒。惠勒曾经做过玻尔的博士后和玻尔合作发展出核裂变理论，并且作为首席科学家参与过“曼哈顿计划”，主要从事原子核结构、粒子理论、广义相对论及宇宙学等研究。几天后，惠勒答复，首先他认为这两篇论文都是很重要的工作，第一篇《相互关系的定量测量》（*Quantitative Measure of correlation*）可以准备发表。但是关于第二篇《波动力学中的可能性》（*Probability in Wave Mechanics*），他讲道：“老实说，我完全没信心将它拿给玻尔看，因为它几乎是完全不可理解的。”而且在埃弗雷特提到“观测者在测量过程中分裂”时，惠勒在批注中写道：“分裂？换一个更合适的词。”在总结中，埃弗雷特用一个有记忆的阿米巴变形虫比喻世界的分裂[4]，惠勒批注道，“这个分析看起来完全是迷惑读者的诡辩”[1]6。

惠勒虽然完全理解埃弗雷特工作的重要性，但是他拒绝挑战玻尔的权威，并多次强调埃弗雷特的理论是对哥本哈根解释的补充而不是背叛。惠勒的劝导可谓用心良苦，在理论物理界长期工作的他，完全明白冒昧地挑战权威意味着什么，要想被学界接受就必须做出必要的让步。显然埃弗雷特并不理解老师的用意，即便最后依照惠勒的要求做出了退让，但是内心一直对哥本哈根解释表示怀疑，并在后来写给德·维特的信中，他直截了当地表达了他的质疑。

在量子世界里，粒子以叠加态的形式存在，如一个电子，在非测量过程中以叠加态的形式存在，同时拥有不同的位置、动量和自旋。但是，在测量过程中，一旦测量完成，就只能得到一个确定的结果，即测量之后仅仅能得到叠加态的其中一个态，而不是全部。这与宏观世界截然不同，宏观世界人们从来没有观测到有叠加态的存在。薛定谔方程描述了量子系统波函数随时间的演化，而演化过程本身是决定性的并且在时间上是可逆的。而在测量过程中，数学上严格推演的叠加态却坍缩为其中的一个态，这样就打破了波函数演化在数学上的连续性。这就是著名的测量难题。哥本哈根解释在处理测量难题时主要可归结为两点：一点是认为宏观和微观是天然分离的，分别遵循不同的规律；另一点是对坍缩问题只给出了概率解释，对其本质却一无所知。

埃弗雷特对测量问题重新进行了思考，把宏观和微观世界合并起来考虑测量难题，以此来消解传统解释微观和宏观完全分离的局面。他把被测量系统、测量工具和观测者整体一起看作一个量子系统，并且用一个宇宙波函数来描述，就这样宏观物体也纳入了量子体系中，在这个宇宙波函数描述的孤立系统中，波函数是决定性演化的，不需要坍缩。同时在这个假设下，观测者的波函数，会在每次测量后发生分叉，宇宙波函数会包含叠加态的所有分支，也就是说叠加态的每种可能都会实际发生。观测者在每测量一次之后世界就发生了一次分叉，每个平行的世界仅能感觉到发生在自己世界中的一个结果。根据薛定谔方程的数学形式，每个分支都独立存在，每个分支的演化也完全不受其他分支的影响。比如一个处于叠加态的电子有 A 和 B 两个状态，一次测量后，在一个分支中，观测者看到电子处于 A 状态，而在另一个分支中，观测者看到电子处于 B 状态。每个观测者仅能观测到自己所处世界中的那个态，每个分支都同样实在地存在。他称这种解释为相对态解释[5]。

埃弗雷特并不是质疑正统解释的第一人，但是他在薛定谔方程的基础上，为他的相关态解释构建了严密的数学结构和逻辑形式，提出了宇宙波函数的假设，无疑是非常新颖、非常具有启发意义的。但是，平行宇宙的假设，作为他理论的一个推论，也不可避免地出现了。这也是一开始他的理论无法为人们所接受的一个很重要的原因。

1957 年 3 月，埃弗雷特接受惠勒的建议，对论文原稿进行了大量删剪和修改，仅保留了原来三分之一的内容，最终完成了他 36 页的博士论文。后来据惠勒回忆："我非常清楚埃弗雷特论文的深度，但是同样发现它的内容几乎是不可理解的，连我自己都难以理解，更不用说其他人……我的真正意图只是为了让它看起来更容易理解一些。"同年 4 月，埃弗雷特正式向答辩组递交了他的论文，惠勒和他的同事巴格曼（V. Bargmann）在评语中写道，埃弗雷特对问题的构思及解决方法完全是原创性的，这篇论文对我们理解量子力学的结构具有重大意义，最后他们推荐答辩组接受他的论文。4 月 23 日，埃弗雷特顺利通过了口头答辩，答辩组总结道，申请人成功通过了测试，他处理的是一个非常困难的主题并且明确地、清晰地、逻辑严密地为他的结论做了辩护，他展示出了坚实的数学功底、敏锐的逻辑分析及出色的表达自己的能力。

三个月后，《现代物理学评论》发表了埃弗雷特的论文，标题为"量子力学的相对态解释"（*Relative State Formulation of Quantum Mechanics*）。德 · 维特（Bryce DeWitt）是量子引力论的主要奠基人之一，当时是现代物理学评论杂志的编辑。德 · 维特为埃弗雷特的论文写了一个八页的评论，他认为埃弗雷特的工作看起来更像是哲学而不是物理，他同时也敏锐地发现埃弗雷特对系统外的观测者的预示和爱因斯坦的惯性定律非常类似。尽管德 · 维特认可埃弗雷特理论的数学结构和物理假设，但是他并不同意埃弗雷特的关于世界分裂的推论及平行世界的假设。虽然埃弗雷特并不完全认同德 · 维特的质疑，但有人关注和评论他的理论他还是非常高兴，特别是像德·维特这样的学术权威。

在给德·维特的回信中埃弗雷特首先表示非常感谢德·维特的评论，接着对理论的实在性提出了自己的理解："让我澄清这样一种观点，对哥白尼日心说的最基本的质疑就是，地球运动作为一个物理事实和我们的日常经验不符。但是一个包含地球运动的理论只要和地球上的居民无法感觉地球运动这一事实的理论相一致就是可接受的，如牛顿定律。因此为了辨别理论是否与我们的经验相悖，要看理论自身预言的经验本身是什么样的"。

从这个理论（指他的多世界理论）的视角来看，叠加态的所有元素都是"真实的"，没有那个比其他更加真实[6]。对于已有的传统解释，埃弗雷特也提出了质疑："我确信，这个理论是目前最简洁合理的解释。隐变量理论，对我来说，是累赘而虚伪的。哥本哈根解释由于对经典物理学的先天依赖，注定是不完备的，同时从宏观世界推导出来的'实在'这个哲学怪物，也完全不适用于微观领域。"[6]

1959 年，在惠勒的帮助下，埃弗雷特到哥本哈根拜访玻尔并试图和他讨论多世界理论。事实证明这次会晤对于埃弗雷特来说是一场彻头彻尾的灾难。多年之后，埃弗雷特回忆起这段经历时说："地狱，一开始就注定是地狱。"这位 75 岁的科学元老拒绝去讨论任何"理论新贵"（any new upstart theory）。在短暂的会面中，玻尔也似乎完全没有给埃弗雷特表达的机会。玻尔的追随者罗森菲尔德在谈及埃弗雷特的这次拜访时，形容埃弗雷特是不可思议的愚蠢，简直无法理解量子力学中最简单的事情。待了六个星期后，埃弗雷特极其失望地离开了哥本哈根，从此再也不想提起这段灰暗的记忆。

对于埃弗雷特的工作，在他的论文发表后，便立刻陷入了沉寂。很少有人再讨论他的理论甚至连他的老师惠勒也不愿再提及。对于一个科学家来说最大的伤害不是激烈的反驳而是对他的彻底无视，就像是一个演员，准备了华丽的表演却无人欣赏，这种漠然的无视深深地刺痛了他敏感的神经，尽管他的理论在熟识他的人当中得到了一定的认可。伟大的发明，就像是宿命，一开始往往很难得到人们的认同，当已经年迈的伽利略不得不接受审判，向教会表达自己的忠诚时，当孟德尔在教堂的后院孤独地种豌豆时，连他们自己也想不到 200 年后的今天他们的成就会最终得到广泛的承认。天才的悲剧就在于此，他们总是太聪明、太孤独、太超前于时代。不过从某种意义上说，埃弗雷特也是幸运的，这样的沉寂一直持续了十几年之后，终于还是得到了承认。埃弗雷特的理论在 20 世纪 70 年代被著名的量子力学史专家马克斯·雅默（Max Jammer）称为"20 世纪保守最好的秘密之一"[7]。

三、离开学术界开始新的生涯

天才的头脑从来不会缺少创造的源泉，在失望地离开物理界之后，埃弗雷特又把他异乎寻常的创造力投入了新的领域中，取得了更加辉煌的成绩。

1956 年，埃弗雷特的导师惠勒离开美国到荷兰的莱顿大学接受教职，埃弗雷特不得不推迟他的论文答辩，同时埃弗雷特加入了美国国防部的五角大楼武器系统评估小组（Pentagon WeaponsSystems Evaluation Group，WSEG）。同年 10 月，在参加了在圣地亚实验室（Sandia Laboratories）的一个前沿培训班之后，他开始认识和熟悉了计算机建模，后来他的所有工作几乎都是和计算机分析相关的。埃弗雷特正式开始从事核武器的研究，计算核战争可能导致的死亡率和放射性物质的含量。1957 年年初，埃弗雷特开始主持领导武器系统评估组的数学部，期间他提出了发展超级计算机的构想，在军事战略上为选择氢弹试验目标提供了最优化战略分析，设计了用轰炸机、核潜艇、导弹实施核打击的最优化部署。当然，在国防部很多研究都是严格保密的，可以推测这些仅仅是埃弗雷特所从事工作的一小部分。1965 年，埃弗雷特这样总结了他在武器系统评估小组所做的工作："负责研究数学技术和数学模型；挑选，规划和运行 WSEG 的计算设备；主持领导 WSEG 的研究计划；开发了大量军事领域的数学建模技术；开发了大量的计算机程序，子程序和实用的方法来支持 WSEG 的计划。"[1,9]

不得不提的是，埃弗雷特在他的军事顾问生涯中又做出了两项突出贡献。一个是在 1960 年，他主持撰写了"武器系统评估小组第 50 号文件"，这份文件至今未解密，但是根据专家的推测，第 50 号文件是关于如何有效使用核武器的评估报告。这份报告得出的结论是核战争必然导致共同毁灭，即核战争没有最终胜利者。这个结论在决策层引起了很大的轰动，同时给那些试图先发制人的发动核战争消灭苏联等社会主义国家的战争狂热者一颗强烈的定心丸。事实证明埃弗雷特的分析工作，要比仅仅出于人道主义关怀的呼声有用得多。

另一个突出的贡献是产生于 1959 年的哥本哈根之旅，尽管和玻尔的会面令人失望，但是在哥本哈根的一个小旅馆里，埃弗雷特构想出了解决博弈论最优化问题的一套有效的数学方法，即拉格朗日乘数法（Lagrange multiplier method），也被后来称为埃弗雷特算法（Everett algorithm），这也是他除了多世界解释之外另一个重要的学术贡献。在数学最优化问题中，拉格朗日乘数法（以数学家约瑟夫·路易斯·拉格朗日命名）是一种寻找变量受一个或多个条件所限制的多元函数的极值的方法，但是不可用于非连续不可积的方程。但是实际应用中，常常需要求解一些不连续不可积的方程，埃弗雷特所做的工作就是将拉格朗日乘数法加以扩展来求解这些方程。这一方法的后来进展，得益于哈尔德（Hald）和查恩斯（Charnes）关于旅行售货员问题（the traveling- salesman problem）的研究工作（关于售货员如何走遍每个城市，同时使所走路线最短）。虽然如今埃弗雷特因他的多世界理论而享有极高的知名度，但是他对拉格朗日乘数法的扩展具有更加重大的实际意义，这种方法被应用到了非常广泛的领域，包括战争部署、工业生产线的调配甚至学校公共汽车的行程路线安排。

1964 年，埃弗雷特和原来几个在武器系统评估小组的几个同事，成立了隶属于加利福尼亚州的圣巴巴拉市防御研究公司（Defense Research Corp）的拉姆达部（Lambda Division）。除了主要的军事研究项目，他们也部分从事系统分析和计算机建模的民用领域的研究。1965 年，埃弗雷特和另外四名同事又成立了独立的拉姆达公司，同时被选为公司负责人。公司里的研究人员可以说个个是精英，来自包括物理学、数学、化学在内的各个学科领域。每位成员都拥有极强的解决复杂问题的能力，经常被安排处理极为复杂和充满挑战的工作。公司主要致力于为著名的纳什均衡发展一个实际应用的模型，特别是在战争中的两难问题。1971 年，埃弗雷特开始关注贝叶斯理论（一套数学的方法关于如何从过去的事件中吸取经验来预测未来事件）的应用并建立了贝叶斯机器的原始模型（一个拥有一定学习能力的机器并能做一些简单判断）。

后来，拉姆达的前员工约瑟夫·乔治·考德威尔（Joseph George Caldwell）回忆起在拉姆达的生活，“每到周五的下午就是拉姆达员工的‘雪利酒时间’（Sherry Hour），每个月都有方形舞晚会和扑克牌比赛，还有每年一度的家庭野餐，埃弗雷特在美属维尔京群岛（Virgin Islands）买了一套海滩公寓，度假的时候我们大都住在那里，埃弗雷特的太太南希是一位非常和善、平易近人的女士。”[1]12 考德威尔也提到了一些关于埃弗雷特的私人生活：“他的家里有一个室内游泳池，他喜欢在高档饭店吃饭，他非常喜欢拍照并将他的迷你相机随时带在身边。”

1973 年，埃弗雷特离开了拉姆达并和他的朋友唐·莱斯勒（Don Reisler）成立了一家数据处理公司 DBS。主要从事一些系统的分析和设计，比如一种新的保护电脑文件和程序的方法，一种检测电脑系统运行效率的方法，小车最优化路线的方法等。20 世纪 70 年代埃弗雷特开始热衷于他的创业生涯。他和伊莱恩·莱斯勒（Elaine Reisler）成立了一个软件公司 Mono-Wave。这个公司是埃弗雷特成立的唯一一个至今还在运营的公司，主要开发声音识别系统。同时，埃弗雷特还拥有一家旅行社（Key Travel Agency）和一家租赁公司。

对于他一生的工作，在他死后的讣告中这样总结：“他对国防安全做出了重大贡献，在博弈论的应用领域和政策最优化问题中做出了突出成就，在武器系统评估小组接受并出色完成了最艰难最具挑战性的工作，他是公认的领导者，每个人都认真地遵从他的建议和领导。同时，在实际问题的解决中，埃弗雷特总是超前于他的时代。例如，在 20 世纪 50 年代，他编写了一种计算机文本编辑和版面设计的程序（现在被称为 word 文档编辑器），后来他把它形容为他曾做过的最为复杂的工作。埃弗雷特算法（Everett algorithms）被广泛应用于数学领域，这个算法是那个时代最为有效的工具……”[1]10

四、量子多世界理论重获承认

正值埃弗雷特事业高峰的时候，德·维特开始重新关注埃弗雷特的理论，1970 年，德·维特在《当代物理学》（*Physics Today*）上发表了关于多世界理论的文章，埃弗雷特的理论终于重见天日。1973 年，在学生内尔·格雷汉姆（R. Neill Graham）的帮助下，德·维特整理出版了一套论文集《量子力学多世界解释》，其中收录了埃弗雷特早期的完整论文。出版几个月后就有 485 本精装版、326 本平装版被售出，其中一半多被售往国外。埃弗雷特也逐渐地被物理学家提及，普通的读者也通过流行科幻小说杂志《模拟》（*Analog*）开始认识了他。不久之后，多世界作为一个科幻题材很快得以流行，并且为了表示纪念很多科幻故事的人物也以埃弗雷特的名字命名，如在美国的流行科幻剧《星际之门》（*Star Gate*）中命运号的上将指挥官名字就是埃弗雷特。不过多世界的发现，科幻小说家似乎远早于科学家，1938 年杰克·威廉姆斯（Jack Williamson）在《多重的时间》（*The Legion of Time*）这样描述："在亚原子非决定论的幻觉中，地平线产生出无限可能的分支。"不过科幻小说关于多世界的描述和埃弗雷特的解释是根本上不同的，埃弗雷特强调观测者仅仅能观测到世界的一个分支，但科幻小说通常处理成多重世界反直觉的交叉。

1977 年的春天，埃弗雷特接受了德·维特和惠勒的邀请到得克萨斯大学奥斯汀分校参加一个关于人类意识和电脑意识问题的研讨会，此时的埃弗雷特已经非常富有，他和他的家人驾着黑色加长林肯来到了奥斯汀。在这里他第一次见到了德·维特并受到了极为热情的款待。由于埃弗雷特特殊的习惯，他还被特许在大学的礼堂里抽烟。埃弗雷特毫无疑问成了这次研讨会的明星，不论走到哪里都被一大群学生簇拥着，他也第一次尝到了自己的理论被重视的感觉，也非常喜欢和学生的这种面对面的交流。

当时，虽然埃弗雷特的理论得到了广泛传播，但是仍存在很大的争议。不过，必须承认的是，物理学家们再也不能忽视他提出的问题了。斯坦福大学的理论物理学家史蒂芬·申克（Stephen Shenker）这样评论："大约在 70 年代末，我第一次听说埃弗雷特的解释时，我认为这简直太疯狂了。而现在，在弦论和量子宇宙学中讨论的问题与埃弗雷特的解释非常类似，加上最新的量子计算机的发展，这些问题看上去不再是不切实际的胡思乱想。"[8]

1970 年，海德伯格大学的泽（H. D. Zeh）首次提出了退相干理论。根据退相干理论，当系统与测量仪器和外界环境相互作用后，就会发生退相干过程。这样就可以解释为什么我们在实际中只能感知到彼此已无相干性的经典分支，而无法感知具有相干性的量子叠加态，从而进一步证明了多世界解释。

在埃弗雷特离开得克萨斯大学之后，为了让他重回物理界，惠勒计划在加利福尼亚建立一个理论物理研究所，研究量子力学的深层问题，埃弗雷特也表达了他重回物理界的愿望，但是最终由于种种原因这个计划未能实现。这无疑又在埃弗雷特的旧伤口上撒了一把盐，从此埃弗雷特在很长一段时间拒绝谈论任何关于自己物理学研究的过去。

如今多世界解释已经被人们广泛接受。1988 年，政治学者罗伯（L. D. Raub）对 72 位宇宙学家和量子物理学家进行了一次关于多世界解释的调查。其中，认为“多世界解释是正确的”比例为 58%；“不同意多世界解释”的比例为 18%；“可能它是正确的，但现在我并不确信”的比例数为 13%；“我不知道”的比例数为 11%。1999 年 7 月，在剑桥的牛顿研究所举行了一次关于量子计算的会议，其间人们对量子力学解释再一次进行了投票表决，刷新了量子力学解释排名。其中，坚持多世界解释者为 30 人；哥本哈根解释为 4 人；修正的量子动力学（GRW 等）有 2 人；隐变量解释有 2 人;；其他解释（包括未决定者）有 50 人[9]。2001 年 2 月，惠勒和泰格马克（Max Tegmark）发表了一篇纪念量子发现 100 周年的文章。在这篇文章中，他们认为，退相干理论和最新的实验表明，多世界解释已经取代了正统的哥本哈根解释，而成为大多数物理学家都认可的量子力学的新的正统解释[10]。

20 世纪 80 年代至今，基于多世界解释的越来越多的诠释理论涌现。第一种进路是“视域或心灵”的认知思路，第二种进路是“历史概念”的认知思路，第三种进路是“纤维”的认知思路[11]。多世界解释已经远远超出了埃弗雷特最初发展的模式，演变出了更加广泛的物理和哲学上的内容，并得到了广泛认可和传播。

五、伟人的逝去

1982 年 7 月 19 日的一个早晨，迈克发现自己的父亲已经停止了呼吸。时年 52 岁的埃弗雷特死于突发性心脏病。过渡的吸烟、酗酒，喜欢垃圾食品及长时间的忧郁可能是导致他突然死亡的重要原因，他本人也从来不相信医学的警告，认为高胆固醇会影响健康纯粹是胡说。

虽然埃弗雷特在事业上和科学研究中取得了极大的成就，但是这并不能掩饰他性格上的瑕疵。他之前的同事莱斯勒（Reisler）这样评价：“他是个毫无同情心的人，他总是冷漠无情地对待他的工作，毫无人情味可言。”

约翰 · 巴里（John Y. Barry），埃弗雷特在武器评估小组的同事，也对他的道德品质表示怀疑。在 20 世纪 70 年代，巴里代表摩根公司（J. P. Morgan）雇佣埃弗雷特研究预测股市的方法，埃弗雷特也接受了摩根公司的经费。但是，“在取得成功之后，埃弗雷特却拒绝将代码交给摩根公司并声称拉姆达公司已经支付了全部的预算。后来他还将以此为基础开发的系统卖给了联邦政府。他利用了我们……总之，他聪明、富有革新精神，但是圆滑、靠不住并且私下里是个酒鬼”[1]13。埃弗雷特甚至把生活本身看作一场博弈，他认为生活的目的就是尽可能享受最多的快乐，他从事物理学研究，从事战略分析，从事计算机建模，只是因为这些工作能给他带来快乐和成就感[12]。

在家庭生活中，他的心似乎也从来没有真正属于过他的家庭。他不是个好父亲，也不是个好丈夫，据他的儿子迈克回忆：“父亲，作为一个物理学家从来没有陪伴过我，在家里，除了嘲弄与讽刺，我感觉不到他的一丝爱意。”儿时的迈克就非常自闭，不得不经常去看心理医生，他逃学，吸食大麻和毒品，用了 5 年时间才彻底戒除了毒瘾。后来，迈克来到洛杉矶，组建了一支摇滚乐队 Eels，并取得了很大成功。他在他的很多作品里都表达了极其浓郁的悲伤和孤独。他对他父亲的工作几乎没有任何了解，直到他的父亲去世，他才开始了解他父亲的事业和成就，并且对其表示了宽容和原谅。

迈克的姐姐伊丽莎白（Elizabeth）不幸地嫁给一个沉湎于毒品的男人，后来自己也染上了毒瘾，变得精神恍惚，曾多次试图自杀。1982 年就在埃弗雷特去世的前一个月，迈克及时发现了试图自杀并且已经无意识的伊丽莎白，并立即把她送往医院，晚上埃弗雷特得知女儿自杀未遂的消息后，只是视线从报纸上短暂的移开然后淡淡地说：“我不明白她为何如此悲伤。”[8]1996 年，39 岁的伊丽莎白吃了过量的安眠药自杀了，在她的钱包里留下一个小纸条，说她将跟着她的父亲进入另一个宇宙。女儿的死严重摧毁了南希的健康。两年后，埃弗雷特的妻子南希死于肺癌，迈克陪伴了她最后的岁月，独自体尝着家人接连逝去的哀伤。

对于伟大的人物，人们通常总是习惯性地将其想象为完美的化身，但这都是人们思维的误区，对于埃弗雷特，我们应该表现出应有的宽容。他总是若有所思地沉浸在自己的思维世界中，思考那些持久困扰人类的终极问题，对他来说现实世界似乎比想象更加虚幻。

尽管离开了物理界，但是埃弗雷特的物理梦想从来都没有消失，1973 年在和朋友唐·莱斯勒成立了 DBS 时，两人一起约定将他们所有的论文草稿锁进箱子，并且十年之内不打开箱子也不讨论相关内容，一心一意经营他们的生意。假如十年后他们成功了，他们将有时间阅读和探讨这些内容，假如失败了一样有时间，因为十年都不能成功那么注定也不可能成功。就在埃弗雷特逝世的前一两年，在一次午餐时，莱斯勒提起了一个严肃的话题：生命的意义是什么？如果明天就是世界末日会如何总结自己的一生。埃弗雷特说，他非常满足自己曾拥有的一切，并且会了无遗憾地离去。然而就在他十年之期的最后一年，他毫无征兆地离开了，或许他从来没想到自己会这么突然地离去。在某种程度上说，埃弗雷特从来没有真正进入物理界去从事自己喜欢的工作，这对这位伟大的物理天才来说绝对是一种讽刺，了无遗憾？怎么可能了无遗憾。

如果埃弗雷特的平行世界真的存在，我们可以想见或许在某个世界中埃弗雷特的理论一开始就受到了广泛认同，他在自己喜欢的物理界继续努力，做出了更加重要的工作，并在某一年光荣地登上了诺贝尔奖的奖台，而此时年迈的他厌倦了鲜花和掌声，在一个僻静的小屋里叼着烟静静思考着属于他自己的问题，随手翻开自己最初工作的手稿，望了望窗外，已经是黎明。

参 考 文 献

[1] Shikhovtsev E. Biographical Sketch of Hugh Everett. III. http：//space. mit. edu/home/tegmark/everett [2012-04-13].

[2] 张丽. 量子测量中的多世界解释理论研究，中共中央党校，2011：45.

[3] Osnaghi S，et al. The origin of the Everettian heresy. Studies in History and Philosophy of Modern Physics. 2009.

[4] Hugh Everett. The Amoeba Metaphor. http：//www. stealthskater. com/Documents/MWI_ 02. pdf [2012-04-13].

[5] Everett H. Reative State Formuation of quantum mechanics. Reviews of Modern Physics July，1957：454-462.

[6] Everett H. Everett's Letter to Bryce Dewitt of May 31，1957. http：//www. stealthskater. com/Documents/MWI_ 02. pdf [2012-04-13].

[7] 雅墨. 量子力学的哲学. 秦克程译. 北京：商务印书馆，1989：597.

[8] Byrne P. The Many World of Hugh Everett. Scientific American，2007（12）：98-105.

[9] 张丽. 量子测量中的多世界解释理论研究评述. 哲学动态，2010（7）：85-90.

[10] Tegmark M. John Archibald Wheeler：100 Years of the Quantum. Scientific American Feb. 2001：68-75.

[11] 贺天平. 量子力学多世界解释的哲学审视. 中国社会科学，2012（1）：48-61.

[12] Crease R P. The father of parallel universes. Nature，2010：1010-1011.

社会科学哲学

马里奥·邦格的社会科学哲学探析*

殷　杰　吴朋飞

马里奥·奥格斯特·邦格（Mario Augusto Bunge，又译本格，1919～）是加拿大籍哲学家和物理学家。截至目前，还有80多部著作已出版，他已发表400多篇论文，几乎涉及哲学的各个领域。其具有里程碑意义的8卷丛书“基础哲学论”，是对哲学各个方面的系统而严格的研究，并以追求精确哲学为目标的“科学唯物主义”享誉学界。相较于早期物理学哲学和科学唯物主义思想的研究，邦格新近的社会科学哲学思想却较少为国内学者关注。本文试图对邦格的社会科学哲学思想做一总体上的探析。

一、社会科学研究中的哲学困惑

哲学与社会科学共享着许多极其普遍的核心概念、原理和问题，它们联系密切，还有一些部分相重叠。首先，所有的社会科学都使用哲学概念，比如事物、属性、过程、假设、真理等；其次，所有的科学都预先假定一些极其普遍的原则，比如无矛盾的逻辑原则、外部世界的现实的本体论原则和世界的可知性的认识论原则。而且，哲学家的工作必然会对社会科学家处理社会事实和分析社会理论的方式产生影响，包括积极或消极的；实证主义、历史唯物主义、新康德主义、实用主义、现象学和分析哲学对社会科学研究的强大影响就足以证明这一点[1]2。另外，社会科学中实际上也存在着大量的哲学争论[2]4。

邦格认为，这些问题都需要两个领域的合作才能解决，然而事实却是，大多数社会科学家从未深刻检验他们的哲学，这就造成了他们哲学中的混乱。这些混乱主要体现在三个方面。

1. 社会科学研究中核心概念的混乱

社会科学家共同体一致认为，社会科学与逻辑学和数学等形式科学不同，

---

* 本文为国家社会科学基金重点项目（12AZX004）“语境论的社会科学哲学研究”成果。

原文发表于《科学研究》2014年第7期。

殷杰，山西大学科学技术哲学研究中心教授、博士生导师，研究方向为科学哲学；吴朋飞，山西大学科学技术哲学研究中心博士研究生，研究方向为科学哲学。

它研究的是社会事实，属于事实科学。然而，关于什么是社会事实，甚至事实一词的含义，人们都未形成一致性看法：或认为它指示一个事件，或等同于数据，或将其看作一个特殊的真命题。而在后现代主义思想中，事实要么等同于符号或隐喻，要么被看作社会建构或社会惯例，这就造成了社会科学中事实与真理概念的混乱。对社会事实的认识更是莫衷一是。自然主义者认为，社会事实是与自然事实一样的存在；社会生物学家把社会事实看作一种特殊的自然事实；唯心主义者，尤其是解释主义者，将社会事实置于自然之上。个体主义者认为，“社会事实的基本单元是个体的人，只有个体独立存在”[3]107，他们否认拥有自身属性的超个体实体的存在，否认对集体研究的合法性，或者说，他们认为这样的事实都只是个体行为的集合。与之相反，整体主义者仅仅把外在于个体或者个体之上的事实看作是社会的。像这种对基本概念的混乱认识，在社会科学研究中比比皆是。

2. 社会科学认识的混乱

关于对社会事实的解释，以经验主义为基础的实证主义者认为，解释一个事实就是将其归入一个一般化概括之中，即从某些解说项中推出待解说项，对社会事实的解释只需要求解说项和待解说项中包含一些社会谓词即可；解释主义者则认为社会事实所需要的仅仅是理解，或者叫“理解性”解释，即理解行为者的目的和意义即可。

方法论个人主义者认为，“解释社会事实始于个体，对社会事实的解释最终必须根据个体的行为和目的做出”[3]150，社会事实乃是个体行为的集合，对社会事实的解释就是对个体行为解释的集合；他们推崇自下而上的解释模式。而方法论整体主义者则认为，社会事实有其自身独特的突现属性和完形属性，只能从整体这个层面来进行解释，因此，对社会事实的解释非但不能还原为对个体行为的解释，相反，对个体行为的解释必须基于对社会事实的解释，从而主张自上而下的解释模式。对社会预测、经验操作等其他社会研究过程的分析亦存在类似的混乱状态。

3. 现有社会科学哲学理论领域的混乱

现有的社会科学哲学领域中存在着纷繁众多的理论形式，并彼此争论不休。主要体现在三个方面。

（1）在社会科学哲学的本体论领域，关于社会实在的性质，不同的社会科学哲学流派有着不同的看法。唯物主义者承认社会事实的实体性存在，认为所有的社会事实都是具体实体的状态或者状态变化；唯心主义者则否认社会事实的实体性存在，认为社会事实要么是理念，要么是理念的体现。具体而言，实证主义者认为社会事实是存在的，它们是可感实体，新实证主义者则把社会事实看作精神实体；结构语言学派认为社会事实是语言或者如同语言一般的存在，解释主义则把社会事实看作文本或者如同文本一般的存在，它们处于历史文化的变动之中。

（2）对处于社会科学哲学本体论的核心位置的社会的本质问题，争论最多的就是“个体主义”与“整体主义”。根据个体主义，社会只是个人的集合体，因此所有的社会研究都最终是对个体的研究，他们把关注点集中于个体，要么否认社会关系和社会系统的存在，要么声称它们都完全可还原为个体和个体行动。整体主义则认为，社会是超越其成员的一个整体，它只能在整体层次上被理解，个人是社会的产物，其一切都决定于社会。此外，还存在着社会自然主义和历史文化主义之争。社会自然主义，包括环境决定论和生物决定论，强调社会与自然的连续性，把社会看作自然的一部分，把现实“等同于自然的唯物主义素朴形态和原始型”，认为“人类只不过是复杂的猿，人类社会仅仅在复杂性上与蚁穴有所不同”[4]6。历史文化主义则把社会与自然相对立，强调社会的非自然特征和人造性。

（3）在社会科学哲学的认识论领域，主要存在两组对立的理论形式：直觉主义和经验主义、实用主义和理性主义。直觉主义认为人类有能力在不进行分析的情况下，即时把握事物和理念，拥有关于事物的某种知识，而且这种知识是绝对可靠的，不需要证据和检验；而经验主义则认为所有的知识都源于经验，尤其是起源于知觉，因此所有的知识都必须是经验上可检验的。实用主义以行动为中心，认为行动是所有知识的来源、内容、检验标准和价值所在，而理性主义则是相信理性。此外，还存在着科学实在论与各种主观主义之间的争论，包括约定论、知识建构论、相对主义、解释主义等。

二、精确化社会科学的理论诉求

邦格分析了上述状况，指出当今社会科学研究中的众多核心要素都是模糊不清的，社会科学和传统哲学一样深受模糊性之害。他认为社会科学研究中潜在的概念、原理和假设的真假，可以并且应该被确定，这对于引导好的社会科学来说是极其重要的[5]783。针对传统社会科学研究中的哲学困惑，邦格提请社会科学家们批判地反思这些混乱，借助于逻辑和数学手段对其重新加以表述，使之消除模糊性，达到精确化和明晰化，以期对社会科学加以改造和重新定位。

1. 社会科学核心概念的精确化

邦格对事物、属性、事件、因果关系等社会科学核心概念的含义做出明确规定，并在此基础上运用数学工具对其进行精确化处理，力图实现社会科学研究中概念的形式化。这具体表现为两个方面。

（1）邦格把属性表示为事物的数学函数，把所有属性的集合表示为事物的状态函数，并主张除存在之外的所有属性和变量都可以被量化。这样，状态函数就成为一个 n 元组的数值函数，从而用状态函数值即可表示在任一给定时间一个系统的状态，状态函数的值域则构成了表示事物的状态矢量空间，可用来表示这一类事物所有可能状态点的集合。此外，不同于传统意义上将事件看作用数量或性质描述其变化的时间点事件，邦格把事件定义为一个状态变化，将状态变化看作过程，从而用状态序列来表示事件，即通过有序对偶〈初始状态，最终状态〉来记述和描写事件。事件可用一个连接初始状态和最终状态的箭头来表示，过程或者历史可被表示为一连串状态，或者一条连续轨迹。

（2）关于因果关系，传统观点认为因果关系连接事物、属性或者状态，可用 $y=f(x)$ 这样的函数关系表达，表示两个属性之间有伴随关系或者恒常连接关系。邦格主张因果关系连接事件，只有事件的变化才能被因果地联系起来，因此，因果关系必须用 $dy=f(x)\cdot dx$ 表达，表示属性变化之间的一种协同关系，而这种关系不能等同于恒常连接。尤其是在社会科学中，智能动物的状态不仅取决于其环境，而且取决于其历史，可能还包含着期望值（目的或者动机）及为了实现期望的计划。因此，不同于自然科学中的因果决定论机制，社会科学中虽然也寻求因果关系，但要复杂得多，因为它不是因果决定性的，社会事件充斥着大量的随机偶然性。

2. 社会科学实践和理论分析的精确化

（1）邦格将形式化的表征大量用于社会科学现实问题的研究，实现分析的客观化、形式化、数学化，提升社会科学的可信度和精确度。例如，对社会学中的指标——贫困指数，邦格先假定贫困就是指不依靠过度劳动、乞讨、犯罪或公共福利情况下无能力满足基本需要，然后假定测量个人通过其诚实劳动所能满足第 i 种基本需要的程度 s_i 是可能的。那么，个人在 i 方面的贫困程度 p_i 就可定义为 $p_i=1-s_i$。个人总的贫困指数便可定义为该个体总的 n 种基本需要的平均值：$P=(1/n)\sum_i p_i=(1/n)\sum_i(1-s_i)$，由此就将贫困指数转变成一个客观指标[2]173。

（2）邦格还通过形式化的分析来处理理论问题。对个体主义的弊病，邦格也是通过数学和逻辑分析来揭示的。他根据个体主义的观点假定社会是个体的集合，得出个体之间的二元关系无法通过个体来定义的悖论。同理，在能够做出“个体 b 属于社会团体 G_i”，简写为“$b \in G_i$”这样一个陈述之前，我们必须已经持有社会团体 G_i 这个观念，这显然与个人主义的基本要求相悖[6]18。通过这样的处理，社会科学中的很多问题便能够更为鲜明地得到呈现。

3. 邦格精确化社会科学的思想来源

邦格在其早期的哲学思想中就已经明确提出哲学的精确化要求，他的精确化社会科学思想可以说是其科学唯物主义思想和科学方法论思想在社会科学领域的具体体现。

1）精确化是邦格科学唯物主义思想的本质特征

邦格在其《科学的唯物主义》一书中指出，截至目前的唯物主义都是一些有点模糊的信念的不定型的混合体，既不能回答由现代科学带来的在自然科学和哲学领域中出现的一些新的观念，如“物质非物质化”“生命非物质化”“物质归结为场，而场是非物质实体”等[7]。也不能应对新的唯心主义学派，如新柏拉图主义、波普尔的世界 3 理论——对唯物主义提出的诘难和挑战。邦格认为，其根本的原因在于唯物主义核心概念表述的模糊不清及与现代知识的不协调。

为了使其转变成为一种明确表达的、与现代科学知识相协调的假设体系，就必须“用精确的公式取代模糊的隐喻，清除陈腐的命题，吸收与现代知识相一致的新假设”[8]17，即实现唯物主义的精确化和现代化。精确化就是用精确性去取代模糊性。邦格认为，“这个目标要通过在任何必要的地方用精确的和丰富的逻辑与数学语言去代替日常语言而得以实现，日常语言是无可救药地模糊和贫乏的”[8]17。现代化就是要使唯物主义与现代科学相一致，既与现代科学知识相一致，又要利用现代科学的工具来改造当下的唯物主义，以适应现代科学与哲学的发展。

邦格将其科学的唯物主义本体论归结为八个特征，其中最能体现其本质特征的有两个：①精确的——每一个有价值的概念都必须是精确的或者可精确化的；②系统论的——每一实体都是一个系统或者某个系统的一个成分（本格）[9]30,31。

2）精确化是邦格科学方法论思想的形式要求

邦格认为，科学方法是获得关于世界的知识的最好的方式，好的理论必须与科学知识相一致，并且与科学的发展保持一致，这是内容上的要求。对于理论形式，一种好的理论必须利用科学方法进行精确化和形式化的表示，使其具有能进行科学分析的形式。也就是说，精确化是科学方法对所有适当理论在形式上的必然要求。

社会科学的精确化，或者说运用数学等形式科学的工具对社会科学进行形式化处理，并非由邦格首创。早在 1838 年法国经济学家古诺（A. Cournot）就在其著作《财富理论的数学原理研究》中提出了后来著名的“古诺双寡头模型”，他通过纯数学的形式精确地表示并分析了经济学中的寡头均衡产量和行业均衡总产量。1892 年，费舍尔（I. Fisher）在其专著《价值论和价格理论中的数学研究》中用数学形式化地解决了经济学中的商品价格、利率、资本与收入的关系、货币的购买力和交易方式等问题。1944 年，冯 · 诺依曼（Von J. Neumann）和摩根斯特恩（O. Morgenstern）在其划时代著作《博弈论和经济行为》中就对经济学中的利益冲突进行了数学化的定量分析。而且，通过对其提倡的经济学中的“最优策略”分析，将数学的形式化推广到经济学之外的社会学、心理学和行为科学中，在当时引起了极大的轰动。这种将数学引入社会科学从而力求社会科学精确化的思想和研究视角一直延续至今，学界不仅陆续出现了相关的研究成果，如 1954 年拉扎斯菲尔德（P. Lazarsfeld）的《社会科学中的数学思维》，1975 年惠勒（R. Wheeler）和皮普尔斯（W. Peeples）的《现代数学及其在商业和社会科学中的应用》，1985 年鲍尔（M. Ball）的《社会科学和生命科学中的数学》，2006 年丹（S. Tan）的《管理学、生命科学和社会科学中的应用数学》。而且，在这一过程中还出现了社会科学的数学化趋势，如 1980 年创刊的《数学的社会科学》杂志，作为社会科学领域专门的数学期刊，主要研究经济学、心理学、政治学和其他社会科学中的数学建模，通过社会科学的数学化来实现社会科学研究的精确化。随着现代科学严谨性和客观性要求的提高，社会科学的精确化必然是社会科学发展的一大趋势。对于数学和数学分析方法在社会科学中的应用，很早就有学者给出了原因所在：①更复杂的社会科学分析导致团队合作的进入，这种分析功能必然依靠一种公共语言，也就是数学；②社会科学渐增的精确性要求，只能通过数学术语的表达才能实现和完成；③对于社会科学现象的描述和分析，不断发展的数学工具与文字描述相比有明显优势[10]；④数学能够拯救社会科学中的许多混乱思想[11]。

当前，社会科学中应用数学来进行形式化和精确化主要还是在经济学中，而将这种数学化思想用于对社会科学最基本的核心概念的定义和分析中，是邦格的首创。对于数学工具在社会科学中的这种新的用法，其合理性如何尚待进一步研究，但邦格显然已经意到它可能存在的不足。邦格指出，在社会科学中，数学与逻辑方法相结合可使一些社会科学的概念实现完全的形式化，构成了在精确性上的进步，但这也是有局限的。因为形式化并不能提供正在讨论中的科学建构的引用指称类，而只能提供它的意义的一部分。为了发现命题的全部意义，我们必须把它置于它的适当的语境中——物理的、生物的、社会的，等等。数学公式自己不能代表任何事实，为了使其能够表示事实，它必须与一些或者更多的语义假设相结合——即识别谓词应该表示的预期指示物及指示物的属性的陈述。一个正确形式化了的事实理论是一个形式体系，或者数学框架，加上一套语义学假设[2]64。

三、系统论的解决方案

对于社会科学哲学理论领域中的混乱，多数学者将其视为默认的事实存在。他们要么对其避而不谈，只探索社会科学中的具体问题，如霍利斯（M. Holis）在其《社会科学哲学》一书中仅就哲学与社会科学共享的很多观念做出了详述。要么就是对社会科学进行改良，选择一条方向作为它的出路，如贝尔特（P. Baert）在其《社会科学哲学》一书中，先后考察了涂尔干的自然主义，韦伯的诠释方法，波普尔的证伪主义、批判实在论和批判理论，并最终指向实用主义的社会科学哲学道路。

邦格认为，“本体论先于认识论，尤其先于方法论”[2]243，目前社会科学中存在的哲学问题争论的焦点和核心，比如方法论个人主义与整体主义之争，认识论中的“说明”与“理解”之争，甚至于社会科学研究中有关价值和伦理道德问题的争论，正是对这一问题的不同看法引起的。也就是说，社会科学各个领域内的诸多争论和混乱不堪的局面，都最终源于并取决于本体论思想的差异，“这种基本的本体论分歧，是社会科学中不幸的混乱的源泉”[12]。因此，邦格从本体论的角度入手，批判分析各种本体论思想的缺陷，借此提出一种系统论的解决方案，整合各种本体论思想中的优势因素，解决社会科学研究各个层面的主要冲突。

1. 个人主义及其问题

根据本体论个人主义，社会就是个人的集合体，超个体的整体是虚构的；社会整体不具有突现或者整体属性，社会属性都是社会个体成员属性的总量或者集合；社会整体不能相互作用，也不能进化，社会之间的相互作用在于它们个体成员的相互作用，社会变化是社会个体成员变化的总和[2]244,245。

邦格认为，本体论个人主义是有问题的，它要么否认社会关系和社会系统的存在，要么声称它们完全可以还原为个体和个体行动，或者像波普尔一样把它们归于抽象的理念世界。首先，社会整体是确实存在的，无论是具体实在还是概念上的，而且不可否认，社会拥有个体所没有的自身属性；其次，社会关系也是确实存在的，因为“个人与个人之间的关系并不存在于个体之中”[6]18；再者，存在着很多不可约的社会整体，如社会秩序、制度、法律体系等，它们都不能还原为个人行为。

此外，基于本体论个人主义的方法论个人主义，也是有问题的。首先，任一个体行为都部分依赖于系统中同类成员的行为，也依赖于系统的结构，即使在物理学中，“原子的属性也不是从对它的原子核和电子的独立研究中推断出来的”[2]247。因此个人主义研究社会的方法不能解释社会系统的存在、维持或者崩溃，甚至不能解释简单的个人行为，因为即使简单的个人行为也常常是嵌入社会并受其制约的。而且，由于其否认社会结构的存在，因此它在政治上必将阻止旨在改变社会结构的任何运动，也就是说，个人主义支持社会保守主义。而以理性选择理论为代表的道德个人主义也是不恰切的，因为它否认社会系统的价值，拒绝合作团结和社会责任，从而破坏了所有的社会系统。因此，个人主义无论在科学上、政治上，还是在道德上，都是站不住脚的。

2. 整体主义及其问题

整体主义认为社会是有机整体，不可以进行成分解释，只能在整体层面上来理解。其本体论思想主要包括：社会是超越其个体成员的一个整体；社会拥有整体属性，这些属性是突现的，不能还原为任一部分属性；社会之间的相互作用是整体与整体之间的关系，社会是超个体的，它决定个体[2]260。简言之，整体主义者认为社会先于个体并塑造个体的每一个感觉、思想和行动。这种本体论观点的直接的方法论结果就是：社会研究必须是自上而下的宏观→微观研究；道德上的影响是：个体必须服从团体利益，义务支配权利。

邦格认为，整体主义也是不恰当的，首先，社会系统的存在必须以其成分的存在为前提；其次，并非所有的整体属性都是突现的，合成属性是真实存在的；再次，社会约束个体行为但并不完全决定它，自发性、创造性和有限自由毕竟确实是存在的，而且社会事实中还存在着大量的微观事实和随机事件，仅仅靠宏观→微观研究无法对这些问题做出回答；此外，虽然社会变化是总体的，但也受到个人行动的影响，个体也是有价值的，道德上的整体主义是一种极权主义的意识形态。

因此，就对社会的认识来说，个人主义强调成分而忽视结构，是一种无社会的观点，整体主义重视整体而忽视个体，是一种无个人的观点，并且二者都忽视自然环境和社会环境，忽视激发一个系统的机制，都是不恰切的[1]5,6。邦格认为，必须以一种既能解释个体又能解释系统，既能解释个人又能解释社会结构的理论来代替二者。

3. 系统论社会本体观

正是基于上述认识，邦格从系统科学中提炼出一般系统方法，并结合其科学唯物主义思想中的系统论观点，提出了系统论社会本体观。

邦格认为，社会是由变化着的子系统组成的一个系统；社会具有系统属性或者总体属性，既有合成的，也有突现的，它们都源于个体成分和它们之间的相互作用；社会系统之间的相互作用是代表着系统行动的个体行动，系统中的个体都能单一行动，个体行为由行为主体在社会系统中的位置、基因遗传、经验和期望值决定。社会变化都是社会结构中的变化，它是一个既在社会层次又在个体层次上的变化[6]16。

因此，从认识论上讲，社会科学是对社会系统的研究，研究它们变化的成分、环境和结构；社会事实都将根据社会系统和它们的个体成分来解释，用他们的需求、信仰、意图、行动和相互作用在他们的自然环境和社会环境中来解释，个人行为将根据个体相关的生物学、心理学和社会学特征来解释；社会科学中的假设和理论将依靠环境数据和社会数据来检验，其中一些社会数据是基于可直接观察的个体数据建立的；从道德上讲，所有个体都可以是有价值的，享受幸福和帮助他人生存构成了至善，一个社会系统唯一合法的功能在于，在不妨碍任何人满足基本需要的情况下促进其成员或者其他社会系统成员的幸福。

可以看出，邦格的系统论与塔尔科特·帕森斯（Talcott Parsons）的系统理论有一定的相似性，却存在着很大的差异，帕森斯的系统理论是“‘呆板无生命的’，为了挽救这种研究模式，邦格允许系统内部冲突的存在”[13]185。此外，邦格的系统论中所定义的系统不同于一般系统论。在一般的系统论文献中，它们要么被定义为一个相互关联的元素集合，要么被定义为一个关系，而“集合和关系都是抽象客体，而邦格所定义的系统是指诸如分子、家庭等之类的具体系统”[2]21。然而，尽管邦格的系统论吸收了个人主义和整体主义中的有利因素，规避了二者的不足，倡导一种系统观和系统研究方法，具有一定的合理性，但或许存在着一个比较大的问题，那就是“它打算解释一切，因此有可能适得其反而什么都解释不了”[12]，因此，我们必须冷静客观地对待邦格的系统论思想，将之视为社会科学研究的一种方式。

第二次世界大战后的社会科学面临着重建的实践要求，无论其内部还是与其他学科之间都出现了一种融合的趋势。人们认识到，重建社会科学必须“开放社会科学，以便接纳新的知识，鼓励跨越社会科学和自然科学的界限”[14]109，把其他科学的新的成果和方法吸收到社会科学之中。邦格的社会科学哲学思想，不仅体现了这种开放精神，积极利用现代科学的新成果改善和丰富社会科学，而且提出了社会科学研究的系统分析方法，为新时代重建社会科学提供了一种新的方法论视角。邦格对社会科学的精确化定位和批判性重建，不仅有助于夯实社会科学研究的理论基础，而且使其焕发出现代化的勃勃生机。尤其是他这种以科学和客观为指导的研究宗旨，对于澄清社会科学哲学理论中的混乱及社会科学研究的实践来说，都具有重要的价值和意义。应该说，邦格的社会科学哲学思想，反映了完善社会科学研究理论自身的内在诉求，也是社会科学发展的现实需要。

然而，邦格的社会科学哲学思想也有其明显的不足之处，对此我们要有充分的认识。首先，它拒斥辩证法，认为辩证法与精确性哲学的要求不相容，与形式逻辑不符，“它是模糊的且与科学是疏远的”[8]41；其次，它将历史唯物主义的基础结构-上层建筑之分看作古老的物质-意识二元论，并将其归入激进的柏拉图主义，认为它“不仅继承了物质与精神之间的敌对，而且还继承了概念上的模糊不清和教条独断”[2]301，强调冲突与斗争而忽视协同与合作，这显然是对历史唯物主义的片面歪曲；再次，邦格社会科学哲学理论体系中的一些概念也是有问题的，比如，他对系统的定义就过于绝对，因为“存在着无环境成分的封闭系统，例如公理系统，实验设备等”[15]100；此外，邦格几乎没有考虑与自然科学的研究模型不那么相一致的视角和方法，比如现象学、符号互动论、民族方法学、结构主义等，对他们提出的一些社会科学的核心问题也没有认真对待，比如权利和知识的关系等；而且，对于如何才能科学地研究主观性、主体际性和意义等现实维度的问题，邦格的处理也显得过于简单，比如他认为对于人类主观性只需通过检验大脑的结构和过程客观的研究即可[5]784。

参考文献

[1] Bunge M. The Sociology-Philosophy Connection. New Brunswick & New Jersey: Transaction Publishers, 1999

[2] Bunge M. Finding Philosophy in Social Science. New Haven & London: Yale University Press, 1996.

[3] Bishop R. The Philosophy of the Social Sciences. New York & London: Continuum International Publishing Group, 2007.

[4] Bunge M. Social Science under Debate: A Philosophical Perspective. Toronto Buffalo London: University of Toronto Press, 1998.

[5] Branaman A. Finding philosophy in social science by mario Bunge. Contemporary Sociology, 1997, 26 (6) .

[6] Bunge M. A systems concept of society: Beyond individualism and holism. Theory and Decision, 1979, 10 (1) .

[7] 张华夏．评 M. 邦格的科学唯物论．哲学研究，1988，(8)：56.

[8] Bunge M. Scientific Materialism. Pordrecht & Boston & London: D. Reide Publishing Company, 1981.

[9] 本格．科学的唯物主义．张相轮，郑毓信译．上海：上海译文出版社，1989.

[10] Johnsen E. Mathematical Elements in Social Sciences, Acta Sociologica, 1961, 5 (3): 158.
[11] Fisher I. Mathematics in the Social Sciences. The Scientific Monthly, 1930, 30 (6): 553.
[12] Pickel A. Mario Bunge's philosophy of social science. Society, 2001, 38 (4): 73.
[13] Aspers P. Finding Philosophy in Social Science by Mario Bunge. Acta Sociologica, 1998, 41 (2).
[14] 华勒斯坦, 等. 开放社会科学：重建社会科学报告书. 刘锋译. 北京：生活·读书·新知三联书店, 1997.
[15] Weingartner P, Dorn G J W. Studies On Mario Bunge's Treatise, Amsterdam & Atlanta & GA: Rodopi Press, 1990.

M. 邦格的社会科学机制解释探析*

殷　杰　吴朋飞

社会科学研究共同体有一个普遍共识，那就是，“社会科学最大的困难不是发现而是解释”[1]。自社会科学诞生以来，这个问题就一直困扰着所有的社会科学家和哲学家，长久以来他们为此问题争论不休，难以形成较为一致的见解，这严重阻碍了社会科学的发展进步。问题主要体现在两种解释模式的对立上。一种是自然科学模式，根据这种以实证主义为代表的自然主义解释模式，人和社会都是自然的一部分，它们主张社会科学应以自然科学为蓝本，已经取得重大实践成功和丰富理论成果的自然科学方法，能够而且应该被扩展到对人和社会的研究之中，试图以自然科学的方法统一整个科学。另一种是反自然主义模式，以解释主义和诠释学为代表，它们认为“社会世界发生的一切都有赖于行为人的意义”[2]，社会科学只适用于理解，而“理解社会现象涉及行为的动机和理由的范畴”[3]，必须从社会内部来理解社会事物，而不是以自然科学的方法来解释。对此，我们在对传统社会科学解释模式及其困境的充分认识上，基于对马里奥·邦格（Mario Bunge）的机制解释思想进行阐述和分析，以期为社会科学提供一种新的解释模式，试图解决社会科学中的解释难题。

一、社会科学的传统解释模式及其困境

社会科学自诞生以来，人们在其合理性、独立性、本体论领域及研究对象的性质等问题上存在着很大的争议，因此，至今未形成自身所特有的解释社会现象的方式。社会科学家和社会工作者受到不同科学哲学流派思想的影响，致使他们对社会科学的认识存在诸多差异，对此问题亦有不同的看法。概括来说，社会科学中所应用的解释模式有以下几种。

1. 覆盖率模型解释

覆盖率模型，又叫作 D-N（Deductive-Nomological）模型，这种解释模型是

---

* 本文为国家社会科学基金重点项目“语境论的社会科学哲学研究”（12A2X004）成果。

原文发表于《科学技术哲学研究》2014 年第 2 期。

殷杰，山西大学科学技术哲学研究中心教授、博士生导师，研究方向为科学哲学；吴朋飞，山西大学科学技术哲学研究中心博士研究生，研究方向为科学哲学。

对科学解释最早的公式化构想之一，最早由穆勒（Mill）提出，被亨普尔（Hempel）形式化。根据这种解释模式，一个事件或者一般事实都将被看作是解释的，如果它被归入或者被一个普遍规律涵盖。其逻辑形式为：规律 & 条件∴结论，其中前者为解释项，后者为待解释项。它有一个特别强意义上的假设，也就是，科学范围内的一切事物都必须是受规律支配的，也就是说，科学领域都是规律或者似律领域。以这种解释模型来解释社会科学的方法，是以实证主义为代表的社会研究的自然科学模式。

这种解释模式本身就存在着很多问题。首先，如果讨论中的领域不是规律或者似律领域，比如历史等社会科学领域，那么解释就变成了问题，因为覆盖率模型解释必须引用至少一个普遍规律，而找出人类个体及其团体行为的普遍规律是非常困难甚至是不可能的，尽管个体行为和社会行为中也存在着一些规则性和稳定的模式等秩序形式，但它们都是由价值观、观念和期望等非一般规律构成的，一般情况下，“为了保证解释的普遍性，会将这些领域判决为伪科学领域”[4]319。其次，它本质上宣称待解释项仅仅是解释项中一般化概括的一个实例，这根本就不是解释，因为它没有提供任何理解，它仅仅是确定讨论中的事实是被这个既定的一般化概括所定义的类的一个成员，就如逻辑和数学集合中的属于关系，因此尽管它逻辑上无懈可击，但这个论证是无启发性的，对于增进知识和理解毫无帮助，它“仅仅阐释了解释的逻辑方面，完全忽略了解释的本体论方面”[5]49,50；再者，这种解释模式存在着一个致命的缺陷，也就是，“难以区分真正的规律和偶然的一般化概括”[6]。

2. 因果机制解释

因果关系思想的起源很早，因为早在古希腊时期，就有亚里士多德的“四因说”。但将因果机制作为一种普遍的科学解释，是在 17 世纪物理学尤其是牛顿力学体系取得巨大成功之后才确立的。根据因果机制解释，所有事物的产生与变化都有一个原因，结果和原因之间存在着恒常联结关系，有此原因必然有此结果，因此，所有对事物的解释皆在于找出其原因即可。这种解释的逻辑形式为：A（原因）→B（结果），其中原因 A 就是解释项，结果 B 为待解释项，它们之间是逻辑上的必然推出关系。虽然这种解释模式在遭受一系列批判尤其是休谟的批判之后进行了弱化，将必然因果替换为有效因果关系，但这种解释模式仍然是科学解释家族的重要一员。而将因果机制用于解释社会科学的思想，本质上也是自然科学模式的一种，只不过因果机制解释形式上回避了普遍规律问题。

这种解释模式对于社会科学的解释来说也是有问题的。一则，这种解释模式要想在社会科学中取得成功，就必须将经济、政治等领域和其他社会现象和社会体系都看作是因果种类的，因为这种解释模式的合理性全部在于发现有效的因果关联，然而“社会领域主要是由存在于自我解释的存在及其社会实践和社会体系中的自我理解的意义构成的，而其运作的机制不似因果的”[4]330；二则，人们的行为亦非主要是社会机器对我们施以因果关系的结果，因为存在着大量的随机行为和偶然事件；三则，这种解释模式依赖于解释对象构成部分的因果行为的稳定性，然而社会性存在尤其是人类，他们的行为性质却不具备这种要求。因此，纯粹的因果机制解释，或者对社会现象单独的因果解释是不充分的。

3. 意义解释

意义解释，是解释学派和诠释学派所赞成的“领会”解释或者“作为理解的”解释。根据这种观点，解释一个社会事实就是“理解”它，也就是说，揭示对于讨论中的主体它所具有的“意义”或者“含义”，与文本解释极其相似；社会科学“不是寻求规律的经验科学，而是一门寻求意义的解释科学”[7]，只能通过领会的方式理解。诠释操作已经被多方面地解释：被狄尔泰解释为移情共感，被韦伯解释为目的归因，被帕累托（Pareto）和布东（Boudon）解释为驱使着主体的好的或者坏的原因的重构。社会科学这种解释模式的提出，根本在于人们对社会科学本质认识上的变化，体现了人们对个人主体的重视，具有一定的合理性。

但是，这种解释也存在着很多问题。其一，尽管解释社会事实需要意义理解，但是忽视生物驱动力和环境限制，是愚蠢的并且与社会现实不符；其二，他们所提倡的意义是主观而非客观范畴，在任何一个版本中，结果都是一个直觉的和经验上不可检验的推测，不是一个可检验的科学假设，因为它们都涉及心理学方面，否则的话，社会科学家尤其是历史学家便没有“进入人们思想的工具”[5]20；其三，对领会的调用没有提及任一社会机制，它仅仅暗示个人行动的一个内部来源，无论是否是社会的。因此，在社会科学中，领会和对意义的理解不能取代解释。

4. 还原解释

社会科学中的还原解释，包括微观还原和宏观还原，又叫个人主义和整体主义，分别采取的是自下而上和自上而下这两种解释模式。总体上讲，微观还原是把系统整体行为还原为个人决定和行动的总和，是用个体来解释结构；宏观还原则与之相反，是根据个体所处的系统整体来解释个体的行为及其功能，是用结构来解释个体。这两种解释模式在社会科学中的运用极其普遍，关于它们的争论也最为激烈。

虽然社会科学既研究微观事实，又研究宏观事实，这两种解释都是需要的，但是它们本身都存在着一些难以避免的问题。首先，所有的个人行为都是有条件限制的，这些条件限制往往是由其所处的不可约的社会环境激发的；其次，所有的系统行为都旨在改变个体的行为，而个人行为如果是有效的话，将会反过来改变社会系统和社会环境。“个人主义难以解释社会一致性，整体主义难以解释社会变化和社会发展的机制。”[8]因此，两者中没有一个足够有能力满足解释的需要，整体主义和个人主义都不能匹配科学解释的实践，这两种解释模式都是不完整的，应该互为补充，而不是相互排斥。

5. 功能解释

对社会科学的功能解释是功能主义思想在社会科学中的应用，根据这种观点，任一社会行为实践和社会制度体系的持续都在于它们具有某种功能或者目的，能给行为者带来某种利益或者好处。这种解释模式在社会科学中较为独特，同其他解释模式一样也存在着一些问题。一则，它无法解释某些无利益行为，也无法解释某些独特的社会实践和社会制度体系的产生，因此，它仅具有非常有限的解释力；二则，“即使社会或者社会系统有某种需要，但是也没办法证明这些需要必须以某种特殊的方式被满足”[8]；三则，诚然，一些人类行为是具有目的功能的，但表明它们的目的、功能或者有效性，仅仅是解释的一部分，我们还需要知道一些有关可能实现或者阻止实现期望目标的机制。没有机制，既不能理解也不能有效控制。

二、邦格的机制解释思想

由上可知，社会科学中的传统解释模式，要么是不恰切的，要么是不足的，都难以满足社会科学的一般解释要求。而无论是对于自然科学还是社会科学，要理解一个真实事物，就必须查明它是如何运作的，也就是说，真实事物和它们的变化都通过揭示它们的机制而被解释和理解。基于这种认识，马里奥·邦格形成了自己独特的社会科学的机制解释思想。

1. 机制和社会机制

邦格认为，机制是具体系统中的一个进程，它能够在作为整体的系统或者在它的子系统中带来或者防止一些变化。简言之，机制是无论什么使一个复杂事物运作的程序，换句话说，机制就是一个过程发生进行的方式[5]21。机制概念在17世纪自然科学被力学支配时就已经得到相当程度的扩展，当时科学和技术研究的机制主要是机械力学的。总体上讲，机制可分为因果的、随机（概率性）的或者混合的，也可按其所属知识范畴分为三大类——自然机制、社会机制、社会自然（生物社会）机制，分别对应自然科学、社会科学和社会自然科学或生物社会学。物理机制、化学机制、生物机制等是自然机制，斗争与合作，参与和隔离，强迫与反抗是显而易见的社会机制，求偶行为是一种为了交配的生物社会机制，杀婴和避孕是人口控制的生物社会机制，酷刑和“种族清洗”是社会控制的生物社会机制。

机制与系统、进程、力、变化等概念密切相关。首先，机制是系统中的一个进程，不同类型和层级的系统具有不同的机制，因此，机制是系统特有的，并且不存在普遍的机制，此外，机制是具体系统中的进程，具体系统是由真实事物构成的，因此，谈论诸如集合、函数、算法、语法或者理论这样的纯粹观念、抽象对象和概念对象的机制，以及谈论在非物质的灵魂和精神中起作用的机制是无意义的，所谓的“心理机制”仅仅是神经生理机制的简写，因为只有生理心理学才能解释心理学所描述的心理过程；其次，机制不是事物而是进程，也就是状态变化，确切地说，是讨论中的系统的一个状态序列，每一个机制都是一个进程，但反之则不然，要区分系统中必要进程与无关紧要进程之间的差别，只有使一个系统成为其所是的必要进程才能取得机制的资格；再次，一个力的存在意味着一个机制的存在，而反之则不然，一些机制在没有力的情况下起作用，因此对社会变化的解释不必总是调用社会力量或社会权力；最后，机制是具体系统中驱使或者阻止它们转变的进程，因此，“每一个机制要么是一个变化机制，要么是一个变化控制机制”[5]24。

邦格认为，社会机制就是在社会系统中的机制。因为每一个机制都是某一系统中的一个进程，因此，一个社会机制是一个至少包含两个主体的进程，从事于形成、维持、转变或者解散一个社会系统[5]56,57。存在着许多类型的社会系统，亦相应存在着各种各样的社会机制，比如经济发展机制和经济停滞机制，文化进步机制和文化停滞或文化衰退机制，政治进步机制和政治倒退制度，国际竞争机制和国际合作机制，等等。邦格还认为，尽管机制都是具体系统所特有的，不存在普遍的机制，但社会系统通过合作与竞争这两个主要的机制起作用。此外，虽然总体上区别三种社会机制——政治机制、经济机制和文化机制，但差别不必蕴涵着分离，这三种机制中任一种机制的运作都可能影响到其他两种机制的运作，因此，“社会机制是耦合的”[5]62。邦格还认为，每一个社会机制的揭示都始于分析讨论中的系统，也就是说，通过展示或者推测它的成分，结构和环境及相互作用，并且通过表明或者测定系统成分做什么（特定功能）及显示它们如何去做（特定机制）来解释系统的运作过程。

在社会机制和其他类型的机制之间，不仅存在相似之处，而且还存在着差异。根据定义，它们的共性是，所有机制都引起或中止变化。特异性源于组成系统的特种物质——物理的、化学的、生物的或者社会的，因此特定的力在它之中或者对它起作用。因此，与自然机制相比，社会机制的一个特殊性是，“尽管受到自然规律的约束，但它们是由遵循传统的规则所采取的行动驱动的”[5]61，一些是明确的，一些是默认的。而且，由于一些社会系统的出现是被设计的而非自发形成的，因此其相应机制也是被设计的，它们通常被称为“组织”，比如执法系统及其社会控制机制。

2. 机制解释

任一包含一个机制的解释都可称作机制解释，“解释一个事物就是展示它如何运作，解释一个事实就是表明它的潜在机制”[9]137。邦格认为，无论是自然的还是社会的，大多数机制都是隐藏的，它们不能从经验数据中推断出来，因此，它们必须在实际被发现之前被猜测。也就是说，机制解释的程式是：机制假设→经验检验，如同波普尔对待科学理论的方式，当被发现或者证明前者不正确或者是肤浅的，科学家们会通过提出新的机制假设来替换旧的假设，从而完善这个机制解释。当然，进行机制解释是有条件的，它要求“讨论中的这个机制必须是具体实在的、合法的和可理解的”[9]138。具体实在的要求排除了算法等形式工具成为机制的资格，合法的指的是非超自然的、不可思议的，可理解的即非神秘难理解之事物，这消除了前科学时期对事物的神秘的或者宗教的解释成为机制解释的资格。此外，科学的机制猜测或者机制假设必须是经验可验证的，而且在某种程度上这种猜测是已经被经验证实并被看作是正确的。

机制解释具有一些鲜明的特征。其一，不同于经验主义、现象学社会学家和民族方法论者的描述主义，“机制解释是动力学而非运动学的”[5]33。根据描述主义，只有现象和其相互关系才容易进入观察，剩下的都是推测并因此是某种要避免的东西。他们集中和满足于对事物给出最精确和最完整的描述，不涉及事物运行的潜在机制，因此属于静态的运动学范畴从而对事物缺乏有效的解释力。而机制解释不仅告知我们发生了什么，而且揭示了使其发生或者阻止其发生的机制，是描述与解释相结合的动力学解释，这也是机制解释具有较强解释力的原因所在，形式上的表达就是：“$A \Rightarrow B$ 描述主义的运动学规律陈述是一对动力学规律 $A \Rightarrow M$，$M \Rightarrow B$ 的限定继承”[5]33，M 为其中的假设机制，具有可替换性；其二，不同类型和层级的系统具有不同的机制，需要不同的解释，所以机制解释和机制一样，是系统所特有的；其三，机制解释，尤其是生物社会机制解释，预设着系统方法和层次分析。系统自身具有微观的系统组件层面（个人和社会子系统）和宏观的系统或超级系统层面，而且系统的变化可能源于其内部流程或者环境刺激，因此解释一个系统及其变化，即揭示其运作机制，必须进行层次分析。而生物社会机制是对社会系统内个人行为的解释，它们皆存在于个人与社会的交接面，连接着微观层次和宏观层次，涉及嵌入一个社会整体中并受其结构约束或刺激的个体之间的相互作用，因此纯粹的个人主义或者整体主义的还原论不能对它们做出合理的解释，这就要求结合自下而上和自上而下两种解释方法的系统方法。

3. 社会科学解释的逻辑结构及其方法论规则

邦格认为，不同于覆盖率模型单纯的包含，一个科学解释必然明确提及一个已知的或推测的某种机制——因果关系的、随机的或混合的、自然的、生物社会的、社会的。也就是说，一个真正的科学解释的逻辑结构应是：可检验的机制假说或理论 & 条件∴ 待解释项。任何一个对社会事实的正确解释都符合基本相同的结构，不同的是，解释项集合中可能包含价值判断和某种规范——技术的、法律的或者道德的。由于社会科学中社会规范的重要性，所以大多数社会科学解释的逻辑结构，与自然科学中解释的逻辑结构相比，很可能稍微更复杂：可检验的机制假说或理论 & 价值判断和规范 & 条件∴ 待解释项[5]51。

基于其系统观所提倡的系统方法、多层次分析方法及机制解释思想，邦格提出了社会科学解释的一般方法论规则：①把每一个社会事实置于它更广阔的语境或系统之中；②把每一个系统都分解成它的成分、环境和结构；③区分各个系统层级，并展示它们之间的关系；④寻找保持系统运转或者导致其衰减或者增长的机制；⑤合理地确保被提议的机制与已知的相关规律和规范相符，如果可能，通过实验改变有关变量来检验机制假说或理论；⑥万一系统发生故障，检查所有四个可能的来源——成分、环境、结构和机制，并通过改变它们中的一些或者全部来修复系统[5]67。

结　　语

社会科学自学科建制化以来，就一直为其学科的合理性问题所困扰，其中一个主要问题就是，社会科学家们对如何解释社会事实和社会现象这个问题存在歧义。首先体现在不一致上，也就是说，社会科学自始至终没有一个对于所有社会学科来说较为通用的一致性的解释方法，这一方面是由于相对于自然科学来说，社会科学的发展时间和受关注程度难以企及；另一方面是受到各种不同的科学哲学流派思想的影响，从而造成了认识上的差异。其次，社会科学的解释在科学性上难以保证，因为社会科学的解释难以像自然科学的解释那样具有较强的客观性和普适性。邦格提出的机制解释思想及其社会科学解释的一般方法论规则，为社会科学提供了一种统一的解释模式，满足了社会科学理论上的解释需求。而且，这种机制解释模式采用了与自然科学的解释模式相同的逻辑形式和解释原理，在一定程度上保证了其科学性。

社会科学的机制解释，突出对社会系统中的进程和社会变化运行机制的揭示，对于社会现实来说亦具有实践操作意义。首先，基于对社会机制的了解，我们可以通过改变其运作的方式来对社会系统进行调整，通过变换机制来改变系统的某些特征，从而可以在某些方面间接地对个体行为施以影响；其次，可以通过机制有效地控制系统的行为和系统变化，同时也为修复系统异常提供了技术上的可能和保障；最后，对于社会政策制定者来说，获得社会机制的知识和掌握机制解释的方法，就为设计和制订切实有效的社会方案和社会政策提供了现实可能。

参考文献

[1] 乔治·荷曼斯．社会科学的本质．杨念祖译．台北：桂冠图书股份有限公司，1991：61.

[2] Hollis M. Philosophy of Social Science：An introduction. Cambridge：Cambridge University Press，1994：147.

[3] Winch P. The Idea of a Social Science and its Relation to Philosophy. 2nd ed. London：Routledge Press，2003：xi.

[4] Bishop R. The Philosophy of the Social Sciences. New York & London：Continuum International Publishing Group，2007.

[5] Bunge M. The Sociology-Philosophy Connection. New Brunswick & New Jersey：Transaction Publishers，1999.

[6] Jarvie I C，Zamora-Bonilla J. The SAGE Handbook of the Philosophy of Social Sciences. London：SAGE Publications Ltd，2011：634.

[7] Bunge M. Social Science under Debate：A Philosophical Perspective. Toronto Buffalo London：University of Toronto Press，1998：11.

[8] Benton T，Craib I. Philosophy of Social Science：The Philosophical of Foundations of Social Thought. Basingstoke：Palgrave Macmillan，2001：90.

[9] Bunge M. Finding Philosophy in Social Science. New Haven & London：Yale University Press，1996.

马里奥·邦格对社会科学本体论之争的批判与发展*

吴朋飞　殷　杰

社会科学自诞生以来就受到各种科学哲学思想的影响，以不同的理论模式为指导，形成了纷繁众多的社会科学哲学流派。例如，以自然主义模式为指导的实证主义社会科学哲学，以解释主义模式为指导的解释主义社会科学哲学等。在此问题上，加拿大著名哲学家和物理学家马里奥·邦格做了丰富而深刻的探索。他认为，这一切的混乱与争论都源于人们对人和社会，以及对社会科学本质认识上的差别，"本体论先于认识论，尤其先于方法论"[1]243。"这种基本的本体论分歧，是社会科学中不幸的混乱的源泉。"[2]以这种认识为指导，邦格试图构建一种全新的社会科学本体论思想。

一、传统社会科学本体论之争

传统社会科学本体论之争表现在以下几个方面。

（一）社会自然主义与历史文化主义之争

社会自然主义者认为人类与社会都是自然的一部分。这种思想源于亚里士多德的自然主义政治学，它声称家庭、村落乃至国家都有一个"自然存在"，它们都是自然发展而不是通过蓄意行为形成的。斯多葛学派和自然法学派，以及西塞罗、阿奎那、斯宾诺莎和康德都是自然主义者。当代社会自然主义有两个变种，地理（环境）决定论和生物决定论。前者声明，人类都是单独的自然环境的产品，社会组织是对物理环境的自适应；后者认为，"人类完全是遗传的产物，社会是生物学的结果，并且仅仅是一个满足生理需要的工具"[3]7，社会分化是自然选择的结果。他们的观点强调社会与自然的连续性，是一种与历史无关的观点。

---

* 本文为国家社会科学基金重点项目"语境论的社会科学哲学研究"（12AZX004）成果。

原文发表于《理论探索》2014 年第 3 期。

吴朋飞，山西大学科学技术哲学研究中心博士生，研究方向为科学哲学；殷杰，山西大学科学技术哲学研究中心教授、博士生导师，研究方向为科学哲学。

而社会的历史主义者认为人类和非人类之间存在着绝对的差别，这种差别难以逾越，它们之间没有任何交集；人类是历史和文化的产物，由人类构成的社会亦如此，它们拥有自身独特的非自然特性；文化进化和自然进化之间存在本质上的区别；自然与历史严格对立，自然科学与社会科学是严格分离的。这种观点为所有的反自然主义者所共有，他们强调社会和自然之间的区别，突出人与社会的历史文化特性，强调社会科学与自然科学之间的差别。

（二）个人主义与整体主义之争

社会个人主义者认为“社会现实的基本单位是具有确定特征的个体的人，他们的存在先于并独立于他们的社会存在”[4]107；社会是个人的集合体，只有个体是具体实在的，超个体的总体性是概念上的虚构，制度仅仅是约束个人行为的习俗；社会整体是抽象体，它们不具有突现属性或总体属性，所谓的社会属性都是社会个体成员属性的合量或者聚集；作为抽象体的社会整体不能相互作用，也不能进化，两个社会之间的相互作用在于它们个体成员中相互关系的总体，社会变化是社会个体成分中的变化的总和[1]244,245。因此边沁（Jeremy Bentham）主张："共同体是一个虚构体，由被认为似乎就是它的构成成分的个体的人组成，共同体的利益是一些成员的利益的综合。"[5]12

整体主义认为自然和社会都是超越其个体成员的“有机整体”，不可以把它们分解成成分来理解；社会拥有完形属性或总体属性。它强调一个社会与它的成分之间本质上的差异。本体论的整体主义内在于侵略性的民族主义和传统主义者的社群主义之中，他们反对把有结合力的社会共同体变成原子化的协会。它还内在于人类学功能主义和社会学功能主义之中，并为所有的管理学者所接受，他们强调通过团结和一致带来的凝聚力，忽视冲突。

（三）唯物主义与唯心主义之争

关于社会实在的性质，不同的社会科学哲学流派有着不同的看法。唯物主义者承认社会事实的实体性存在，认为所有的社会事实，从个人行为到系统行为，都是具体实体的状态或者状态的变化。实证主义者认为，社会事实和其他具体实物一样，都是可感实体，它们是客观存在的；自然主义者把社会看作自然的一部分，认为社会事实是与自然事实一样的存在；社会生物学家认为，社会事实是一种自然事实，却有其特殊性。而且，他们相信社会科学研究社会事实，因此属于事实科学范畴。

而唯心主义者则主张社会凌驾于自然之上，因为它是精神的而不是物质的。他们否认社会事实的实体性存在，把社会事实看作理念或者理念的体现。具体而言，新实证主义者认为，社会事实是一种精神实体；结构语言学派主张语言与实在的同构性，把社会事实看作语言或者如同语言一般的存在；解释主义认为，解释社会事实就是揭示描述社会事实的文本的意义，把社会事实看作处于历史文化流动中的文本或者如同文本一样的存在；建构主义或相对主义认为，不存在无理论承载的现实，所有的科学事实都是社会建构或者社会约定。此外，他们认为社会研究的对象不是社会世界而是人类精神，从而把社会科学看作精神科学，甚至宣称学者“创造”自然和历史。

二、邦格对传统社会科学本体论的批判

为了更深刻地认识和了解它们存在和面临的问题，邦格以客观和科学的态度分别对它们进行了较为彻底的批判。具体表现在以下几个方面。

（一）对社会自然主义和历史文化主义的批判

邦格认为，社会自然主义和历史文化主义都有其合理性，但其局限性也是显而易见的。诚然，人类行为在很大程度上依赖于他们可以利用的自然资源，每一个生物种群的幸存都取决于它的资源基础，尤其是取决于它的承载能力，但是环境限制社会并不构成社会，而且人类可以改变环境。无疑，构成社会基本单元的人确实是动物，而且更多是经济动物、政治动物和文化动物，个性不是唯一地由基因组决定的，还取决于社会因素的组合。但是，他们却忽略了每一个社会的人造成分。自然主义者很少或者不注意个体的信仰、价值观、期望值和决策，他们甚至否认精神的存在。他们否认社会和社会系统的独特性和模式，妄图把社会研究还原为自然科学，而且由于它粗糙肤浅和激进的向下还原，自然主义未能解释社会的非自然特征，也未能解释个体和社会的多样性和易变性。此外，这种以自然为导向的单一无差别的线性还原，掩盖了社会不平等及由此产生的经济、政治和文化冲突。“社会事物没有什么可以接受它的自然进程，因为一切社会事物都至少部分是人造的。”[3]8

社会的历史文化主义，在强调社会人政治的、经济的、文化的非自然特性，强调社会的人造性和多样性是正确的。然而，它把社会置于自然之上。因此无视人类恰巧是生物有机体的事实，忽略了人类的自然属性，低估了“物质”因素的重要性；否认自然和社会之间的连续性及相应的社会科学和自然科学之间的共同点，忽视社会-自然混合学科的非常存在；否认信仰和意图可作为大脑程序通过自然科学来研究，反对科学主义建立一种客观社会科学的可能性；把解释看作因果机制的替代选择，而不是将其看作对它的补充，夸大重建他人经验的可能性；此外，它还否认社会实验的可行性。至于它所强调的历史和自然的对立，这种思想早已过时了，因为“即使某些物理系统亦拥有遗传属性，比如弹性滞后和

磁性滞后"[3]9。简言之，主张历史和自然对立的历史文化主义，与科学事实和社会实际不符。

（二）对个人主义和整体主义的批判

邦格认为，本体论个人主义是站不住脚的，因为它不能与社会现实相匹配，否认具有它们自身特征的社会整体的存在，否认社会关系的存在。无论是具体实在的，还是概念上的社会整体都是确实存在的；社会关系也是确实存在的，个人关系的存在必须以社会关系的存在为前提，因为"个人与个人之间的关系并不存在于个体之中"[6]。此外，还存在诸如社会制度和法律体系这样的社会整体，它们都是不可约的，不能如本体论个人主义所主张的那样还原为个人行为。因此，个人主义不能解释社会整体和社会系统的出现、衰落，甚至不能解释简单的个人行为，因为即使私人行为也常常是与社会密切相关并因此受到社会约束的。它也没有帮助阐明社会科学中的任一个核心概念。比如，社会结构和社会变化机制。它更没有帮助我们以一种现实的方式来塑造社会系统。因此，一个系统的任一适当的模型都必将包含这个系统的突现属性。此外，"它忽视社会结构，它不能成功解决这样的宏观社会问题，比如环境恶化，种族主义和阶级差别"[7]。由于它主张个人主义和道德个人主义，所以它不能解释微观-宏观之间的关系。

本体论整体主义也是有问题的，它与个人主义存在着同样的致命缺陷。首先，个体成分的存在是必需的，社会整体的存在必须以其成分的存在为前提；其次，并非所有的整体属性都是突现的，它们中的一些是合成的，比如人口统计变量；再次，虽然社会约束个体行为，但个体行为并非完全取决于它，社会事实中还存在着大量的偶发事件，随机性和有限自由毕竟是存在的；最后，个体行为对总体上的社会变化也会产生一定的影响，它们之间的作用是相互的，而非单一的。此外，它拒绝整体的可分析性，因此和个人主义一样，也不能解释宏观-微观之间的关系，而且个体也是有价值的，道德上的整体主义对个体和个人权利的忽视，是极权主义异化思维的体现。

（三）对唯物主义和唯心主义的批判

唯物主义在承认社会事物的实在性上是正确的，但也存在着明显的不足。比如，机械唯物论，尤其是自然主义，否认社会的特质，推崇激进的还原论；历史唯物主义将社会划分为物质基础和上层建筑，对经济的重视和对上层建筑作用的低估，对冲突、矛盾和斗争的强调和对合作团结的轻视；文化唯物主义把所有的社会变化最终都归原于生物学和经济学因素，等等。他们集中于环境、生物、人口统计和经济方面，但却忽视或低估了观念在社会生活中不可替代的作用，这与社会现实不符，因为“生命所谓的精神方面——例如，认知和情感，是真实的”[1]283。

邦格认为，社会本质的唯心主义思想强调观念在社会生活中的重要作用是正确的，但其缺陷也是显而易见的。因为社会事物既不是观念的产物，也不依赖于观念而存在，社会过程也不是单独的心理过程的结果。他们集中于理念并因此低估甚至忽略物理环境、动物需求和生产要素，尤其是劳动，他们的方法倾向于学究式的和非定量的，这也是肤浅和非科学的。

三、邦格对社会科学本体论的发展

邦格认为，社会不仅仅是个体的一个集合，也不是一个超个体实体，它是由相互关联的个体和变化发展的子系统构成的一个系统；社会事实是社会系统的状态或者状态变化，在社会系统之外或者之上不存在社会事实；社会具有系统属性或整体属性，它们中的一些是合成的，可还原的，另一些是突现的，源于个体成分及它们的相互作用；社会系统之间的相互作用是个体与个体之间的事情，其中个体分别代表着各自系统的行为；社会系统的成员都能单独行事，并且每一个个体行为都由行为人的社会地位及其基因遗传、经验和期望值决定；每一个社会变化都是在一个社会结构中的变化。因此是一个既在社会层次上又在个体层次上的变化[6]。邦格的这种社会科学本体观不同于传统思想，是对社会科学本体论思想的发展。

（一）邦格社会科学本体观的新质在于其对系统概念和系统思想的引入

邦格认为，“任一实在的物质客体，要么是一个系统，要么是某系统的一个成分”[8]4。根据这种本体论思想，人类社会是由生物或者亲属关系系统、经济系统、政治系统和文化系统四个子系统构成的一个社会系统。生物关系系统说明了人与社会的生物和环境限制，以及社会与自然的连续性，政治、经济和文化系统则充分突出了社会的非自然特性。而一个社会系统则是由共享一个环境的群居性动物组成的具体的系统，具有自己确定的成分、环境和结构。因此，社会系统并非个体的随意聚集，而且每一个社会系统都可进行成分、环境和结构分析。社会科学是对社会系统及其成分、环境和结构的研究，社会事实都将根据社会系统和它们的个体成分被解释，即以个体的需要、欲望、信仰、意图、行动和相互作用，在其自然环境和社会环境中进行，个体行为将根据处于社会中的个体的生物学、心理学和社会特征来解释。此外，社会系统是具有层次结构的，存在着各级系统，它们之间是彼此相关的。每一个人都至少是一个社会系统中的一个成员，任一社会行为都是出现在一个社会系统中的行为，任一社会过程都是出现在一个社会系统中的一个过程。也就是说，有关社会的一切都在系统中运动和变化，不存在孤立的事物、行为和过程。邦格对社会系统性的强调使其从根本上区别于传统社会科学研究所倡导的行为主体与结构、个体与整体、唯物与唯心的完全对立，从而形成了其独特的社会科学本体论思想。

（二）邦格社会科学本体观是对传统唯物主义思想的继承与发展

首先，邦格的社会科学本体论思想是唯物主义的。邦格认为，“一个系统是物质实在的，当且仅当，它唯一地由实在的物质部分所构成”[9]25。而一个社会系统的组成部分就是个体的人和人工产品，这二者的物质实在性是不言而喻的。其次，并非一般意义上对唯心主义的全盘否定，邦格认为其所强调的精神和观念是真实的，应当以唯物主义的方式科学地研究。再次，邦格主张一种突现的唯物主义。他认为，社会系统主要是人造的，反（自然）“事实”的，它们具有对于自然科学来说未知的属性，而且这些属性中的一些是其成分所不具有的，它们仅为系统整体所有的突现属性，不可还原为个体属性，社会事实是超生物学的，尽管它们包含着生物进程。也就是说，每一个社会事实都包含着一个自然事实，但反之则不然。这不仅规避了唯心主义，以及社会自然主义和个人主义的还原论问题，而且突出了社会系统的特殊性，为社会科学的客观性研究提供了理论基础。

（三）邦格社会科学本体观是对传统社会科学本体论思想的批判综合

邦格对社会的四系统划分，既承认了社会尤其是个体的自然属性，又强调了其政治、经济和文化特性，这不仅避免了社会自然主义对社会事实和社会系统激进的无条件自然还原，而且规避了历史文化主义割裂自然与社会的弊病及其对生理需要和物质条件的忽视。邦格的突现唯物论社会观，既继承了唯物主义承认社会系统和社会事实存在的实在性宗旨，保证了社会研究的科学性，又汲取了唯心主义者强调观念在社会生活中重要作用的合理要求。邦格的系统论社会观，既保留了社会个人主义认为个体而不是非个体的社会力量是社会的原动力这个客观现实，又抑制了其无限制微观还原的肤浅方法；既承认社会系统及其超个体突现属性的存在，又不否认整体亦具有某些个体合成属性；既承认整体又鼓励对它们进行成分、环境和结构分析；它不仅研究微观个体和宏观社会，而且还研究它们之间的关系，兼顾自下而上和自上而下两种研究模式；此外，它还研究社会系统各个层次自身及之间的关系，“阻止专家陷入单一困境并因此失去视角”[1]264。可见，邦格的社会科学本体论思想继承并保留了社会自然主义、历史文化主义、个人主义、整体主义、唯物主义和唯心主义中的合理性因素和真理成分，同时还克服了它们所有的缺陷与不足，是对它们的一种批判性综合。

社会科学研究人类，而人类的自然属性和社会属性需要一种能够对二者提供说明的本质性认识；社会科学研究社会事实，它们不是理念的形态、观念的产物，而是一种实在性存在，同时不可否认的是，观念在社会生活和社会研究中具有无可替代的重要地位和作用，这要求社会科学的研究不能顾此失彼，必须二者兼顾；个体与社会事实不是一种孤立的存在，它们皆处于相互关系和系统之中，这需要一种对社会的系统论认识；社会科学既要研究社会系统和社会结构，又要研究个体行为及其相互关系，既要能解释整体系统，又要能解释个体成分，这也需要一种能够满足这个目标要求的本体论思想，为社会科学的研究提供认识论和方法论上的指导。这些是社会科学学科发展的内在理论诉求，邦格的社会科学本体观正是在这方面的有效尝试。

参考文献

[1] Bunge M. Finding Philosophy in Social Science. New Haven & London：Yale University Press，1996.

[2] Pickel A. Mario Bunge's philosophy of social science. Society，May/June 2001，38（4）：73.

[3] Bunge M. Social Science under Debate：A Philosophical Perspective. Toronto Buffalo London：University of Toronto Press，1998.

[4] Bishop R. The Philosophy of the Social Sciences. New York & London：Continuum International Publishing Group，2007.

[5] Bentham J. An Introduction to the Principles of Morals and Legislation. London：Methuen，1982.

[6] Bunge M. A systems concept of society：Beyond individualism and holism，Theory and Decision. 1979，1（4）：18.

[7] Trevino J A. The Sociology-Philosophy Connection by Mario Bunge. Contemporary Sociology，2001，30（5）：537.

[8] Bunge M. The Sociology-Philosophy Connection，New Brunswick & New Jersey：Transaction Publishers，1999.

[9] Bunge M. Scientific Materialism. Dordrecht & Boston & London：D. Reidel Publishing Company，1981.

复杂性理论与公共政策研究*

尚云杰　殷　杰

公共政策研究是政治学和行政学的交叉领域，它的产生既是政府管理和解决各种社会问题的需要，也是政治科学和行政管理学等学科进一步发展的需要。简单地说，公共政策就是政府在对一个政治问题或公共问题进行回应时所做出的选择。这一选择建立在价值和规范的基础上，公共政策的目标，就是在这些价值和规范与某一特定形势之间架起一座桥梁[1]6。价值和规范，涉及政府或其他相关组织做出决策和行动的目的，特定形势则通常包含政策实施的具体环境与条件。因此，公共政策的最终结果，可能是期望目标与各种约束条件之间的某种妥协。传统的公共政策研究建立在实证主义和建构论理性主义的基础上。前者提出一种基于秩序、规律和进步的社会观，支持一种所谓的“秩序范式”，强调给定的原因将会产生同样的结果。因此，通过明确公共政策实施过程中的因果链并输入原因，就可以实现特定的政策效果。后者假定个体都倾向于理性行动，个体所具有的完全的理性和道德性，能够使自上而下的社会控制得以实现。从根本上说，实证主义和建构论理性主义，都是牛顿范式应用于公共政策领域的哲学基础。虽然从 18 世纪开始，机械自然观和社会观一直受到批判，人类理性的局限性也日渐凸显，渐进主义、有限理性和间断平衡论等决策理论，试图纠正传统公共政策研究的唯实证主义倾向。但总的来说，在很大程度上，这种机械论范式还是塑造了 19 世纪和 20 世纪的社会科学、公共政策及对人类秩序的社会追求[2]35。

然而，公共政策所固有的复杂性，如政策主体的多重相关性和互动性、政策实施环境的不可控性、政策运行过程的路径依赖性等，强烈要求一种超越既有“秩序范式”的新研究范式的出现。20 世纪中后期自然科学中出现的复杂性范式，揭示出并不是所有的现象都是有序的、可还原的、可预测的和决定论的，强调通过对现象内部运行机制的模拟来实现对现象的认识和解释。其很多具体思想与 20 世纪六七十年代后形成的一些公共政策理论之间，存在着内在联系。例如，德罗尔（Yehezkel Dror）提出的政策制定的模糊赌博特征、西蒙（Herbert

---

* 本文为国家社会科学基金重点项目“语境论的社会科学哲学研究”（12AZX004）成果。

原文发表于《科学技术哲学研究》2014 年第 6 期。

尚云杰，山西大学科学技术哲学研究中心研究生，研究方向为科技与社会；殷杰，山西大学科学技术哲学研究中心教授、博士生导师，研究方向为科学哲学。

Simon）在“有限理性”基础上提出的满意决策标准、林德布洛姆（Charles Lindblom）的渐进主义决策对全面理性决策模式的批判、马奇（James March）的垃圾桶决策模型揭示的人们对既有政策方案的偏好、鲍姆加特纳（Frank Baumgartner）的间断平衡理论强调各种外部因素和复杂性扰动导致政策垄断的间断等。这些思想都在不同程度上揭示了公共政策过程的复杂性和不确定性。因此，尝试把复杂性理论引入公共政策研究中，既是当前公共政策研究的内在需求，有望开辟出一条全新的研究进路，同时也是公共政策领域对于当前社会科学研究的“复杂性转向”[3]的回应。

一、公共政策研究的范式转移

与很多其他社会科学学科一样，公共政策作为一门学科在其创立之初，就开始在政策制定、实施和评估等各个阶段效仿自然科学研究方法。这种对自然科学方法论、社会有序本质及其基本合理性的充分信任，构成了现代公共政策甚至是社会科学研究的基础。然而，随着牛顿机械论范式及其秩序观受到各种非线性和不可逆现象的冲击，自然科学家开始尝试构建新的科学研究范式，与此同时，越来越多的政治思想家，也开始质疑牛顿机械论范式主导下的有序公共政策框架的合理性。实用主义、渐进主义、有限理性等决策理论的出现，开启了公共政策研究向后实证主义范式的转向。

1. 实证主义的公共政策研究范式

20世纪50～90年代初期，实证主义方法逐渐渗透到了公共政策领域的各个层面，涉及第三世界发展的现代化理论，对国际关系的实在论认识、对欧洲一体化的功能主义解释及对“集中化公共管理”的强调等。这一传统公共政策研究方法建立在秩序范式的基础上，秩序范式包括四个核心内容：秩序、还原论、可预测性和决定论[2]13。其基本思想是：人类在处理公共事务中具有充分的理性判断能力，随着人类知识的不断增长，现象将从无序转化为有序；将公共决策行为及过程分解为政策主体、政策环境等各种决策影响因素，通过对这些影响因素的局部的、还原式的理解就可以从整体上把握公共政策的内部运行；寻找不同的政策影响因素和不同的政策结果之间的线性因果关系，就可以实现对公共政策的准确预测；随着人类掌握的知识不断增长，社会有序程度会不断提高，人类的控制能力也会逐渐增强，社会的演化由此成为一个决定论的发展过程。

传统公共政策研究在实证主义范式的指导下倾向于采用定量方法，主要是统计回归方法。把政策系统分解为若干构成部分，对这些构成要素进行量化，抽象出它们之间的简单因果关系，通过对部分之间关系的统计模拟来认识整个决策系统。这种方法建立在系统线性发展和可还原的假设基础上，本质上是对真实政策系统的过度简化，因此不能准确反映政策主体的异质性、政策运行的内在机理、政策主体之间及政策主体与政策环境之间的互动规则。一方面，我们不可能穷尽某一政策所涉及的所有变量，而且在政策还原的过程中，势必会忽视某些变量之间的交互作用；另一方面，政策运行过程中“统计规律”是否存在，以及这些“统计规律”是否准确反映了政策构成要素之间的互动关系等，仍然是不确定的。因为真实的政策系统要素之间的关系，不是靠简单的因果链就可以准确描述的。另外，政策主体所具有的能动性，会自觉或不自觉地影响政策实施的过程和结果，而这是无法用数学统计方法进行量化和分析的。因此，定量和还原论方法，只适用于一些较简单的公共政策分析，如具有规则和有序结构的选举政策等。对于那些可能导致不可预测事件的公共政策，因为一些不确定性因素或脱离政策主体控制的因素的存在，定量方法的缺陷是很明显的[4]347。

除了以统计回归为主的定量方法，传统的公共政策研究还包括一定的定性方法，主要有“演绎–律则模型”和“归纳–概率模型”。二者都假定了政策运行的决定论规律，忽视了政策主体的主观意向性，提前预设了政策环境的稳定性和不变性。总之，实证主义公共政策研究范式存在的主要问题就是，传统研究方法不能充分解决当下公共政策研究中存在的大量复杂性和不确定性问题。

2. 后实证主义的公共政策研究范式

20 世纪大批思想家逐渐展开对秩序范式在公共政策领域内的主导性地位的批判。他们发现价值中立性、数据完整性、方案齐全性和准确预测性等秩序范式的一般要求，在现实的公共政策中很难实现。这包括五个方面的内容。

（1）马克思·韦伯第一个提出了描述传统管理和组织结构的科层制。但他同时也注意到，组织和制度结构可能会改变公共政策主体的潜在合理性，进而形成误导性的、不恰当的后果，即“基于规则的理性控制的‘铁器时代’”。

（2）罗伯特·米歇尔在其《政治党派》一书中提出了“寡头铁律”。他认为，随着组织变得越来越庞大且复杂，它们将会变得越来越寡头化，因此，政策主体从来都不能直接代表整个社会的利益。

（3）约翰·杜威使用其“实用主义”哲学方法，支持 20 世纪 30 年代美国教育政策中出现的越来越多的灵活性和适应性，他强烈赞同抛弃当时比较流行的中央决定式的教育常规。

（4）渐进主义理论认为，因为现代国家不断增加的复杂性和公共政策行动，在根本上的不确定性，我们应摒弃那些严格且详细的大规模计划来试图指导整个社会的发展。公共政策本质上是一个逐步演化和完善的渐进过程[2]26,27。

（5）有限理性政策理论认为，人类理性是有条件的、相对的，在实际的决策过程中不可避免会受到直觉、经验、价值取向等因素的影响。因此，考虑到政策主体信息处理能力所受到的约束，这一理论通过聚焦于所研究问题的本质来简化决策变量，用满意决策来代替绝对理性作为政策评估标准。虽然这些理论在某种程度上都存在着一定的缺陷，但至少在实证主义范式占据统治地位的传统公共政策研究中，开启了方法论反思的先河。

实证主义公共政策研究强调工具理性和“价值中立”立场，主张采用定量统计、实验和机械还原等自然科学方法。与此相对，后实证主义公共政策研究范式，是在建构主义本体论和诠释学认识论的哲学基础上成长起来的。一方面，后实证主义方法论否认政策的绝对客观性，重视观念和话语在政策与政策主体相互建构过程中的作用；强调把公共决策理解为一个过程[5]，反对把政策的成功与简单的自上而下的控制对等起来，突出政策语境对政策实施的潜在作用；认为政策主体的认识受到时间、环境及自身价值观的限制，对政策主体及其相关互动进行量化是对公共政策实体的片面割裂。这在一定程度上，克服了实证主义公共政策研究的缺陷。但另一方面，公共政策被视为由语言构成，论证（argument）是政策过程的各个阶段的核心，政策话语是行动者对特定社会现象的主观诠释与意义宣称，政策过程被视为一个论辩的过程[6]。虽然政策话语研究者并非完全否定物质实体的存在性，但其以“对问题的不同建构将导致不同的政策干预选择”这一假设为前提，来展开对公共政策过程的经验分析，将不可避免导致对价值和规范的过度重视，从而招致对其走向相对主义和主观主义的批判。

事实上，不论是理性主义者的有序范式，还是以建构论和诠释学为基础的后实证主义范式，在很大程度上都是片面的，因为二者都假定人类及其与自然的关系是内在有序或无序的，而事实是，它们既是有序的又是无序的。对于公共政策研究来说，如果接受复杂性框架，就必须放弃实证主义范式和后实证主义范式之间的机械区分。复杂性理论认为，物理实在和社会实在都是由大量相互作用的有序的、复杂的和无序的现象构成的。我们可以集中研究现象的某一方面，如有序（重力或存在的基本形式：生命/死亡）、复杂（物种演化或制度发展）或无序（随机机会或不合理性），但这并不意味着现象的其他方面就不存在[2]29。理查森（Kurt Richardson）和西利亚斯（Paul Cilliers）指出，我们既需要数学方程式也需要叙事描述。可能在一定条件下某一方法比其他方法要更恰当，但这种方法不应该被视为比其他方法更科学[7]。公共政策研究应尝试更加多元化的方法论框架，来实现其对政策实践的更好指导。

二、公共政策研究的复杂性特征

把公共政策研究与复杂性理论联系起来，最早可追溯到埃里克·克里金（Erik Klijn）、戈图·莫尔科（Goktug Morcol）和罗纳德·斯科特（Ronald Scott）等。克里金提出一种新方法来把决策理解为一个过程，反对任何简单且单一的决策方式；莫尔科用自组织、协同演化、突现和耗散结构等构成的复杂性理论，来指称政策语境的动态本质；斯科特认为需要使用一种突现的“复杂适应政治系统框架”，来了解政策分析和行政管理[8]。总之，他们都倾向于使用复杂性理论的核心概念，来理解政策语境的动态演化本质。事实上，复杂性理论对于公共政策研究的影响包括三个层次：理论层次、方法论层次和实践层次。现有的复杂性视角下的公共政策研究，大部分集中于复杂性在概念和理论层次上的应用，即用复杂性语言来描述政策过程对初始条件的敏感性、政策运行的不确定性和政策结果的不可预测性，而较少涉及方法论和实践层次，这是有待进一步扩展和深化的领域。

第一，理论层次上，复杂性理论所包含的路径依赖、报酬递增经济学、自组织临界和间断平衡论等概念，可以更直观准确地描述公共政策制定和实施过程中的相关变量、互动规则和突现特征。

（1）政治制度的变迁和巩固存在着“路径依赖”，即前一阶段的政策选择，往往会影响和决定着后一阶段的政策方案。而且，这种影响并不是单向的、线性的、可还原的，而是双向的、非线性的、不可还原的。

（2）同时，当我们坚定地实行一项政策并不断投入资源以维持这一政策的稳定性时，就会随时间推移逐渐形成“报酬递增”，这意味着在实践中选择另一条不同的道路所要付出的机会成本和代价，就会越来越大[9]。

（3）政策主体在决策过程中面临着大量相关信息，对这些信息的有效处理与实现预期政策效果直接相关，但事实上政策主体往往是有限理性的，并不能处理所有相关信息。因此他们必须通过把个别信息置于决策过程的主导性位置，而忽略其他信息来简化他们的决策环境。这样，当政策主体给予某些信息过多的权重时，在政策运行过程中就会形成“正反馈”，进而导致政策“间断”。“一般间断假说”证明了在对信息处理的研究中，政策过程会显示出非线性动力学和间断平衡特征。

（4）政策主体通常是保守主义的，倾向于维持现有政策的稳定性。因此，政策变化需要一个临界关注量，当外部压力达到这个临界点时，就会引起突现的间断而不是微小的规则性变化[4]350。显然，用复杂性理论的相关概念来描述政策运行过程，有助于我们理解公共政策的内在复杂性、非线性演化路径和突现本质。

一般来说，公共政策包含三种内在复杂性形式：社会复杂性、动态复杂性和突现复杂性。

（1）社会复杂性作为一种行为复杂性形式，是行动者或利益相关者的多重利益和观点交互作用的产物，其核心概念是"价值"。价值及其潜在的基本假定（包括信念、认知、思想和情感等）决定着一个人的行为。政策主体在一个个体的、专业的、组织化的层次上把意义赋予事件和行动，相同的行动者在不同的语境中，会有不同的权责和长短期利益，发挥不同的作用进而导致不同的结果。

（2）动态复杂性是系统构成要素之间相互依赖性的产物，本质上是由原因和结果之间的一种系统的"延迟"或间距造成的，其核心概念是"影响"。系统构成要素之间的相互依赖性越强，动态复杂性就越多，管理决策过程并评估决策影响就会显得越困难。因此需要更多的证据来支持决策并揭示公共政策过程的内部运行机制。

（3）突现复杂性是一种破坏性变革，揭示出过去决策经验对当下决策的较少的指导作用，其核心概念是"不确定性"。政策主体无法准确把握政策实施过程，无法预知一些未知的挑战，因此必须寻求一种以连续变化为特征的适应性方法来处理各种突发状况[1]13,14。事实上，这三种内在复杂性形式都直接或间接地受到外部影响因素，特别是政策系统所处环境的影响。

第二，方法论层次上，复杂性理论的特殊性不仅仅在于它确定了公共政策的复杂性，更重要的是它提出了一种新方式，来解释复杂行为是如何从公共政策过程中突现出来的。公共政策过程需要被作为一个完整的交互作用整体，而不是单个要素构成的集合来研究。复杂性理论否定时间、空间和物质之间的明确区分，挑战了对似对象实体的笛卡儿式理解，转而关注非线性、不可预测性、突现和自组织。弗利纳（Jayne Fleener）认为，只有通过非线性的、递归的、无止境的复杂性逻辑，我们才可以理解那些不是靠因果链，而是靠意义的层次、递归动力学、非线性作用和变化联系起来的事件[10]。

公共政策过程本质上是一种复杂适应系统，政策主体作为适应性主体彼此之间交互作用，同时，政策主体与环境之间也存在着互动。在这些适应性主体及其互动规则的基础上，借助于各种计算机技术的进步，来描述和揭示公共政策运行的内部机制及在此过程中突现出的不可预测的政策结果，是借助复杂性理论认识和解释公共政策复杂性的独特方法。这是一种自下而上的建模方法，将公共政策所涉及的多重利益相关者、各种外生影响因素、政策主体之间的互动、政策主体与环境之间的互动、政策本身的演化等都包含进来了。复杂系统的动力学来自于影响并构成系统的每一个要素，反过来系统整体也会影响其构成要素。系统动力学通过系统构成要素的“自组织”来引起新模式的“突现”。因此，复杂性理论为公共政策领域引入了要素之间的相关性及作为整体的综合体这样的观念和维度。这样，公共政策就被概念化为自觉的、有目的的、相互依赖的行动者的活动及其之间的关系构成的整体。当然，复杂性理论带来的新方法，并不完全否定传统的定性和定量方法在某些较简单的和小型的公共政策系统中的作用，但其作为新的分析框架和工具，能够在研究一些表现出复杂性层次的政策系统中发挥重要作用。

第三，实践层次上，通过使用复杂性语言和逻辑描述公共政策的内在复杂性，利用基于机制的多主体建模揭示公共政策的内部运行机制，即使不能从根本上解决某些公共政策问题，也至少给我们提供了重新认识和理解一些相关问题的机会和平台。

（1）复杂性理论可以有效地改进我们对复杂公共组织的理解。公共组织的各个子系统、层次、结构及组织成员都处于动态变化中，不断地从一种状态转移到另一种状态，随着时间的推移甚至会表现出无序和混沌。公共组织的运行不是稳定和均衡的结果，而是相互作用的各个组织利益博弈的结果。公共组织运行机制的复杂性，恰恰在于组织内利益群体均衡博弈所产生的复杂性，但是，管理者必须维持这种动态平衡或动态稳定性以实现组织从低级向高级的演化。

（2）传统方法在解决各类公共行政危机方面的效力逐渐趋于弱化，而非线性复杂行为模型作为一种新的思维和解决方案，引入“时间”观念，揭示出短期内微观层次上看似混沌和无序的行为，实际上可能有助于宏观层次上的长期秩序和平衡。因为这些复杂行为可以在组织内部形成耗散结构作用力，而这些作用力中绝大部分都有形成新组织实体和秩序的自组织能力。因此可以说，耗散结构的形成就是为了维持系统的熵减状态[11]15。

另外，国际关系是公共政策中一个非常重要的研究领域，复杂性理论在国际关系研究中的一个重要应用，是对战争与和平之间关系的重新认识。切尔奴斯（Ira Chernus）认为，不计一切代价的追求秩序是自我毁灭，使用军事行动和战争手段追求秩序，与和平的内在本质是自相矛盾的。一方面，根据行动者及其之间的交互作用，以及在此基础上形成的各种反馈环路可知，在既定情境下实现更多样化的可能性，和平（稳定）的可能性就更大。因此，和平的出现与高熵有关，这就意味着不断增加的无序、混乱、随机性和不可预测性，可能带来比在可预测的极端有序的国家中更多的潜在和平。另一方面，很多社会系统并不仅仅是有序或无序这么简单，一些社会系统有时候是有序的有时候是无序的；一些社会系统虽处于持续的混沌运动中，但却表现出一种整体的稳定性。因此，“稳定的混沌”和“有序的随机性”这样的概念成为对和平的新的解读[11]16。此外，贝茨（Richard Betts）也考察了复杂性理论在战略和国际安全中的有效应用。在他看来，复杂性理论加强了对政府通过战略来实现预期结果的能力的怀疑，因为战略结果在很多时候并不遵循计划的安排。在足以形成预期结果的可控原因及战略设计与预期战略结局之间，复杂性和偶然性竖起了一道屏障[12]。因此，在复杂性视角下，战争是一个会形成不稳定行为的非线性系统，其输入与输出或协同效应之间，存在着不成比例的关系。不过，虽然贝茨承认非线性复杂性在战争战略中很常见，但他又强调了其既非绝对的也非普遍的。因为，如果复杂性理论意味着没有预测是可能的，那么对战争指导的任何分析都是没有意义的。

总之，无论是理论层次上，用复杂性理论及相关概念描述和表征公共政策系统的内在复杂性，还是方法论层次上，用多主体的自下而上的建模揭示公共政策运行的内部机制，抑或是实践层次上，对公共政策领域内一些核心问题的重新解读，都证明了复杂性理论之于公共政策研究的重要性和有效性。但是，复杂性理论应用于公共政策研究，并不是无条件的和盲目的，而是需要有一些区别于传统公共政策研究的先在条件。

三、复杂性介入公共政策研究的意义

事实上，并不是所有的公共政策问题都应该被视为复杂的。在公共政策研究中使用复杂性理论，第一原则就是“有条件的适用性”。当处理相对稳定的环境中涉及较少主体的社会问题时，线性还原和统计回归方法或简单定性方法，如访谈法、情境分析法、德尔菲分析法等仍然是可行的。但是，一旦确定我们所处理的是一个复杂系统或复杂问题，在进行政策分析时就需要注意以下几点。

第一，政策语境的重要性。在处理复杂问题时，语境和问题本身一样重要。韦恩·帕森斯（Wayne Parsons）指出，因为塑造不同决策语境的环境要素，常常是变化的、非线性的、不确定的和不可预测的，我们越来越需要一种具有多层级管理特征的多主体复杂系统[13]。同时，政策主体之间的交互作用，也在一定程度上塑造和改变着政策环境。因此，我们不可能把问题从其语境中隔离开来，相反，需要指定研究范围以提供对语境的更深层次的理解。理解更大范围的环境成为研究计划不可或缺的一部分。

第二，从“个体主义”解释转移到“整体主义”解释[4]355。传统的公共政策研究在机械还原论的线性思维的指导下，借以把政策划分为其基本构成，通过部分来认识整体。这是一种对政策运行的典型的个体主义解释。复杂性理论把公共政策视为一个动态的、持续演化的交互式适应系统，这个过程是由人驱动的，政策主体之间及政策主体和环境之间的交互作用结合起来，形成了一种系统性网络。一些过程只会在系统层次上突现出来，不论我们怎样细致地考察个体事件，都不能使我们了解整个系统的运行，因此，整体主义方法是必要的。

第三，政策评估模式的改变。传统的公共政策评估模式是结果主义（consequentialist）的，然而，公共政策的复杂性从根本上限制了决策者预测政策结果的能力。因此，政策评估的结果主义标准在一定程度上是有问题的。这个标准过分强调自上而下的控制的重要性，过度使用量化方法，无法调和价值的多元主义。因此，在实际的政策评估中，不能将预期政策目标作为唯一的评估标准，而应考虑多重因素对于非预期的“侧面影响”的作用，在此基础上全面考察政策运行的各种影响。

综上所述，复杂性理论对公共政策研究的影响涉及理论层次、方法论层次和实践层次，将公共政策作为一个复杂适应系统，通过揭示多重主体、主体间以及主体与环境之间的交互作用来把握整个政策运行过程。从政策制定的多主体模型，政策运行的整体主义解释，到政策评估的有效性标准，复杂性理论对公共政策研究的各个阶段给予了重新解读。因此，有望为公共政策研究带来一种全新的视角和发展路径。

参考文献

[1] Geurts T. Public Policy Making: The 21st Century Perspective. http://www.beinformed.com/BeInformed/webdav-resource/binaries/pdf/publications/public-policy-making.pdf? webdav-id=/Be% 20Informed% 20Bibliotheek/0000% 20WEBDAV/WebDAV% 20StatContent.bixml [2014-03-26].

[2] Geyer R, Rihani S. Complexity and Public Policy: A New Approach to 21st Century Politics, Policy and Society. New York: Routledge, 2010.

[3] Urry J. The complexity turn. Theory, Culture & Society, 2005, 22 (5): 1-14.

[4] Cairney P. Complexity Theory in political science and public policy. Political Studies Review, 2012, 10 (3).

[5] Teisman G, Klijn E H. Complexity theory and public management. Public Management Review, 2008, 10 (3): 294.

[6] Hastings A. Connecting linguistic structures and social practices: a discursive approach to social policy analysis. Journal of Social Policy, 1998, 27 (2): 194.

[7] Richardson K, Cilliers P. What is complexity science? a View from different directions. Emergence, 2001, 3 (1): 12.

[8] Meek J. Complexity Theory for Public Administration and Policy. Emergence: Complexity[6] & Organization, 2010, 12 (1): 1.

[9] Room G. Complexity, Institutions and Public Policy. Cheltenham: Edward Elgar, 2011: 7-8.

［10］ Osberg D. The Politics in Complexity. Canadian Association for Curriculum Studies，2008，6（1）：viii-ix.

［11］ Plaza J P. Chaos Theory and Its Application in Political Science. http：//dev. ulb. ac. be/sciences-po/dossiers_ membres/dandoy-regis/fichiers/dandoy-regis-publication18. pdf［2014-04-3］.

［12］ Betts R. Chaos and social reality：an emergent perspective//Eve R，Horfshall S，Lee M M. Chaos，Complexity and Sociology. London：Sage Pub.，1997：141-152.

［13］ Parsons W. Public Policy——An Introduction to the Theory and Practice of Policy Analysis. Cheltenham：Edward Elgar，1995：89.

实用主义社会科学哲学的理论特征*

殷　杰　张　雪

目前，学界对社会科学理论存在着较为一致的看法。其一，社会科学理论在内容层面存在着逻辑性，但缺乏严谨性：社会科学理论是由人类社会中人的行为、思想及动机组成的，具有较强的可变性和灵活性，它所面对的是社会现象，与自然科学研究最大的区别体现在语言的内涵上，同样，社会语言所涉及的领域是很宽广的，“有关于社会的研究已经涉及财富、人类、政府及婚姻”[1]，我们也要根据不同的社会背景进行研究。因此，研究结论通常形态各异、莫衷一是，蒋逸民在其《社会科学方法论》一书中谈道：“定性研究和建构主义这两大阵营激烈争论的同时，出现了将定性方法和定量方法结合起来使用的‘混合方法’。”[2]更出现了这样的声音：我们在研究社会科学时，不应该仅仅注重科学理论对其的作用，如果一个非科学理论的定义系统达到了某种简单程度并且概括能力很强，也可以用作社会科学理论的备选。其二，社会科学理论在结构层面存在着与一般科学理论共同的方面，但具有较为明显的特点：几个理论相互竞争或时而某个理论被人推翻，时而又重新可以解释社会现象，甚至出现某个理论在某个预设前提下是不可用的，而在另一个预设前提下成为可用的理论。因为在社会科学的研究领域中我们很难真正把握某种社会现象下的统一、普遍及永恒的社会规律。“在马克思主义经济学理论之后，他的有关社会文化、社会实践、社会规范，甚至是社会文化和社会构造的意识形态已经风靡全球，特别是在欧洲。”[3]我们由此可以看到当时的社会科学研究领域之宽、涉及范围之广的程度。然而，起源于19世纪美国的实用主义，作为一种行动哲学的方法论，为社会科学研究提供了一个可操作的对话平台，因为实用主义哲学的一切出发点都来源于解决实际问题，以效果作为检验标准。今天的实用主义研究更多应用于语言领域，它提供了新的研究视角。就像詹姆斯说的“我们可以明显地看到一系列的实践活动或是行为活动满足了从语法角度连接的必要性”[4]。实用主义者通过运用各种方式刺激

---

* 本文为国家社会科学基金重点项目“语境论的社会科学哲学研究”（12AZX004）成果。

原文发表于《哲学动态》2014年第5期。

殷杰，山西大学科学技术哲学研究中心教授、博士生导师，研究方向为科学哲学；张雪，山西大学科学技术哲学研究中心博士研究生，研究方向为科学哲学。

人类对事物的兴趣，再从兴趣的角度出发，在真实的社会环境中找出符合该环境中的规律，最终总结出能够解决该规律运行中的社会问题。本文将以社会科学的理论特点为研究对象，通过对皮尔士、詹姆斯和杜威从实用主义视角上进行的社会科学的研究和思考，概括出实用主义社会科学哲学的理论特征。

一、多元化的研究视角和方法特征

实用主义的方法论通常立足于人类与现实生活，这一特点决定了实用主义社会科学哲学的研究视角和方法的多元化特征。一方面，由于人类所处的生活环境不同，他们所承载的社会背景也不尽相同，而形态各异的社会背景又将人类彼此联系在了一起，因此，社会科学家在选择一个社会或群体进行研究时，单一的研究视角和方法很难获得较为满意的研究结论；另一方面，社会科学理论的方法论原理本身蕴涵多种并行逻辑关系，每一种逻辑都是由不同的知识结构、文化内涵和社会背景构成的，也就是说，在社会科学哲学研究中，实用主义者非常重视研究者社会背景的个体差异性，尊重不同研究者不同思维体系下所构建的不同逻辑框架。

1. 詹姆斯以心理学、医学为研究基底的社会科学哲学

实用主义者詹姆斯由最初的心理学研究而踏上哲学之路，在其社会科学理论研究中就带有明显的实用主义色彩。在其哲学方法论上，他要求心理学研究者“既要采用内省法，又要采用实验法，要研究动物、儿童、处在前文字时代的人和变态的人。总之，他鼓励采用任何能够阐明人类生活复杂性的方法；他认为，不应忽视任何有用的方法”[5]。詹姆斯对社会科学的研究同样也是从心理学的角度入手的，受康德先验论和达尔文生物进化论的影响，詹姆斯的研究方法凸显出医学和先验的特点。由此，他的哲学方法论向来都是与神经、大脑及血管之类的器官如影随形。在阐述有关习惯问题时，他就巧妙地运用神经的可变性原理：生物的习惯现象是由构成他们身体的有机物质的可变性导致的。这里的有机物质就是指人类的神经，由于人类神经的可变性，加之按照某一种方式练习，詹姆斯进而推出人类习惯这一结果。这种哲学思想就是詹姆斯社会科学理论的独到之处。在他的著作中可以看到大量通过医学原理而获得解释的社会现象。同时，这样的理论解释了实用主义与常识的区别，他认为“对于已经知道的知识做一般性的了解，这样的了解有助于我们便于对生涩话题的理解，这样的知识称为常识”[6]。在以医学为基底的研究中，人们通常采用一种实验室方法，而詹姆斯的伟大之处就在于他使用了比实验室方法更为灵活的其他方法，从预测的效果来看，的确存在着准确性方面的偏差，但这些方法却能使研究者更加容易、清晰地描述、解释

心理学现象。

詹姆斯在以一种多元化的视角和方法研究社会现象的同时，他也注意到了对于一种理论进行检验和评价时也需要多元化的视角和方法，正如他所言“一个人的社群的自我就是他由他的同伴得到的注意”[5]，这里所说的“注意”就是同伴对他的评价。因此，在社会科学理论研究中，由于社会现象的复杂性特征，对于一项研究结论的验证，以理性为逻辑起点的评价标准，以及实验室中检验的评价标准是不可能得到一个有效评估的，我们只能将它们置身于社会实践之中，进行验证。

2. 杜威以语言、经验为研究视角的社会科学哲学

杜威（John Dewey）秉承了詹姆斯实用主义的哲学思想，在他的市侩哲学中便可初见端倪，也正是在此基础上塑造了他的社会科学哲学思想。杜威认为：“有人把科学一词只限于数学或可用严正的论证方法来决定精确结果的科学。”[7]“显然，我们必须把科学的概念理解得宽泛一些。”[7]也就是说科学不是以研究对象的特点为标准的那些事物的归纳，而是一种方法论意义上的归纳。所以，只要具备使用科学的方法，按照一定的程序归纳出来的，就是科学的。正如他所言：“所以学校中求知识的真正目的，不在知识本身，而在学得知识以应需求的方法。”[7]所以，在杜威的社会科学哲学思想中，“社会科学到底是否可以说它是科学的”这一争论便得到了消解。从这点上可以看到实用主义、折衷主义的影子。其实，在很多情形下，划分界限是没有意义的。对于自然科学和社会科学在教育问题上的忽视：“一切科学的资源都可以为教育的目的而适用”[7]。

立足于语言的研究，杜威强调：“在教育学的著作里，差不多总是语言只当作思想的表现。语言固然是一种逻辑工具，但最基本的最重要的是一种社会工具。”[7]因此，在杜威看来，语言是一种让生活在相同社会背景下或是不同背景下的社会成员互动或是表达情感的工具，与自然科学语言有本质的区别。本文认为，杜威的看法是正确的，但在追求语言准确性的问题上应该分为两种情况。其一，在同一范式下所产生于理论中的语言。这种语言应该确保其准确性，因为我们不敢保证研究者都来自于同一个国家，具有相同的文化背景等，因此，一种标准化的语言表达不仅可以让研究者相互了解对方的经验，而且对于继承优秀的科学理论，以及使理论获得更大的发展也是有所裨益的。其二，具有相同背景下的理论中所使用的语言。这种语言不需要追求精准，只需研究者能够相互明白即可。因此，可以说语言本身就是一种多元化的方法。

杜威所关注的另一个视角是经验，就像詹姆斯以研究心理学为突破口来研究社会科学一样，杜威从经验的角度向我们展示了他的社会科学哲学观点。这主要体现在他的教育学研究之中。激发儿童的表达和动手能力，这样在他经验的时

候，他的错误就能够暴露，而老师便可以发现这些错误，并给予纠正。这一点也适用于家庭生活。但在这里需要强调的是，有些人会产生这样的质疑：孩子们从小就开始接受利己与功利的思想，这有悖于培养一个高涵养、高素质的良好公民的意愿。其实并不然，正如杜威所说：我们所谓的要使得解决问题的方法有用，除了要注重效率外，还要注重这个方法的引导作用。而并非我们常理解的“不择手段”。在经验过程中，大部分的孩子都会清楚地知道什么样的方法是可以解决问题的，而什么样的方法不适合进行交流，从而总结出因不同社会背景下所经历的事情的结论，这样的结论又是多元化的。

二、始于兴趣、终于效果的思想特质

由于实用主义过于强调“有目的的行动”，常被人称作市侩哲学，认为它是一种功利主义方法论。然而，在社会科学问题研究当中，实用主义方法论所凸显的是，尊重人类的本性，致力于描述日常生活环境，解释社会现象。它本身就来源于人的理论，不单单关注于人类的衣食住行，更注重人类对社会现象的好奇与兴趣的研究，将兴趣作为行动的出发点，把获得效果作为行动的最高目的。

1. 以“兴趣”作为行动起点的思想特质

杜威在兴趣的问题上延续了詹姆斯和皮尔士的思想。在继承了詹姆斯“效果”论的基础上，杜威更强调这一真理的指导作用，他更着重于某一理论的延伸感，而不仅仅是当下问题的解决能力。所以，在杜威的教育学中，他指出，“要让孩子们从实际情况中来，学会某种能力，再到实际情况中去”。在他的理论中对兴趣的启发及培养是最核心的事情，而“兴趣”是能够让人类充分发挥主观能动性的基点，因此，他提出教育如果可以激发孩子们的“兴趣”，那么教育便可以推动社会发展。杜威认为：“兴趣的价值在于它们所提供的那种力量，而不是它们所表现的那种成就。”[7]教师是重要的知识积累的指导者，但其重要作用是激发孩子们对学习某项知识或技能的兴趣。按照杜威的说法，兴趣分两种：一种是“假兴趣”；另一种是“真兴趣”。在兴趣的解释中，我们明显地看出杜威对皮尔士“习惯”理论，以及詹姆斯“意识流”理论的继承。“假兴趣”来自一种习惯，并没有真正地激发他们的兴趣，而是代替他们做出了选择；“真兴趣”就是一种观念或是一个事物，它可以激发出儿童对某方面事情的探寻和思考的冲动，而这个行为才是我们真正要做的事情。知识的积累只是学习的一个过程。具体而言，我想说的是就像杜威明确指出的那样：“用教育的术语来说，学校里的这些作业不应该是一般职业的单纯的世界手段或方法，是学生得到较好的专门技术，如厨工、缝纫工或木工那样，而是作为科学地理解自然原料和过程的活动中心，作为引导儿童去认识人类历史发展的起点”[7]。

因此，从这个角度来说，老师的作用就是发现受教育者最初的兴趣，给予他们正确的引导，提供给他们兴趣方面的知识积累。受教育者有了自己感兴趣方面的知识储备，再加之主动的思考与探索的冲动，由此，解决问题的能力必定会增强。从我们的研究中不难看出，杜威的真理观是一种工具主义的可操作性的真理观，他把理论和观念都当作取得成功的工具，这便是连接研究起点与最终结果的桥梁，而最本能的兴趣则是可以有效解决问题的最强动力。

2. 以“效果”作为行动目的的思想特质

皮尔士在其实用主义哲学中指出，探索行为的开始可能仅仅来源于一个较为有趣的事情或能够引起兴趣的遐想，并找到一个认为是合理的答案，即使社会科学理论可能无法给予精确的判断、说明和预测，但这些理论只要在人类生活中可以带来乐趣和教育就是有意义的。在他的哲学理论中，无须严密的论证和逻辑，仅仅需要一个合情合理的共识，满足好奇的感觉。因此，皮尔士对满足的效果来源于一种倾向，即一种信念的倾向，而这种信念最初则来源于对某个事物的兴趣。

“效果”一词在詹姆斯的哲学思想中则变为“效用”。他认为：“真理就是观念得到了证实并发生了效果的过程。”在社会科学研究方面，研究者的疑问大都来源于对某个事物的兴趣，有了探索的需求之后，这样的出发点更有利于研究者实现既定目标，进而高效地获得相关的知识。在詹姆斯的真理观中，其价值观具有核心的地位。詹姆斯的真理观是带有一定“功利”性的，他认为效用就是带来一定的利益，他把皮尔士起初所提到的“满足”中感情的成分减少了，利益或价值的成分加多了。因此，从这个角度来看，詹姆斯认为：“有意识的动作需先有对于无意识动作的记忆——有意识的动作必定是我们机体的次起功能而非原始功能。”[7]由此看来，詹姆斯在“兴趣”与“高效”之间存在一个连接点——经验中的“习惯”，因为，最初的习惯养成来源于对某物的“兴趣”，之后才养成了习惯，持久的习惯就成为一种模式，而这种模式的持久就会使得大脑少于思考，从而达到“高效”的效果。“始终不要有个例外，一直到新习惯在你生活内根深蒂固了的时候。”[7]虽然詹姆斯较皮尔士而言，在其哲学阐述中更“以人性为基础”，但都说明了“兴趣”是人类最初行动的起点，最后都高效地实现既定目标。

三、探求行为和语言之意义的理论旨求

各个哲学学派对命题之意义的定义都不尽相同。在实用主义哲学家眼中意义

既来自语言，又来自行动。就像皮尔士所言："为了获得一个概念的意义，人们就要考察从这一概念的真理中必然得出什么样的可以设想的效果，这些效果的总和构成这个概念的全部意义。"[8]而且并非是所有的语言和行动，而是那些可以产生实际效果的语言和行动。就像杜威所认为的："语言表达意义，意义植根于人类的行为中。如果我们意识不到意义的这种根源，我们就会忽视语言与社会（它由人们的创造性活动所组成）之间的固有联系。"[8]所以，杜威的社会科学理论的原始理论就是经验论，经验是一种动态的活动，是把语言当作工具实现效果的活动。

实用主义哲学家在研究社会科学时候把社会现象作为研究对象，具体的人和行为构成了社会现象之载体。要想从不同的社会背景和文化结构中"抽象"出一个社会普遍规则是比较难的，理想的办法是立足于同一种语言平台上，但现实中所使用的是不同种类的语言，因此，交流便成为研究的必要前提。所以，从研究的结论来看，所研究的对象并不是单个个体的语言和行为，而是人与人交往的时候、人与物打交道的时候的语言和行为。这样的语言和行为为我们更好地了解不同背景下的人的社会习惯、思维方式及社会文化带来了不可低估的作用。

如果说皮尔士在对语言和行为的说明中有些古板和生涩的定义的话，那么杜威对语言和行为的描述中的说明则稍显宽泛。因为他深知，在不同的社会背景和文化结构中，不同的人对语言和行为的理解是不同的。就像如果我们在与一个具有良好修养的人进行交谈时候，可能就会稍显轻松，使用一些相对来讲较为专业的术语，对方也可以理解你的意思；但试想如果我们在与一个原始部落的成员交谈时，恐怕就不得不使用身体语言；再或者我们与原始时期的人类"交谈"时，对于现代人来说就要学会读懂他们所留给我们的"标记"，从严格意义上来讲这些都不算语言，但是它们的存在与使用可以对我们产生有指导意义或可以直接改变事物的效果，而这个效果便是理论的意义。

杜威在语言和行为上做了一个扩充解释，却在适用范围上做了限制："只有在社会交流中，语言才不仅成为人们相互作用中一种用以节省精力的手段，而且使参与到这种相互作用中的力量得到释放和扩大，并赋予它们以附加意义的性质。"[8]他认为脱离开这样的社会交往环境的语言，以及未能引起社会行为效果的行为都不算是意义的真正组成部分。所以，我们只能在社会交往和交谈中才能看到能够表达意义的语言和产生实际效果的行为。

无论是皮尔士还是杜威，他们对于一个理论意义的定义有共同的部分：语言所表达的一切可以让人想象到的或是实际产生的效果都是这个理论的意义。而这个意义的实际功能就是让交流的人得到信息、让为改造事物的人了解信息，这些其实都是交流的功能。

如果说其他哲学学派得到的社会科学哲学的理论是注重它的内涵或是意义，

那么实用主义学派所得出的社会科学理论更倾向于理论的功能和作用。

结　语

综上所述，通过对实用主义社会科学哲学理论特征的研究，我们可以发现，"'方法论中的实用主义'和'语义学中实用主义'间的区别是微妙的"[9]。就像本文开篇所言，研究社会科学哲学的学派数不胜数，但就是实用主义这样一种哲学视角让我们看到了独具一格的社会科学哲学，它是一种多彩的、一种各种理论相互竞争但并行不悖的哲学理论。在实用主义的视角下，社会科学哲学是灵活的、多变的，它是活生生的生活物语，而不仅仅是书本上的文字。社会科学，这样一个来自生活的学科，对于它的研究本来就应该来自于真实的社会生活、现实的生存环境。而实用主义也恰恰是这一研究的最好典范。

参考文献

[1] Mantzavinos C. Philosophy of The Social Sciences. Cambridge：The University of Cambridge Press，2009：8.

[2] 蒋逸民．社会科学方法论．重庆：重庆大学出版社，2011：83.

[3] Rosenberg A. Philosophy of Social Science. Westview Press，2012：153.

[4] Brandom R B. Between Saying and Doing. The University of Oxford Press，2010：79.

[5] 詹姆斯．心理学原理．唐钺译．北京：北京大学出版社，2013：10，14，88，181.

[6] James W. Pragmatism. NuVision Publications，LLC，2009：70.

[7] 赵祥麟，王承绪．杜威教育名篇．北京：教育科学出版社，2013：7，11，19，71，108，207.

[8] 涂纪亮．实用主义、逻辑实证主义及其他．武汉：武汉大学出版社，2009：256，259，261.

[9] Robert B. Brandom，Perspectives on Pragmatism：classical，recent，and contemporary. Cambridge：Harvard University Press，2010：63.

认知与心理学哲学

怪人假设与副现象论*

魏屹东　陈敬坤

怪人（zombie）问题已经成为目前各种流行的意识理论都无法回避的难题，而在这些理论中，副现象论与怪人假设的关系似乎尤为密切。人们普遍认为副现象论蕴涵着怪人的可能性，甚至认为怪人假设预设了副现象论，以此质疑怪人假设的合理性。在我们看来，这些看法其实是混淆了不同的问题。怪人假设说明了什么？副现象论是否蕴涵了怪人的可能性？怪人假设是否支持副现象论？副现象论作为意识问题的解决方案之一是否有其合理性？这些正是本文试图要解决的问题。

一、怪人假设说明了什么

怪人在哲学上是指行为、功能甚至一切物理方面都与有意识生物相同一，却没有意识经验或感受质（qualia）的系统。现实世界中并不存在怪人，它是哲学家们为揭秘意识现象进而解决身心问题而提出的一种思想实验。这一思想实验伴随着心智理论的发展走过了不同的发展阶段。

1. 作为怪人前身的自动机

从怪人的定义来看，它与笛卡儿提出的自动机（automata）非常相似，可以说，自动机就是怪人的前身。按照笛卡儿的二元论，心灵和作为物质的身体是完全不同的两种实体，因而人和动物的身体都只不过是一架自己能运动的机器，他称之为“自动机”。人之所以不同于动物是因为人的身体中还有一个灵魂或心灵以某种方式寓居于身体这架机器之中并且操作它，而它也能够神秘地影响心灵的思维，这就是著名的“机器中的幽灵”。因此，自动机与人的区别仅仅在于有无心灵，这与怪人的定义非常接近，但二者之间仍然存在重要的差别。因为笛卡儿

---

* 本文为国家社科基金项目“科学表征问题研究”（12BZX018）和“二维语义学及相关问题研究”（11CZX043）成果。

原文发表于《世界哲学》2014 年第 2 期。

魏屹东，山西大学科学技术哲学研究中心、哲学社会学学院教授、博士生导师，研究方向为科学哲学与认知哲学。陈敬坤，哲学社会学学院讲师，研究方向为认知哲学。

相信，心灵能够以某种方式作用于身体，人的语言能力和行为能力高度依赖心灵的存在，如果没有心灵，自动机不能够创造性地使用语言，也不可能在行为举止上表现得与人完全一样。所以，在笛卡儿那里，自动机只能在物理上与人完全一样，但行为和功能上却做不到。

笛卡儿身心二元论同时还造成了对他人是否具有心灵的怀疑。这种他心怀疑论同样能够产生自动机。按照笛卡儿主义，意识领域只对思维者自身开放，他人的思维与意识是不可观察的，而思维者的自我认识是直接可通达的、私人的，因而也是不可错的。如果坚持这种第一人称权威，那么我们可以很容易地怀疑他人是没有心灵的自动机。仅从他心怀疑论的视角来看，自动机与人完全是无法分辨的。

可见，笛卡儿的自动机实际上可以区分为两种：一种是基于实体二元论构想出的自动机，这种肯定意义上的自动机不能做到与人完全一致；另一种是基于他心怀疑论的自动机，这种否定意义上的自动机与人无法区分，因而是真正的怪人。

2. 怪人作为反物理主义的思想实验

20 世纪 50 年代后，在脑科学、神经科学及计算机科学迅猛发展的背景下，普莱斯（U. T. Place）和斯马特（J. J. C. Smart）等提出了心脑同一论，引起了巨大争议和反响，在哲学中一度陷入困顿甚至销声匿迹的意识问题再度成为研究的热点。心脑同一论虽然并未获得广泛认同，但它在赖尔（G. Ryle）的基础上进一步肃清了笛卡儿式二元论的“幽灵”，意识和心智现象的物理主义解释迅速成为心灵哲学的新范式。在这一范式下，物理描述成为我们现实世界的完备描述，而且这种描述是充分的，因此，至少在本体论的意义上，任何精神事实都以某种方式依赖于物理事实。

物理主义的这一基本立场很容易受到日常直觉的质疑和挑战。因为这种直觉使我们强烈地感受到，意识的某些特征和属性与物理属性之间存在着无法忽略的巨大差异，比如对于疼痛的感觉与疼痛的神经生理状态显然是不一样的，意识的这种现象性质或感受质，只能被主体当下直接经验到，不可被还原为更不能等同于物理层面的东西。

基于这样一种直觉，20 世纪 70 年代，一些哲学家相继提出各种怪人假设以反对物理主义，比如坎贝尔（K. Campbell）为了反对心脑同一论而提出的“仿真人”（imitation man），其大脑状态在物理化学属性上与我们的大脑完全一样却感觉不到疼痛，也看不到颜色[1]。柯克（R. Kirk）设计了两种怪人，一个称为“丹”，他的感受质正被剥夺，感觉属性正一个接一个地消失，但它保留了完整的意识，大多数时候仍然可以做出合理的行为[2]。另一个是小人国里的“格列佛”：一队小人侵入其大脑，切断了输入输出神经之间的联系，监视从输入神经进来的信息，并输送信息给输出神经以产生和原先一样的行为。这时候格列佛在行为特征方面与先前无异，只是没有感觉和其他经验[3]。布洛克（N. Block）和肖梅克（S. Shoemaker）等人也设计过类似的系统，与柯克的设想基本一致。

这些怪人假设都是用来质疑物理主义的，其核心是怪人的可能性问题。由于物理主义在逻辑上往往被描述为物理事实与现象事实之间的蕴涵关系：如果 Q 表示意识的精神事实或这一事实的陈述，P 表示与之相应的物理事实或该事实的陈述，则物理主义坚持 P 蕴涵 Q 是必然的。这一蕴涵论题能推出($P \wedge \sim Q$)是不可能的，而($P \wedge \sim Q$)意味着只具有物理属性而没有相应的意识特征，这正是我们所谈论的怪人。因此怪人的可能性与物理主义的蕴涵论题是直接相冲突的。柯克就曾明确表示，这种可能性哪怕是最低限度的，也会导致物理主义的破产，从而不得不接受某种形式的二元论①。更重要的是，怪人问题此时已经能够撇开怀疑论和他心问题，仅仅依靠逻辑的力量而提出来，所以柯克指出：“尽管其他人的生理结构和行为与我自己相似，但他们可能还是没有知觉——没有任何感觉经验。怀疑论者的这种观点一点也不新鲜。……我的目标是表明符合我刚才所描述的那种生物（简单说就是怪人）的存在在逻辑上的确是可能的。”[4]

3. 形而上学可能的怪人世界

怪人假设的支持者们起初并不关心怪人在何种意义上是可能的，认为怪人的逻辑可能性就足以驳倒任何形式的物理主义。但逻辑可能性是一种很弱的可能性，只需逻辑上无矛盾即可。很多物理主义的主张与怪人的逻辑可能性是相容的，比如后天物理主义，借助克里普克的后天必然性来说明物理事件与精神事件之间的关系，一方面坚持二者之间的必然联系，另一方面不再先天排除怪人在逻辑上的可能性。这一立场虽然承认怪人可以想象并且在逻辑上可能，但仍无法接受怪人的形而上学可能性。如果能够论证怪人的形而上学可能性，怪人论证对物理主义的威胁将更为严重。查尔默斯（D. Chalmers）沿着这一思路极大地发展了怪人论证[5]。他首先要求我们设想一个完全由怪人组成的可能世界，这个世界在物理方面与我们的现实世界完全一样，但没有意识经验。我们世界中每一个有意识的存在者在那个世界都有一个对应的怪人。查尔默斯指出，虽然怪人在现实世界中不存在，但我们完全可以设想这样一个怪人世界，这在逻辑上找不到任何矛盾之处，自身是融贯的，因而是可设想的。然后他借助二维语义学试图从怪人的可设想性论证其形而上学可能性，由此实现了对传统可设想性论证的改造，系

① 参见斯坦福哲学百科“zombies”词条，http：//plato. stanford. edu/entries/zombies。

统构建了一个完整的怪人论证，使得怪人的可能性成为物理主义无法回避的难题。

二、怪人假设是否预设了副现象论

怪人假设很容易让人联想到副现象论。一些物理主义者为了应对怪人论证带来的威胁，指责怪人的可能性预设了副现象论，也就是说怪人是可能的，当且仅当副现象论是正确的。丹尼特（D. Daniel）和佩里（J. Perry）都曾指出，怪人假设要么是不融贯的，要么是承诺了副现象论。丹尼特的批评尤为尖刻，他认为假定怪人和假定副现象的心灵都是愚蠢的，如果有哲学家主张这些东西，他羞于与之为伍[6]。但事实上，除去怪人假设与副现象论之间表面上的关联与相似性，我们会发现，二者所处理的问题存在着明显的差异，副现象论与怪人的可能性之间并不存在直接的蕴涵或推论关系。

1. 副现象论并不蕴涵怪人

副现象论主张，所有的精神现象都是由物理现象因果地引起的，而精神现象不会造成任何物理上的差别，甚至一个精神现象也无法产生另一个精神现象。也就是说，精神现象在因果关系上完全是惰性的，在因果链条上它只能作为结果出现，因而只是副产品或副现象。

赫胥黎在1874年就曾明确阐述了副现象论的观点："动物的意识似乎与它们身体的机制有关，只不过是身体运作的一种附随产品，似乎也完全没有改变身体运作的能力，正如蒸汽鸣笛伴随着蒸汽发动机的工作但对机器毫无影响。如果说它们有意志的话，那这种意志只不过是物理变化过程的一种情感标志，而不是这种变化的原因。灵魂之于肉体正如闹钟的闹铃声之于闹钟。照我看来，对于动物的这种看法同样适用于人。我们是有意识的自动机。"[7]赫胥黎充分肯定并发挥了笛卡儿的自动机概念，认为意识现象不过是神经生理活动的副产品，人和动物其实都是自动机，是否有心智或意识似乎也不是区分动物与人的根本标志，毕竟像"失语"这样的无意识行为大量存在，而且也没有证据表明动物的特定行为完全没有意识状态的伴随。

赫胥黎这篇论文的标题就是"论'动物是自动机'假说及其历史"，由此可见，副现象论一开始就和怪人的前身"自动机"密切联系在一起。很多人认为副现象论直接蕴涵着怪人的可能性。比如，司多特（J. F. Stout）曾指出，如果副现象论是真的，那么可以确信，如果过去不曾有而将来也不会有经验个体的话，宇宙的全部物理历史也不会有什么不同，人类言谈举止还是一如往常，不会有任何分别。柯克也认为，由于副现象论将意识的本质归结为一种特殊的非物理的属性，而正因为是非物理的，所以这些属性不可能逻辑地或先天地依赖于物理世界，物理世界没有它们也能存在，所以怪人世界是可能[8]。

从某种意义上说，副现象论与怪人的确存在很多相通之处。副现象论断言意识是副现象，不能对物理的东西产生任何影响，那么显然也就不存在任何检验意识存在的经验手段和方法。因此，任何观察者都没有办法知道别人是否也具有意识，这种情况与怪人假设中所碰到的情形是一样的：由于怪人与有意识的人之间在物理方面、功能方面和行为方面都是同一的，所以他们之间也不存在任何可识别的特征。因此，从观察者的立场来看，副现象论的世界和怪人世界对他来说没有任何区别，他根本没有办法区分二者。于是，这似乎又落入了他心问题的泥淖：或许他能够以某种方式知道自己是具有意识的，但至少在经验层面，他没有任何办法弄清楚他人是无意识的怪人还是具有意识的自动机。

然而，不能察觉这二者之间的差别并不意味着二者是一样的。诚然，如果副现象论是正确的，那么人就是有意识的自动机。但从副现象论并不能得出人都是怪人，也不能得出怪人是可能的。首先，按照怪人的定义，它在物理方面与人完全一样但没有意识经验，而副现象论断言的是人有意识，只不过意识没有任何功能，不发挥任何作用，至少对物理的东西是如此。显然，从副现象论不能得出人都是无意识的怪人。其次，副现象论并不一般地蕴涵怪人的可能性。副现象论只断言意识对物理事物没有因果作用，不断言意识事件/状态与物理事件/状态之间是否存在严格的对应关系，只有后者才涉及怪人的可能性问题。因此，意识是副现象并不表明意识是可有可无的，如果副现象论与心脑同一论的主张相结合，那就意味着物理事件/状态同时也是心理事件/状态，怪人在逻辑上将会是不可能的。此外，用鸣笛壶的例子也可以说明这一点：鸣笛壶的水沸腾后，鸣笛虽然只是由蒸汽引发的一串声波，但只要水壶的物理构件工作正常，水沸腾而壶没有鸣笛的情形是不可能的。

2. 怪人假设不支持副现象论

在批评怪人假设时，佩里还认为，查尔默斯的怪人论证无法对物理主义构成挑战，只能用来检验副现象论[9]。因为副现象论的核心在于强调意识不具有因果力，至于意识是不是物理的东西反而变得不那么重要。这样的话，副现象论虽然常常被认为是二元论的一种变形，但这并不意味着副现象论只能是二元论的，物理主义同样能够容纳副现象论，所以他把副现象论区分为物理主义的副现象论和二元论的副现象论。佩里指出，这两种副现象论都能接受怪人世界的可能性，这样一来，怪人论证就无法对物理主义形成威胁，最多只能用来支持副现象论。

但这一批评同样不成功。首先，佩里说两种副现象论都能接受怪人的可能性，但这种可能性只是逻辑上的可能性，而如果仅仅是逻辑可能性，怪人的确无法对物理主义构成实质威胁。查尔默斯主要是通过论证怪人的形而上学可能性为物理主义制造麻烦，因此佩里的批评是无效的。其次，上文已经指出，从副现象论不能直接得出怪人是可能的，不论这种副现象论是物理主义的还是二元论的。最后，同样的道理，由于怪人假设并不依赖精神因果性，从怪人的可能性也不能得出副现象论是正确的。

为了表明怪人的可能性支持副现象论，佩里还给出一个论证：如果副现象论是错的，意识能够对物理的东西产生因果作用，那么意识的因果作用将造成物理上的差别，使得怪人无法保持物理层面的不可区分性。这样一来，怪人就是不可设想的，当然也就是不可能的。然后反过来就能推出，如果怪人是可设想的，或者说是逻辑上可能的，那么意识就不能作为原因影响物理的东西，因此副现象论是正确的。贝利（A. Bailey）也指出，假定怪人就是假定一个在所有物理方面与我们的现实世界相一致但没有意识的可能世界，这样的话，意识对于物理世界就是非必要的，所以意识是副现象[10]。

这一论证仍然是有问题的。因为即使意识能够发挥因果作用，也不表明怪人是不可设想的或逻辑上不可能的。很多物理主义者一方面承认意识的因果作用，另一方面也接受怪人的可设想性和逻辑可能性，比如上面提到的后天物理主义。而且，如果特定事件在因果上可以是被超定地决定的，那么它可能同时具有一个充足的物理原因和一个额外的非物理原因。这就是说，怪人是可能的并不意味着意识不能发挥因果作用。最后，怪人的逻辑可能性与非副现象的二元论、戴维森的异态一元论、罗素的中立一元论也是相容的。从这些事实也能看出，怪人论证并非专为副现象论服务的。总之，怪人的可能性并不意味着意识是无关紧要的、可有可无的，也不意味着意识只是没有因果效力的副现象。

三、副现象论是否是合理的

说怪人的可能性预设了副现象论，这一批评实际上还隐含着一个预设，即副现象论是完全无法接受的、错误的意识理论。结合丹尼特的尖锐批评和嘲讽来看，似乎副现象论完全没有可取之处，凡是跟它沾边的都难逃厄运。在各种意识理论中，副现象论的确是较为特殊的一种，其基本主张简单明了，但它带来的后果却强烈地冲击着人们关于心灵、意识、推理、行为及因果性等方方面面的传统认知。

如果副现象论是正确的，疼痛就不会让我们闪躲，头疼也不会让我们烦心。而且，如果记忆的因果理论是正确的，我们的精神状态/事件将不可能产生记忆。此外，我们也很可能无法实施故意行为，因为按照行为的因果理论，故意行为要求对某物的意欲及关于如何实现所欲的信念在行为产生的过程中起到因果作用。

我们甚至无法断言副现象论是正确的，因为断言本身就是一种故意行为。总之，按照副现象论，自由意志似乎成了一个伪问题，我们彻底沦为了消极的旁观者，所有的事情跟我们都完全没有关系。甚至在注意的方向上我们都无法发挥任何因果掌控力！最后，如果推理是一个因果过程，我们将无法从事推理；因为连精神因果过程都可能只是一个假象——我们可以说一个人产生了一个又一个思想，但不能说一个思想导致了另一个思想。

笛卡儿的身心交感学说非常贴切地反映了我们的日常直觉，虽然笛卡儿的理论早已被放弃，但它却在某种程度上强化了我们关于精神因果性的日常直觉。在这种直觉下，副现象论所造成的结果的确匪夷所思，让人难以接受。但不论从形而上学角度还是从神经科学的研究来看，否定精神因果性并非毫无根据，副现象论有其合理性和生命力。

1. 形而上学的考量

对精神因果性的怀疑也不是从副现象才开始的。在休谟之前，平行论者取消了身心之间的交互作用，而偶因论者甚至把心物两个序列的因果链条一并取消，将所有根据都归于上帝，这其实就为休谟进一步质疑因果联系的必然性铺平了道路。按照休谟的方式我们可以合理地质疑精神因果性的常识理解：即使精神事件/状态与物理事件/状态始终前后相继出现，也并不表明前者是后者的原因。更重要的是，承认精神因果性同样会导致一系列难以解决的麻烦，即使像金在权和戴维森建议的那样，将精神因果性削弱为随附性意义的因果关系，也很难同时坚持物理主义和精神因果性。戴维森的异态一元论面临滑入副现象论的尴尬，而金在权一方面承认因果关系之所以能用于精神的东西当且仅当这些精神的东西有其物理实现者；另一方面也曾感叹，如果感受质不是功能状态那就很难理解这些现象性质如何能够对物理的东西具有因果效力[11]。

而副现象论在各种批评下也在不断修正立场，比如，同一论指出，精神事件/状态也可以具有因果效力，因为它们同时也是神经生理事件/状态，而后者是有因果效力的。为了应对这一批评，布劳德（C. D. Broad）为副现象论做了一条重要修正：任何事件/状态都不能因它是精神事件/状态而导致任何东西[12]。这样，即使物理事件/状态与精神事件/状态是同一的，也不会说精神事件/状态因此而具有了因果效力从而导致副现象论失效。将布劳德的这一修正推广到随附性上就得到与金在权相似的观点了：精神因果性的依据同样在于其物理实现者。

还有一种与副现象论关系极为密切的理论，即意识的非本质论或非必要论。弗莱纳根（O. Flanagan）是这一理论的主要支持者，其基本主张是："对于任意认知领域 A 中执行的智能活动 i，即使我们有意识地做 i，i 原则上可以无意识地完成。"[13]如果意识的非必要论是正确的，也就是说，如果在理论上人们可以完成任意行为或活动而没有意识的伴随，那这就意味着怪人完全是可能的。司多特和柯克所描绘的副现象论显然更接近这种主张。弗莱纳根本人或许并不同意将他的意识非必要论说成是副现象论，但他的确也承认，在否认意识的因果作用方面他与副现象论者是一致的。他认为，对于人类某些行为的执行或功能的实现而言，意识或许是不可或缺的，但在这样一些过程中，意识可能并不起任何因果作用。这就好比人体内的阑尾，有阑尾是智人的一个本质属性，如果没有阑尾我们不能给出人体解剖上的正确的和完全的界定，但阑尾在人类生活中并不起任何功能的和因果的作用。

不难看出，弗莱纳根之所以质疑意识的必要性正是基于副现象论的考虑：既然意识并不起任何因果作用，那自然也就没有什么必要了。然而，与取消论不同的是，他并不同意将意识完全取消，他强调意识的这种非必要性只是在原则上或理论上成立，具体来说是在不发挥因果作用的意义上成立，而事实上我们会发现有些智能活动如果不是有意识地完成的话就不会是智能活动，意识成了这些智能活动的构成部分，只不过它在这些智能活动中并不发挥因果作用。比如说谎，这种活动本质上是一种有意识的故意误导，但误导显然不同于说谎，“误导”能够由高度程序化的机器人来完成，而说谎无法离开人的意识。因此，弗莱纳根的这一理论和后天物理主义一样，只承认怪人的逻辑可能性，而拒绝怪人的形而上学可能性。

2. 神经科学的支持

取消精神因果性并非仅仅出于形而上学的考虑，在很大程度也是受到神经科学和脑科学研究成果的启迪。副现象论在神经科学家中受到欢迎，因为这可以使他们避免意识问题的纠缠专注于神经活动。而神经科学家们的发现也表明，副现象论在“悬置”意识的同时又能与神经科学的研究成果保持一致。

1990 年，克里克（F. Crick）和科奇（C. Koch）提出，意识现象不过是大脑内部神经元之间同步或半同步的 40 赫兹放电[14]。比如，当我们看到一片红色，不论大脑接下来会如何处理相关信息，它都会立刻进入一种有趣的放电状态，这种状态将持续数秒，从而促使看见红色方块的经验形成。这一假说与副现象论的主张不谋而合，因为放电本身对大脑并不起任何实际作用，它会像涟漪或者声波那样传播然后渐渐隐没，大脑几乎可以完全忽略这种放电状态的存在。因此，意识之于脑恰如鸣笛壶之于其内沸腾的水，当水沸腾时，壶发出鸣叫，这种鸣叫是由沸腾引起的一组声波，但它对沸腾完全没有（干涉）作用，仅仅是水沸腾的一个标识。当沸腾停止，鸣叫声迅速但并非同步消失。虽然蒸汽鸣笛也具有物理影响和效果，比如增加周围空气的湿度，以及扩散的声波，但这些影响微不足道，而且对于水的沸腾本身完全没有影响。当然，和鸣笛一样，意识使它自身被注意到。但能够被注意到与有效地影响真正的行为完全是两码事。

著名的李贝特实验有时被认为是对副现象论的一个支持和佐证。这个实验表明：在被试没有预谋的情况下，弯曲（手臂）的意图的发生是在神经活动的准备电位出现350毫秒之后和手臂肌肉活动200毫秒之前。对此，李贝特认为："就随意施展的行动而言，准备电位的出现规律性地开始于觉知任何行动意图的时间之前的数百毫秒，因此，似乎与行为的最终实施有关的神经活动先于任何(可回忆的）有意识的实施或干预。这就导致这样一种结论，深思熟虑的大脑理性决断往往可能并且确实是无意识地做出的。"而且："如果大脑能够在有意识的意图出现之前实施一个自愿的行为，也就是说，如果行为的具体实施是通过无意识过程开始的，意识的作用又从何谈起？"[15]

虽然对于李贝特实验是否的确支持副现象论这一问题仍存在争议，但这一实验至少表明神经活动的确先于意识等精神现象的产生，意识的下向因果作用或许是成问题的。副现象论是否是真的，这个问题的解决最终或许还是要靠经验科学，虽然很难通过判决性实验来验证它。不论如何，武断地将副现象论与怪人的可能性都当成毫无价值的东西加以贬斥并不是解决意识问题的明智态度。

结　　语

概言之，怪人假设与副现象论之间并不存在直接的内在关联。怪人的可能性并不需要预设副现象论，毕竟，副现象论的核心主张是基于精神因果性，而怪人的可能性并不依赖于这一问题。诚然，副现象论和怪人假设都涉及物理的东西与精神的东西之间的关系，现在人们也乐于承认意识等精神现象以某种方式依赖于或取决于特定的生理的或物理的事件或状态，但这种依赖关系或决定关系很可能并不是原因与结果的那种很强的规律性联系，它比因果关系更为微妙和复杂。戴维森提出的异态一元论及他引入的随附性概念都是基于这样一种考量。也许副现象论是否成立终究需要经验证据，但其合理性应当受到应有的重视。

参考文献

[1] Campbell K. Body and Mind. London：Macmillan，1970：127.

[2] Kirk. R. Sentience and behaviour. Mind，1974，83（329）：44-45.

[3] Kirk R，Squires R，Zombies V. Materialists. Proceedings of the Aristotelian Society，Supplementary Volumes，1974，48：143-147.

[4] Kirk R. Sentience and behaviour. Mind，1974，83（329）：43.

[5] Chalmers D. Consciousness and its Place in Nature//Chalmers D. The character of consciousness. Oxford：Oxford University Press，2010：106-108.

[6] Dennett D C. The Unimagined Preposterousness of Zombies//Dennett D C. Brainchildren，Essays

on Designing Minds. The MIT Press and Penguin, 1998: 177.
[7] Huxley T. On the Hypothesis that Animals are Automata, and its History//Huxley T. Science and Culture, and Other Essays. London: Macmillan, 1888: 239.
[8] Kirk R. Zombies and Consciousness. New York: Oxford University Press, 2005: 8.
[9] Perry J. Knowledge, Possibility, and Consciousness. Massachusetts: The MIT Press, 2001: 77-80.
[10] Bailey A. Zombies, Epiphenomenalism, and Physicalist Theories of Consciousness. Canadian Journal of Philosophy, 2006, 36 (4): 481-509.
[11] Kim Jaegwon. Causation and Mental Causation//The Metaphysics of Mind. Oxford: Oxford University Press, 2010: 262.
[12] Broad C D. The Mind and Its Place in Nature. London: Routledge and Kegan Paul, 1925: 473.
[13] Flanagan O. The Science of the Mind. Cambridge. MA: MIT Press, 1991: 309.
[14] Crick F, Koch C. Toward a neurobiological theory of consciousness. Seminars in the Neurosciences, 1990, (2): 263-275.
[15] Libet B. Unconscious Cerebral Initiative and the Role of Conscious Will in Voluntary Action. Behavioral and Behavioral and Brain Sciences, 1985, (8): 566-567.

认知动力模型面临的几个问题*

魏屹东　袁　蓥

自20世纪50年代认知革命以来，在认知科学和心智哲学中长期占有主流地位的是以计算隐喻为基础的符号主义，包括认知主义和联结主义两种研究范式。虽然这两种研究范式在表征的分布范围、联结适用的规则上有所差异，但是它们都坚持表征主义的基本立场，“认知依然被理解为脱离环境的仅仅具有内容的心智表征的计算活动”[1]331。由于这种孤立的、非交互式的建构模式没有考虑行动者知觉运动的物理背景、身体的活动图式、实时的环境对认知产生的影响，所以在实践中产生了无法克服的困难。

认知的动力系统理论正是在这样的背景下产生的。该理论强调身体与环境在认知过程中的作用，认为认知系统是由大脑、身体和周围环境组成的非线性的自组织系统，这些构成要素共同生成耦合机制，使得认知过程具有突现性、生成性、具身性、情境性等特征。那么，这种认知研究范式是否能为我们理解认知机制提供充分的解释？该系统中的变量和参数该如何选择，是否不需要表征？该模型是否能够解决框架问题？动力模型是一种隐喻还是一种严格的方法论？本文试图回答这些问题。

一、动力模型与认知机制问题

动力系统是数学上的一个概念，旨在用一组函数方程式来描述自然界中随时间变化而演变的某个系统或该系统中某个特征的情况，如星系变化、流体运动、物种延续等。一个动力模型包括三个要素：一为状态空间，它代表系统相关特征动态的所有变量；二为时间序列，它是系统演变过程中给定的时间间隔；三为函数方程式（或一组函数方程式），它描述了在某个确定时间的起始状态随时间变

* 本文为国家社会科学基金项目“科学表征问题研究”（12BZX018）、教育部人文社会科学青年基金项目（12YJC720001）成果。

原文发表于《自然辩证法研究》2014年第3期。

魏屹东，山西大学科学技术哲学研究中心、哲学社会学学院教授、博士生导师，研究方向为科学哲学与认知哲学；袁蓥，山西师范大学政法系讲师，研究方向为认知哲学研究。

化而演变成的另一个状态。如果 X 表示所有可能发生的各种状态构成的集合，t 表示相关的时间间隔，动态规律用函数 φt：$X \to X$ 来表示，那么一个状态 $x \in X$ 随时间 t 变动而产生的状态就可以用 φt（x）来表示。在一个连续的时间间隔中，状态空间中所有的状态变量可以在几何空间坐标中产生一条曲线，这条曲线被称为系统的轨线。因此，动力系统的函数演化规则可以描述未来状态是如何依赖现在状态而产生的。在动力系统中，如何选择描述系统状态的参量至关重要。例如，动力系统中的经典例子——钟摆的晃动，其描述参量就包括钟摆的仰角和钟摆转动的频率。而且动力系统着重于抽象系统而非具体方程的定性研究，其研究方法也着眼于一族轨线间的整体性的相互关系。这种整体性有些是拓扑式的，也有些是统计式的，因此也能适用非线性的、混沌的多维系统。

20 世纪 90 年代中期，动力系统理论在认知科学中的运用获得了广泛的认可。认知过程被理解为动力的、非线性的，且具有混沌的特征。冯·盖尔德（T. Van Gelder）和波特（R. F. Port）试图将动力系统理论与认知哲学中的具身路径相结合，并将认知动力系统理论与传统的计算主义对立起来，认为计算主义没有正确地体现认知的时间维度，把认知过程理解为各自离散的状态，而认知动力系统理论认为认知系统并不产生于离散的表征，而是在大脑、身体和环境之间的连续性互动基础上的一个突现过程[2]1-45。

在传统的计算表征模式中，大脑担负着指挥者、问题求解者的角色。大脑就类似于计算机的 CPU，是认知机制的运算核心和控制核心。它是通过对内在心灵表征信息进行提取、解码、计算和决策来进行问题求解的。而在认知动力系统理论中，智能被认为是从大脑与外界信息交互作用中突现出来的。大脑不是在孤立地处理表征信息，而是一系列认知事件状态的过程演化中的一个参与者。正如哈泽拉格（P. Haselager）指出的那样，“大脑不是作为一个指挥者，而是只作为旨在即席演奏一曲爵士乐中的演奏者；大脑不是作为一个问题求解者，而是作为一个即兴的演奏家；大脑不是利用内在信息处理、模型建构、计划和决策来关注问题求解（控制层的流线图），而是用一种基于感觉运动循环的方法与环境不断交互的”[3]52。

在符号主义中，心灵的功能被理解为遵循清晰的规则对符号进行操控的过程，是一种信息处理模型。符号主义的三个基本要素包括：表征、形式主义和以规则为基础的转换。表征是外界与心灵之间的认知联系，它最终表现为符号。形式主义要求只关注符号的形式，而不关注符号的意义，它的预设前提是存在着独立于情境、可辨识的、内在的状态或过程，而清晰的、明确的思维规则则保证了一个认知状态可以向另一个认知状态转换。因此，符号主义构建的心灵剧场是在抽象层面实现的，完全排除了身体的作用。而在认知动力系统理论中，智能是非表征的、身体性的、情境化的。身体不再是孤立的生理结构，或者仅仅被理解为信息输入/输出系统，而是心智的产生者或塑造者。“身体既是活生生的体验结构，同时也是认知的物理机制；身体既是‘内在的’又是‘外在的’。”[4]303也就是说，认知是在身体的生物物理层面实现的。

由于符号主义从抽象层面来理解认知，环境从一开始就被符号主义者认为是预先给予的，环境被表征为符号形式参与抽象的认知机制。环境的整体性、即时性被割裂为离散的、非即时的符号表征。而冯·盖尔德在创立认知动力系统理论之初就是为了批判传统认知科学研究范式的非即时性，事实上，大脑随时都与外界有着信息交流，不存在没有时间维度的认知过程。冯·盖尔德指出：“与其说认知过程是‘无表征的’，不如说是‘在某类非计算的动力系统中存在状态空间演化的’。”[5]347他利用空间矢量、轨线、参量、吸引子、极限集、确定性混沌等动力学中的基本概念来解释认知主体与环境间交互作用的过程，用函数方程式来描述认知主体在一定的环境和一定的时间间隔中的整体性认知活动。因此，认知机制与环境是耦合的，环境会持续不断地影响知觉、运动等输入输出信息，影响认知过程的执行。

事实上，传统的认知理论对物质环境、身体感知的研究缺失一直都受到学者的关注和批判。詹姆斯早就指出，“如果离开了作为认知对象的物理环境，心理事实就无法得到正确的理解。传统理性心理学的最大错误就在于把灵魂视为一种绝对精神的东西……同世界中的具体事物没有关系”[6]3。皮亚杰的发生认识论也指出，认知的起源与身体及动作是紧密联系在一起的，认知的发展是身体与环境互动的结果。认知动力系统将环境、身体这两个参量纳入认知模型之中，无疑是值得肯定的。由于物质环境与身体图示都强调认知过程的实时性、在线性，因此，大多数动力主义者认为环境与身体的参量之间存在连续的且同时耦合的作用，它们相互作用、相互决定、共同演化。这种连续性和同时性如此之强烈，以致于不可能存在一个非即时的、离线的、表征的序列加工过程。但是，正如德国学者布鲁尼（Leon C. de Bruin）和卡斯讷（Lena Kastner）指出的那样，动力主义模型的确拓展了认知的时间维度，将认知过程二分为耦合（在线）过程和去耦（离线）过程，动力主义模型的任务应当是尽力去修复、填补二者之间的认知间隙，而不是在肯定耦合过程的同时，完全排斥、抵制去耦的离线过程[7]。我们也认为，实时的在线过程和非实时的离线过程分别是认知的基本形式和高级形式，二者都不可偏颇，未来的认知模型应注重于二者的结合和交互过程。

二、认知动力模型与表征问题

认知动力系统理论与传统的符号主义理论之间最基本的一个争议点是表征在认知过程中到底起什么作用。如前所述，符号主义认为认知就是对心灵表征的计算过程，没有表征就没有人类认知。而认知动力系统认为智能行为是大脑、身体与环境同时交互作用的结果，感知–运动的神经结构和组织过程是在身体的运动和环境的影响下产生的，是在不断激活、选择、竞争和重组过程中生成的一种自组织巨系统，并不依赖于任何形式的表征和计算；表征观念不仅遮盖了人类经验中许多认知的基本维度，而且妨碍了人们对这些维度的科学解释。冯·盖尔德认为，表征概念对于理解认知是不充分的、一种诡辩式的东西，动力系统的认知发展模型应完全绕开表征。西伦（E. Thelen）、史密斯（Linda B. Smith）、布鲁克（R. Brook）等动力主义学者更为激进，他们直接宣称，我们根本无须建立表征，在智能系统的建构中，表征是完全错误的抽象单元[8]。

自笛卡儿的二元论提出以来，其后的哲学家们一直孜孜以求的一个认识论问题是：我们心灵中的观念是如何可能真实地反映外在世界的。这就是符号主义中表征概念产生的哲学前提。笛卡儿认为，如果我们要进行知觉、行动或者说与对象相关联，那么在我们的心灵中就必须有某种内容——某种内在表征，而且正是这种内容使我们能让心灵指向每个对象。胡塞尔的意向性思想也遵循了这样的假设，认为一个人与世界的关系必须始终以意向内容为中介。精神状态总是面向加以描述的某个事物的，如相信、信念、恐惧等总是关于某个事物的。使这种指向得以实现的精神特质就是精神状态的表征，胡塞尔将这种内在表征命名为意识的“意向性内容”。塞尔尽管反对以认知主义为指导的人工智能，但是他也同意心理表征的概念，并将这种内在表征称为行动中的经验。

内在表征作为一种经验，它是具有精神内容的认知主体与外在世界的关系。但是海德格尔的“存在论”明确反对上述主/客认识论。他指出我们的确经验到自己是一个有意识的主体，拥有愿望、信念、知觉、意图等，但这是派生或间接的方式，主体并不总是通过精神内容与对象相关联，比表征活动更基本的让事物有意义的方式是我们对存在的理解，我们应当追问的是我们是什么样的存在和我们的存在是怎么与世界的可理解性相联系的存在论问题，而不是心灵与世界相联系的表征，即认识者与被认识者关系的认识论。我们认为，当代认知科学中新的研究路径，包括情境认知、具身认知、认知动力系统理论都是以“我在故我思”为哲学起点来探讨认知过程的。

认知动力系统理论的“交互作用”“涌现”的确开启了我们对认知或心智的时间维度的研究，从而使表征的观念得到了修正。表征不再是绝对的、完全的，它指向的是不在场的、离线的（off-line）东西。例如，马尔巴赫（E. Marbach）就指出，对于记忆或想象这类东西，意识以它好像在知觉中被给予我这样的方式来指向不在场的东西。他认为表征行为的结构应当是：知觉某对象 x 的行为，被表示为［PER］x。在包括［PER］x 的记忆行为中，x 的表征不是作为知觉的现实和正在发生的行为，而是作为他所指［PER］x 的知觉的重演，也就是说，过去我确实曾经知觉到 x。知觉 x 发生在过去，而非在未来，这种行为可以用 REPp 来表示，因此记忆行为是依赖“相信过去曾发生过的对 x 的知觉” x 的再表征，可以被表示为（REPp ［PER］）x[9]61。

那么，表征概念是否可以如动力主义者宣称的那样被彻底放弃呢？我们认为表征虽然不是绝对充分的，但也是人类认知发展过程中不可缺少的，以下三个哲学假设可以证明这一点。

第一是心理学假设。认知心理学认为，当前形成的意识经验和自主行为是在已产生的无意识预测框架和无意识意图结构的背景中形成的。心理学家把这种无意识的心理表征称为“语境”。语境保存了过去的重要信息，而这个信息从当前的环境是无法获得的。从心理学上讲，我们总是置身于许多正在运行的语境系统中，语境无处不在，它引起、选择、形成和界定我们的意识经验。没有语境就没有意识内容。同时，无意识的语境表征与有意识的心智之间在不断的交替演进：在无意识的语境表征中形成的意识内容会随着时间维度的冗余性而成为新的语境，而该新语境又会限定、形成下一个新的意识内容[10]135-176。因此，心理表征的存在有经验证据加以证实。

第二是认识论假设。从人类认知发展过程看，符号表征这种心智构念虽然不能完全涵盖大脑调节过程中所实现的所有智力形式，但它确实反映了大脑调节所实现的高级认知水平——语言认知。认知能力可以被粗略划分为三种发展水平。①感觉运动认知，这是最初的认知水平。这个阶段的认知完全是由身体在即时的环境中的当前行为产生的，这个阶段还没有发展出清晰的内部世界，为“所思即所行”。②意象认知，这是初级认知水平。此时的认知活动可以在头脑中想象地进行，大脑有了预演的能力，以及较弱的过去、现在、未来的时间意识。在该水平上，尽管有了想象的内部世界，但它还是极大地依赖身体活动的表达，为“所思多于所行”。③语言认知，这是高级认知水平。该水平认知活动主要依赖于对明确概念的逻辑演算。此时的认知摆脱了受限于身体活动表达的时空局限，使得抽象世界的发展成为可能，出现了较强的过去、现在、未来的时间意识[11]40。虽然较高水平的认知总是基于较低水平的认知，被其渗透，如意象认知是感觉运动-意象的混合认知，语言认知是感觉运动-意象-语言的混合认知，但是以低级认知的基础性、渗透性来否认高级认知水平的作用则是错误的，神经调节状态不仅是表征的上位范畴，也是感觉运动认知的上位范畴。

第三是本体论假设。传统哲学的本体论假设是将人类生活形式的主要特征明晰地表达出来。柏拉图就认为人们能够以离散的方式来理解宇宙，可以获得关于一切的理论，人与事物相联系的方式是拥有关于事物的清晰理论，而方法就是去发现丰富现象背后的原则。反传统哲学的存在主义现象学却提出了另外一种可能：人与事物间联系的方式并不需要时刻伴随清晰的表征意识。人作为具身的存在物，已经处在世界之中，处在某个情境之中，因此拥有非具身存在物不能拥有的关联和意义。但是即使是海德格尔本人，在反对表征主义时，也没有完全排斥表征意向性。他只是把非表征意向作为更基本的存在于世的方式，而表征意向是一种间接的和派生的方式。清晰的表征是以不清晰的非表征为前提的。海德格尔虽然强调人的活动就是对情境或世界的开放反应，但是仍然存在作为思的主体的存在和作为孤立的、确定的实质存在方式，海德格尔将其称为“不可上手状态”。“不可上手状态会在以下情况中出现：发生故障时，即用具出现故障时，我们通过环顾巡视用具而发现了不称手状态，而且用具因此变得突出；暂时中断时，因为有东西阻碍了正在进行的活动，所以活动出现了暂时中断，这时就从消失的应付（absorbed coping）转到了深思熟虑的应付。”[12]38这时就需要借助表征意向性的帮助。

三、认知动力模型与框架问题

在认知科学中，框架问题是指为了解决常识知识难题，用以表征日常知识的数据结构问题。明斯基指出，“框架就是表征典型化的情境的数据结构。例如，在起居室中或参加一个孩子的生日聚会……我们可以把框架看作由各种节点和关系构成的网络。框架的‘顶层’是固定的，而且表征着在假设情境中永远是真实的事物。下层有许多终端——必须有特定事例或数据填充起的‘空位’。每个终端可以规定它的赋值必须满足的条件……这一理论的现象学力量主要依赖于它所包含的期待和预设。通常，框架的终端已经配置有各种缺省值。”[13]111,112

框架问题的哲学基础可以追溯到胡塞尔的超验现象学。胡塞尔认为认知活动就是把预先存在的独立于情境的各种事实纳入预设的意向对象。在胡塞尔的现象学中，意向对象不是指认知客体，而是认知主体借以认识认知客体的抽象的心灵表征结构。因此，意向对象提供了认知运行的“内视域”（inner horizon），或者说是符号表征得以运算的一个数据结构或操作规则。“任何一个客体，任何一个对象（甚至任何一个内在的对象）一般都表明了先验自我的一种规则结构。先验自我作为它所表象的东西，通常也是作为它所意识到的东西，而立即表明这就是对同一个对象的其他可能的意识的一条普遍规则，而且有可能是一门本质上预先规定了的类型学上的一条普遍规则。”[14]72因此，只要对象的客观性和同一性没有改变，意向对象这种结构类型也是不会改变的。

但是，这种使胡塞尔坚信能使哲学成为严格科学的对意向对象的构造方法的研究却困难重重。在对客体进行意向对象构造分析时，我们不可能不涉及“外视域”——认知发生过程中的所有情境。事实上，胡塞尔本人也意识到“事物涉及一种无限的制约性观念；作为这样一些可能意识的那些可能对象的、在先前的预期中预先假定了的体系，本身也将是一种观念，并且在实践上也许能提供出一条原则，即通过不仅是意向对象内部固有的那些视域，而且也是对外在地指示各种关联之本质形式的那些视域的不断揭示，把每一种相对封闭的构造理论与其他的后一种理论结合起来。”[14]73明斯基也意识到背景在认知中的作用，常识知识的结构并不是已经预先勾勒好的，即使是最小的常识系统也涉及因果关系、时间、地点、目的、过程和知识的类型，因此知识库的建立是一个异常庞大的工作，甚至是一项没有尽头的工作。

那么，动力认知系统理论是否能解决框架问题呢？动力认知系统理论认为身体与环境之间的交互作用会根本性影响心智结构；认知是在身体与环境的作用中产生的，认知不是符号运算的结果，而是依赖于某种类型的经验；身体所具有的特殊的感觉运动能力和语言、记忆、情感等认知能力的形成紧密地联系在一起，不可分割。

这种试图将心灵、身体和环境之间的交互方式给予理论说明的哲学基础可以追溯到海德格尔的存在主义。针对胡塞尔超验现象学的精神结构分析，海德格尔指出，由于外视域或文化实践的背景是决定相关事实和特征的可能性条件，并因此是构成内视域的先决条件，所以只要文化的语境没有得到阐明，那么对意向对象的内视域的分析就不会有所进展[15]162。因此，认知动力系统在理念上是将认知过程视为一个开放的、延展的网络。

但是，动力系统理论本身却是一个封闭系统。在混沌系统中，描述系统演化的动力学方程是确定性的，即方程（常微分方程、差分方程、时滞微分方程）是非随机的，不含任何随机项。系统的未来（或过去）状态只与初始条件及确定的演化规则有关，即系统的演化完全是由内因决定的，与外在因素无关。也就是说，借助动力系统理论方法解释认知过程的目的与动力系统理论这个方法之间是背离的，封闭系统的确定性怎么可能解释开放系统的变化性呢？

即使是采用动力系统理论分析认知过程，该方法也存在一个选择难题，即我们如何选择系统中的各种参数或变量？大多数动力主义者选择的参数或变量包括认知者（A）、环境（E），从环境到认知者的感觉输入函数（S）和从认知者到环境的运动输出函数（M），这显然是一种认知的低维模型，将认知过程简单化了。实际的认知过程极为复杂，涉及无数个维度，就好像大脑中被同时激活的神经元细胞一样，难以计数。

同时，认知动力系统理论的目的是要实现具身或生成认知理念，在选择参数时，就必须同时考虑到大脑内部的运行机制、身体和环境的影响，以及上述领域复杂的交互过程。任何一个参数发生偏差，或者被遗漏，都会导致整个模型失败。天气变化就是一个非常典型的动力系统。气象是许多参数相互作用的结果，包括气温、风速、风向、大气压力、一周前的气候状况、另一个半球的气候，甚至在一个洲的一只蝴蝶的活动也可能给另一个洲带来一场海啸。因此，一个完整的、准确的认知动力系统模型必须包括每一个可能的因素。否则，非零偏差就会产生完全不同的行为。这样一来，认知动力系统模型的稳定性和可靠性是否还值得信赖呢？

四、认知动力模型与隐喻问题

如前所述，认知动力模型是作为具身认知、情境认知等理论的一个经验性方法而产生的。在对自组织的研究中，认知动力模型确实能从较少的变量中产生复杂的、意想不到的行为。但是，由于动力系统理论对时间的描述始终集中于在线（on-line）状态，因此推导的结论为：认知是一种实时的、适应性的、嵌入的行为；认知是由大脑、身体、环境构成的统一体；大脑、身体、环境之间连续且同时地相互作用、相互决定、共同演化，它们之间的耦合如此紧密，以致大脑中并不存在表征这一加工过程。事实上，大多数的动力主义者的认知动力模型都是坚持这种强耦合观点的，包括冯·盖尔德的瓦特调速器的动力学案例研究、比尔的智能体与环境的耦合动力系统实验研究、西伦等人的婴儿学行走和踢腿的实验研究等，认为认知发展是一个复杂动力系统中的时间连续性变化，不可能存在独立于环境的传统认识论意义上的认知主体对环境的表征。这种激进的非表征观点并没有在学界达成共识，表征对高层次的认知过程仍然具有不可动摇的说明力，甚至克拉克（A. Clark）也认为，“需要两种不同水平的混合分析……以及解释工具，将认知动力系统与关于表征的计算观念共同建构起来”[16]513。

目前，还有一种流行的认知动力模型是以自组织的突现特征来进行设计的，这种尝试被认为是联结主义理论与认知动力系统理论的联姻，如遗传演化与群体的非经典计算理论模型、模仿个体神经元的化学和空间特性的实验研究等。由于突现性是以系统的某种方式依赖于底层现象的高层结果，通过低层神经网络的联结作用将能达到复杂的认知效果，所以神经网络可以被当作神经动力系统。但是，联结主义的动力模型往往需要几百个参数来代表输入和输出的神经元，这无疑会导致系统参数和状态空间的维度大大增加，使得动力系统的数学化变得难以把握。

因此，到目前为止，认知动力系统理论还缺乏成功的解释模型，这就产生了一个“隐喻问题”：认知动力系统理论是关于认知机制的一个方法论还是仅仅是对认知做出了隐喻性的阐释？一般来说，隐喻作为一个对比方法，当然是方法论的一种。但是隐喻涉及本体和喻体两个语义场的转换，因此在使用隐喻时，关注点是本体与喻体的相同点，它们的不同点被忽略了，而这不同点有可能是基本特性、使用的基本规则等，例如，我们通常用太阳系中行星围绕太阳运行来解释原子中电子围绕原子核运行这一事实，认为它们的运行是类似的。但是将电子的运行与行星的运行轨道等同就大错特错了。因此，隐喻的使用必须谨慎，需要限定严格的条件。那么，认知动力系统理论是否还只是一个隐喻呢？伊丽史密斯（C. Eliasmith）认为认知动力系统理论总是借助预测在抽象的相似性上解释认知过程，很少论述认知动力系统理论的特征与真实的认知过程的特征具有哪些确定的、清晰的、严格的联系，因此认知动力系统理论还停留在隐喻的位置[17]。范·莱文（M. Van Leeuwen）也提出了四个理由认为认知动力系统理论还不能成为一个严格的方法论，这些理由包括认知动力系统理论的定性描述、几何学形式、使用低维系统以及非实例化[18]302,303。

我们认为，在隐喻和方法论的分歧中，当喻体与本体的根本特征、本质吻合时，阐释性的隐喻是可以发展为严谨的方法论的。因此，对于认知动力系统理论是否还仅仅是一种隐喻这个问题，我们要用一种开放的、发展的态度来对待，我们不能因为目前还没有成功的动力模型，就断然否认它会成为一种方法论。我们进一步认为，这只是一个次要问题。重要的问题是认知、心智的本质是什么。纵观20世纪以来认知科学的发展史，无论是符号主义、联结主义还是动力主义认知范式，它们都是在什么是认知的基础性假设之上提出的认知理论。传统的符号主义基础性假设是："世界有一种预先给予的特征集，这些特征是能够以"世界之境"的形式得到表征，对世界的理解首先表现为我们借助符号化的表征系统进行问题求解的过程……因此，对于认知的本质可以完全聚焦于有机体的内在认知过程来理解。"而动力主义的基础性假设是："思想首先产生于有机体在其环境中的意向性行为能力，更确切地说，意味着有机体通过控制自身环境并采取一定的行为，从而发展出一种基于感知和运动能力的对世界的基本理解，这种理解是朝着更复杂的高等认知过程迈出的第一步，没有这些行为的实现机制就没有思想和语言的产生。"[19]78

迄今，这两种假设的对立性被认知发展的层次消解了，动力主义模型被认为是低层次的感觉运动认知，且存在于所有认知层次之中，符号表征模型被认为是高层次的语言认知，且被所有低层次认知层次贯穿。这两种模型整合成为当前认知科学中新的研究进路。因此，对心智是什么的不同回答，必然会产生新的研究方法，有助于我们了解心智在不同维度中的特征。

参考文献

[1] Harnish R M. Mind, Brains, Compiters: a Historial Introduction to the Foundations of Cognitive Science. Malden: Blackwell Publishers Inc, 2002.

[2] Van Gelder T, Port R F. It's about time: an overview of the dynamical approach to cognition// Port R F, Van Gelder T. Mind as Motion: Explorations in the Dynamics of Cognition. Cambridge

MA：MIT Press，1995.

[3] 张铁山．复杂性视阈下的缘身认知动力系统研究．系统科学学报，2011（2）：51-54.

[4] 梅洛·庞蒂．行为的结构．杨大春译，北京：商务印书馆，2005.

[5] Van Gelder T. What might cognition be if not computation? Journal of Philosophy，1995（91）.

[6] James W. Psychology：The Briefer Course. Dover Publication，1898/2009.

[7] de Bruin L C，Kastner L. Dynamic Embodied Cognition. Phenom. Cogn. Sci.，2012（11）：541-563.

[8] Thelen E，Smith L B. A Dynamic Systems Approach to the Development of Cognition and Action. Cambridge，MA：MIT Press，1996；Brook R. Cambrain Intelligence：the Early History of the New AI. Cambridge，MA：MIT Press，1999.

[9] Marbach E. Mental representation and Consciousness：Toward a Phenomenological Theory of Representation and Reference. Dordrecht and Boston：Kluwer Academic，1993.

[10] Baars J. A cognitive theory of consciousness. Cambridge University Press，1988.

[11] 李恒威，黄华新．表征与认知发展．中国社会科学，2006.

[12] 徐献军．具身认知论．浙江大学博士学位论文，2004.

[13] Minky M. A framework for representing knowledge//Haugeland J. Mind Design II：Philosophy，Psychology，Artificial Intelligence. Cambridge，Mass：MIT Press，1997.

[14] 胡塞尔．笛卡儿的沉思．张延国译．北京：中国城市出版社．

[15] Dreyfus H. From Micro- worlds to Knowledge Representation：AI at An Impasse. Reprinted// Haugeland J. Mind Design II：Philosophy，Psychology，Artificial Intelligence. Cambridge，Mass.：MIT Press，1997.

[16] Clark A. Embodied，situated and distributed cognition//Bechtel W，Graham G. Companion to Cognitive Science. Oxford：Blackwell Publishers，1998.

[17] Eliasmith C. Minds as a Dynamical System，Master's Thesis. University of Waterloo，Ontario，Canada，1995.

[18] Van Leeuwen M. Questions for the dynamicist：the use of dynamical systems theory in the philosophy of cognition. Minds and Machines，2005.

[19] 刘晓力．交互隐喻与涉身哲学——认知科学新进路的哲学基础．哲学研究，2005（10）：73-80.

意向性自然化解释的目的论进路*

王姝彦　樊汉鹏

20世纪中叶以来，自然化的认识论逐渐成为哲学认识论多元化发展特征下主流的趋向之一。这种认识论主张在当代哲学众多分支领域中愈渐广泛而深入的渗透无疑导致了哲学讨论在认识论、方法论等层面的深刻变革。就心灵哲学在当代哲学整体语境下的发展而言，情况亦是如此。自然主义思潮及自然科学方法在当代心灵哲学研究中所占有的主导性地位毋庸置疑，无论在其问题域面、概念特征上还是在其理论建构、方法采择上，无不凸显出自然主义的思维倾向并打上了自然科学方法的种种烙印。而“自然化”作为自然主义的一种基本研究纲领与操作方法，无疑使得在自然主义这一镜像之下，对心灵的自然化解读成为当代心灵哲学的一项基本诉求。然而，心灵的自然化议题在遇到某些心理属性时却显得挑战重重，如对意向性的自然化。作为心理现象的标志性特征之一，如何能够在自然科学的框架之内对意向性在自然秩序中的地位给予合理的自然化说明，可以说对于心灵的整个自然化构想至关重要。也正是在此意义上，意向性的自然化也就成为意向性问题在当代心灵哲学自然主义命题之下的理论要旨之一。

一、意向性自然化解释目的论取向

从总体上讲，当代心灵哲学对意向性自然化难题的求解可谓观点杂陈、莫衷一是，与其相应的自然化方案也林林总总、各具特色，各种流派、理论之间的纷争更是渐趋激烈。而随着心灵哲学自然化运动“生物学转向”（Biological Turn）的出现，目的论方案的异军突起已成为一种逻辑必然，在生物学意义上的目的论自然化进路日益受到学界的广泛关注与讨论。究其实质而言，在对意向性自然化解释的实践中，作为一种重要解释图式的目的论进路的形成与发展既非偶然，也非一蹴而就，而是有其深刻的学术根源和理论背景。

---

* 本文为国家社会科学基金项目（08CZX016）、教育部“新世纪优秀人才支持计划”资助项目（NCET-11-1035）、教育部人文社会科学重点研究基地重大项目（10JJD720005）成果。

原文发表于《科学技术哲学研究》2014年第3期。

王姝彦，山西大学科学技术哲学研究中心教授，研究方向为科学哲学、心灵哲学；樊汉鹏，山西大学科学技术哲学研究中心博士研究生，研究方向为科学哲学、心理学哲学。

一方面，就意向性的自然化实践而言，在种种自然主义进路与策略都或多或少地遭遇这样或那样的解释困境之时，目的论理路的提出展现了一种新的视角、思路和方法，从而在一定程度上为化解上述难题给出一种较优的可能性选择与尝试。

如前所述，对意向性的自然化解读可以说是当代心灵哲学家们孜孜以求的一项事业，在其过程中形成了形形色色的自然主义求解策略。这些自然化构想在很大程度上都是从内容这一维度展开的，也就是说，其主流的自然化方案大多都是以对心理状态和事件内容的解释为切入点。概言之，大致可以将其归纳为几种类型，即相似性理论、因果理论、概念作用理论及目的论理论等。毋庸置疑，这些理论在揭示意向性的内容起源、物质基础、形成机制等方面都做出了有益的尝试，但与此同时，它们在不同程度上也存在着不可避免的局限性，特别是前三种理论遇到的理论障碍似乎是难以逾越的。当然，第四种目的论策略也存在不少解释困境，但相比前几种而言无疑具有较大的解释力和说服力，其理论优势可谓较为鲜明。

具体地讲，就相似性理论而言，其核心是诉诸与意向对象相似的心理映象（image）从而实现对该对象的意向内容（即其表征）的自然化说明。这里的关键在于意向对象与意向对象的心理映像二者之间的相似性，也就是说，如果当我们通过知觉得到关于某一事物的心理映像时，我们的意向内容便可以凭借这种相似性来完成对这一事物的成功表征。然而，相似性理论最大的争议也就在于对“映像”“相似性”这些概念的使用。这些概念本身就是模糊的、难以捉摸的，并且缺乏可操作性。此外，它们都是建立在知觉基础之上的，换言之，“我们的思想（心理映象）是关于事物的，不是因为存在着实际的相似性，而是因为在它们与它们所表征的对象之间有可知觉到的相似性”[1]。而这种知觉意义上的相似性本身就预设了心理活动于其中，因而也无法与自然主义的初衷相契合。至于因果理论及概念作用理论（conceptual role theory），二者的共同之处在于它们都立足于“因果”这一层次，试图从因果的视角出发进而对意向性做出自然化的说明。但二者也有本质上的区别，前者捕捉的是表征内容与外在对象之间的因果关系或协变（covariance）关系，而后者强调的则是表征符号在心理活动中的因果作用，即推理作用或概念作用。因果理论主张用心灵与世界之间存在的某种有规则的联系（即因果关系）来阐释心灵与世界之间的表征关系。依据其要义，如果某一特定的表征总是在某一特定事物的控制之下，以至于二者之间形成了一种有规则的、稳定的协变关系，那么这就意味着该事物可通过该表征所意指。相比之下，概念作用理论注重的则是符号自身的概念作用在意向内容的确定过程中所具有的重要意义，按照其观点：“①语言表达式的意义是由它们被用来表达的概念和思想的内容决定的；②概念和思想的内容是由它们在人的心理生活中的功能作用决定的。”[2]毋庸置疑，这两种意向内容的自然化方案各自有其独到之处，也具备了一定的解释效力，但在实际的说明过程中，二者也都面临着难以克服的解释瓶颈。非常棘手的错误表征问题（the misrepresentation problem）或析取问题（the disjunction problem）可以说逻辑地蕴涵在了因果理论当中，而概念整体论问题也使得概念作用理论变得捉襟见肘。

通过以上分析不难看出，上述有关意向性的几种自然主义解读都没有给出较好的自然化说明，相似性理论的缺陷是显而易见的，而因果理论与概念作用理论所面临的理论困境也深刻表明其所依据的因果层次也并不是解决意向性自然化问题的最恰当层次。举例来说，当我们要对某一计算机游戏做出解释时，我们既可以在较低的物理层次与计算层次（如电路、算法）上对之进行说明，也可以诉诸较高的游戏层次（如各种游戏规则）对其进行解释。显然，如果仅仅有较低层次的解释是不充分的，较高层次的特征虽然依赖于较低层次特征，但并不能依据后者而得到解释。因此，要对某一事物、性质做出充分的解释，必要的层次都应当考虑到。就意向性问题而言，因果的层次纵使具有一定的解释力，但并不恰当、充分，那么，就有必要寻找对意向性进行自然化说明更恰当的层次，而目的论层次恰恰为我们提供了这一启迪性的视域。既然心理意向性特征是在生物体在进化过程中，通过特定的目的程序与机制逐渐形成的，那么从基于生物进化机制的目的论的层次来揭示其自然本性无疑是一种较为理想的理论进路。

另一方面，目的论解释在意向性自然化进程中的登场与“大放异彩”也与整个心灵自然化运动大潮中的“生物学转向”密不可分。当代自然主义心灵哲学在试图对心灵在自然界中的地位做出本体论承诺的同时所面临的进一步难题便是如何将心灵自然化，即心灵的具体自然化途径。正如福德所言：“严肃的意向心理学必定预设了内容的自然化。心理学家并没有权利以假定意向状态的存在，除非他们能够为存在于意向状态中的某种事物提供自然主义的充分条件。”[3]针对这一问题，传统的、主流的物理主义试图用物理学的、生理学的或神经科学的概念和术语来说明心理学的概念和术语。其典型的逻辑理路要么是将心理状态还原为物理状态、生理状态或神经状态，即将前者等同于后者；要么是强调前者虽然不能还原、等同于后者，但前者是附随于后者的，因而可将前者理解为某种机制或功能（如神经机制、生理功能）。前一种是通常的还原论立场，后一种则是非还原论的附随论立场。然而，无论是哪种解释都无法真正摆脱如下这种困境：常识或多或少告诉我们，心理现象总是存在一些与用物理的或生理的方式进行描述所不同的特征，进而，即使我们总是希冀能够用符合物理的或生理的术语的方式去解释这些特征，但结果往往是，这种解释本身却与我们的常识相悖。换言之，一当我们做出了这样的解释，解释对象便失去了其所应然的一些特性，那么显然，这样的解释也是无效的。

正是这些解释困境促发了心灵自然化运动朝以生物学为科学基础转变，因为从生物学（特别是进化生物学）的立场出发，既可以保留以上述种种自然科学为基础的近端（proximate）解释，也可将以“进化”“选择”“目的”等术语为核心的远端解释或终极（ultimate）解释纳入其中，进而被解释项所具有的某些规范性要素或自主性特征也就得到了相应的保留。由之，生物学视角与目的论立场的引入成为心灵自然化运动的一种新趋向（这一趋向与目的论解释在进化生物学领域中地位的不断攀升相得益彰），这一趋向被麦克唐纳（G. Macdonald）冠以是自然主义战略所采取的最近的一次转向，即“生物学转向”[4]，恰恰是这一趋向为心灵的自然化诉求提供了一种新的认识论立场、方法论支撑，因而也为意向性的自然化途径提供了必要的理论先在背景。

二、意向性自然化的目的论解释

在物理科学享有霸权并大行其道之时，目的论因以往种种“不光彩”的历史而无法容见于自然科学的框架之中，以至于被严格地排除在了自然主义的心灵科学之外。然而，随着“生物学转向”在当代心灵哲学中成为一种逻辑必然诉求，目的论也合理、“合法”地进入了心灵哲学家的视野当中（从一定意义上讲，这里的“生物学转向”，其本质也就是一种“目的论转向”），并深刻影响了心灵哲学及其相关的认识论、认知科学等领域的发展。当然，这里的目的论已今时不同往日，这里的“目的”也得到了全新的、科学性的阐释。与传统目的论相比，它是一种基于进化生物学的目的论，其问题域主要集中在与生命相关的有机世界，且对涉及认知、心灵等生命现象的哲学难题尤为关注。这种目的论把进化、选择及适应等术语融入了对目的本身的重新阐释之中，进而指出，目的是通过进化、选择等机制而形成的，并且可以随有机生命的进化而进一步发展。“它依赖于物理实在，但本身不是物理实在，也不是物理的、生物的事件……但它又确实存在着，即以程序的形式存在着，经过一定的条件、环节还能实现，因此可归入倾向（disposition）范畴之下。”[5]54 可见，这样一种目的论虽然与传统目的论有着千丝万缕的联系，但其立论基础又深受进化意义上现代生物学的影响。这种目的论也被英美哲学界冠以“新目的论”（neo-teleology）之名称，以区别之前的种种。

目的论解释之于心灵自然化的意义是建立在目的论解释在生物学中所具有的合理性地位基础之上的。我们知道，目的论语言（如为了、以便、有利于等）在生物学中的使用显然是无可厚非的，一些学者也从不同角度对生物学中目的论解释的自主性或目的论语言使用的合理性进行了深入的探讨和辩护，如迈尔（Ernst Mayr）、阿耶拉（Francisco J. Ayala）等人（这里就不详述了）。就其本质而言，目的论解释是这样一种解释："目的论解释说明了系统中某一特征的存在，这种说明是通过对该特征之于系统的某一特定属性或状态具有贡献的描述从而得以实现的。目的论解释要求该特征或行为之于系统某一属性或状态的存在以及维持具有贡献。除此之外，这一概念还意味着：这种贡献在最终意义上必须是有关该特征或行为为什么会存在的理由。"[6]8那么，这种目的论策略如何作用于对意向性的自然化解释呢？事实上，目的论进路在这里并没有形成一套完整的体系，也没有达成统一性的方案，从这个意义上讲，有关意向性目的论理论是相当复杂的，其内部也存在较大的争论与分歧。可以说，与其相关的哲学家有很多，包括密立根（R. Millikan）、博格丹（R. J. Bogdan）、帕皮诺（D. Papineau）等。虽然其理论的起点都基于目的，但其具体自然化方案不尽相同。也正因为如此，本文只是从各种目的论方案最具一致性、简明性或代表性的观点对之加以论析。

概而言之，关于意向性的目的论解释最基本的观点是：在对意义进行确定的过程中，我们所要关注的应当是表征的生物学功能或目的，而不能仅仅简单地考察表征是由什么引起的（因果理论往往考虑的是后者）。而从根本上讲，这里所谓的生物学功能就是指某一事物在进化的历史中，经由世世代代进化过程所"选择"的功能、作用（例如，眼睛的功能"看"、耳的功能"听"、心脏的功能"泵血"，以及肝脏的功能"解毒"和"代谢"，等等）。基于这一思路，对意向内容做出目的论解释的一个基本出发点便是将意向心理现象的机制看作进化的产物，进而将意向性或心灵的指向性特征最终归结为生物有机体心灵与环境之间的某种目的相关性。可见，这种目的相关性是以生物进化机制为其根本依据的。

对此，生物目的论的旗帜性人物密立根诉诸"专有功能"（proper function）这一概念从而进行了较细致的说明。在她看来，"意向性是建立在表征与被表征者之间外部的自然关系基础之上的，这种自然关系是规范的和/或专有的关系，而'规范的'和'专有的'这些概念是通过（族类的，或进化中的个体的，抑或族类和进化中的个体的）进化的历史来被定义的"[7]。在这里，专有功能（某一事物在进化的过程中通过自然选择机制被"设计"而成的某种特定功能或作用）是其关键之所在。某一表征之所以能够成功地表征某一事物就在于其稳定的专有功能，而对此专有功能的规范性使用（通过自然进化的历史而被确定的）也是其必要条件。不言而喻，按照其观点，心灵与世界在进化过程中所形成的某种特定的、规范的及稳定的自然关系构成了意向内容的表征基础。

基于密立根及其支持者的上述观点，博格丹的目的进化论（teleoevolutionary theory）又将意向内容自然化解释的目的论立场向纵深推进了一步。他的解释重心从自然选择转向了"目的指向性"（goal-directedness），认为目的指向性有其遗传学意义上的依据，是经由遗传过程得到确定的（从这个意义上讲，基因的目的性就具有了更为基本的意义），它是自然界生命物质所具有的关键性质，因而完全可以纳入自然主义的框架之中。依循其分析，其目的论方案就是要将这种目的指向性看作目的导向者（guidance to goal）的终极进化依据，同时又将目的导向者看作心灵（认知的程序与机制）的终极进化塑造者（shaper）[8]3。在这里，"目的指向性囊括了一切生物体-环境相互作用的一般性结构。目的导向者便是这些结构中的一种，它所反应的是生物体与环境之间的信息交换"[8]3-4。在此意义上，作为生命最基本的一种性质，用目的指向性来说明心灵认知的基础，进而对意向性问题做出自然主义的解释也就顺理成章了。因此，从终极意义上讲，意向性是基于目的指向性的进化产物，它由后者派生而来。正如博格丹所言："大多数动物的心灵都具有目的指向性，进而都具有意向性……意向性之被进化出来，是服务于目的指向性的……"[9]

除了密立根、博格丹之外，许多目的论的追随者也都依据目的、生物学功能或机制等范畴提出了他们独到的、富有个性的目的论解释，如：帕皮诺、普莱斯等人。更有学者在上述思想的基础上，通过修正以及与其他方案的重新整合进而创生了一些新的理论形态，如沃尔什（D. Walsh）、雅各布（P. Jacob）等人。这里就不对之一一详述了。无论各种方案之间存在多大的分歧与纷争，但其理论的种种亮点无疑为从目的论视角解释意向心理现象提供了启迪性的视域，进而对意向性的自然化做出了有益的、深入的尝试。

三、意向性自然化目的论进路的理论意义

综前所述，不难看出，对心灵及其意向性等心理特征进行自然化诠释的目的论进路所秉持的目的论与传统的带有唯心主义和神秘主义色彩的目的论相比，俨然已有了质的区别。这种生物学意义上的目的论虽然在其关键性陈述上仍使用了"设计""选择"等传统术语，但其自身在构建其理论时结合了大量科学研究的前沿成果，尤其是进化生物学、神经科学、脑科学、遗传学、行为科学、发展生物学等学科的新进展，因而使得这些术语在摒弃以往某种超自然力量的同时被赋予了一定的科学的意蕴，从而使其在最终意义上与自然科学得以相容。也正是在此意义上，这一进路是自然主义的、唯物主义的，它受到了众多科学家与哲学家的青睐与辩护。许多学者在此视域中，从"选择""进化"等层面对目的的形成机制及动力、作用进行了说明，并进而将之用于对心灵及其意向心理现象的解释当中，提出了诸如上述一些富有创见的自然化方案，其理论意义可谓不言而喻。

首先，从总体上讲，这种目的论主张基于心灵与环境的目的相关性，将意向心理等现象置于环境复杂性论题之中，从生物进化机制出发，将目的、生物学功能、行为等概念结合起来，从而对信念、愿望等表征状态及其与行为、动机状态之间的相互作用进行了较好的描述。它将有机体内部、外部各种复杂的环境要素

及其相互作用整合成一个整体的物理系统，用以说明心灵与其环境之间的共生关系，而这种共生关系的形成自始至终是受进化机制调节的，因而其在本质上脱离了“上帝”等精神要素的介入，从而也就在此意义上给出了一条较合理的自然化路径。

再者，这种目的论主张赋予“功能”概念以进化意义上的目的论色彩，从而使其在一定程度上获得了新的解释效力。具体而言，目的论方案的核心在于：意向状态的内容根源于它们的功能。信念、愿望等意向心理现象都有其特定的生物学功能，正是这种功能有助于意向状态持有者以提高其生存或再生能力的方式去行动。这里所涉及的功能与心灵哲学中先前较正统的观点是有区别的。不可否认的是，当代的心灵哲学在这样或那样的意义上都与“功能主义”相关。在目的论意义上诉诸于生物学功能从而给予心灵及其意向性等特征以自然主义的说明，可以说在一定意义上是一种目的功能主义（teleo-functionalism）。如果说正统的功能概念是通过意向心理状态与感觉输入、行为输出及其他心理状态之间的因果关系得到规定的，那么目的论的功能概念则是通过进化的历史而得到分析的。而这样一种功能概念更有助于我们把握生命有机体及其心理的规律本质，有助于规避前一种功能概念在解释意向心理现象时容易导致的“自由主义”，从而避免了把一些不具有意向心理属性的状态也涵盖于其中。在生物进化的意义上，依据环境复杂性特征，我们可以将问题转换为意向心理状态在自然界中的作用问题，从而对其给出自然化的解释，因为对其而言，意向心理现象如何存在于自然界中与该现象在自然界中所具有的作用在很大程度上是同一个问题，二者统一于自然的历史、进化的历史。

此外，这种目的论主张恰到好处地为错误表征问题的解决提供了一种自然的方式。错误表征是意向心理现象最重要、最基本的特征之一。简言之，它是指某一表征通常由事物 A 引起，但有时也可以由非 A 类事物（如 B 或 C 等）引起。如前所述，这一问题是因果论自然化方案难以解释的。因为根据因果论的观点，凡是能够引起某一表征的事物都可以成为该表征的意指对象。这样的话，也就不存在错误表征的可能性了。而在这里，这是因为，目的论立场恰恰可以表明，“某一事物偶尔甚或经常不能完成某一种生物学功能与其具有该项功能没有任何矛盾”[1]84-85。哪里有功能，哪里就有可能功能“失灵”，如我们的各种脏器可能因种种原因不能执行其功能，并不能说明它们不具有这些功能。同样，某一表征符号并不会因为偶尔或经常出现错误表征现象就不具有其正确表征的能力。某一表征符号的错误表征的问题是完全有可能发生的。如果某一表征通常由事物 A 引起，即使有时它可由非 A 类事物引起，但它仍会意指 A，因其这一功能已被固定在了选择当中。正是在此意义上，错误表征问题也就在生物功能的层面得到了自然化的说明。

当然，上述对目的论策略理论意义及优势的探讨，并不能说明目的论解释就是意向性自然化的最佳方案。事实上，目的论进路在许多问题（如功能的不确定性问题、内容贫瘠问题等）上都面临着严峻的挑战，也因此招致了多方面的批评，甚至在错误表征问题上也饱受质疑。不仅在其理论内部纷争迭起，来自外部的种种诘难亦使其处境内外交困。尽管如此，这一进路在目的论层次对心灵及其特征所做的富有创见性的自然化解释仍不失为一种较合理、较优的选择。无论遭遇到怎样的考验，都无法抹杀它所具有的重要的理论意义与实践价值。总之，相关的问题还有待于进一步的质询、检视和讨论。

参 考 文 献

[1] Goldberg S, Dessin A. Gray Matters: An Introduction to the Philosophy of Mind. New York: M. E. Sharp, 1997.

[2] Harman G. Conceptual Role Semantics//Peacocke C. Understanding and Sense. Vol. I. England: Dartmouth Publishing Company limited, 1993: 181.

[3] Fodor J A. The Elm and the Expert. Cambridge, MA: MIT Press, 1994: 5.

[4] Macdonald G. Introduction: The Biological Turn//Macdonald C. Macdonald G, Philosophy of Psychology. Oxford: Blackwell, 1993: 238.

[5] 高新民，殷筱．新目的论与心智的终极解释．哲学研究，2007（1）：54-62.

[6] Ayala F J. Teleological explanation in Evolutionary Biology. Philosophy of Science, 1970, 37 (1): 1-15.

[7] Millikan R. Language, Thought, and other Biological Categories. The MIT Press, 1984: 93.

[8] Bogdan R J. Grounds for Cognition. New Jersey: Lawrence Erlbaum Associates, Inc. Publishers, 1994: 3.

[9] Bogdan R J. Minding Mind. Cambridge, MA: MIT Press, 2000: 104.

大脑是如何处理信息的

——神经元及其模型的计算阐释*

尤 洋 崔 帅

"近几十年，哲学内关于认知与神经现象或者心灵与身体关系的讨论，主要存在两种观点。这两种观点都认同精神事件本身就是具有物理描述的脑事件。"[1]但是两种观点的差异在于,同一论者认为精神事件与脑事件存在一种"内在"法理学关系（nomological connection），而功能主义者则更加强调了精神事件需要通过具有物理属性的脑事件加以实现。而新兴的计算神经科学通过对神经元结构、特征及内部活动的计算诠释，尝试在精神事件和脑事件之间建立起神经元计算模型，以期揭示两者的内在联系。本文将以神经元为研究对象，重点分析神经元及其模型的计算阐释，在此基础上对神经元的计算启示给予解读，以期探讨脑认知的计算解读的可行性。

一、神经元的计算阐释

神经系统是人体生理机能的重要调节系统，"通过分布在身体各部分的许多感受器和感受神经获得关于内外环境变化的信息"[2]。作为神经系统的基本单元——神经元，提供了人类认知的基本的信息功能处理机制。凭借着微小而又复杂的电化学信号的电学原理与扩散原理，神经元实现了刺激信息的传递。而认知神经科学的计算探索就是要从神经、计算层面上深度剖析脑功能和脑机制，并在两个层面上架构神经元的功能模型。

1. 神经元的电学原理

物理学的电学原理中，电流由电荷运动行为形成，电荷之间遵循着异性相吸

---

* 本文为2013年国家社科基金青年项目"当代神经科学哲学中的心脑问题研究"（13CZX021）、教育部人文社会科学重点研究基地项目"当代认知神经科学哲学问题研究"（201202027）、山西省高等学校哲学社会科学研究项目"当代社会科学哲学中的知识论研究"（2012301）、山西省回国留学人员科研资助项目"当代社会认识的元理的研究"（2012-026）、中国博士后科学基金资助项目（2013M541022）成果。

原文发表于《科学技术哲学研究》2014年第5期。

尤洋，山西大学科学技术哲学研究中心副教授、硕士生导师，研究方向为科学哲学；崔帅，山西大学科学技术哲学研究中心硕士研究生，研究方向为科学哲学。

原则。同种电荷的排斥及异种电荷的吸引致使正负电荷流动，形成正负电流进而导致电势差。这种关系就是欧姆定律：$I=\frac{V}{R}$。当在 A、B 区域两端存在电荷梯度时（图 1），电荷会因电荷间的吸引或排斥于通道 C 两侧扩散，但因受通道 C 的承载量、阻力等客观因素影响，电荷只能以最大流通量活动于通道 C 两侧。为了简化等式为 $I=GV$，我们利用反映物质传输电流强弱的电导系数 G 取代电阻倒数$\frac{1}{R}$。

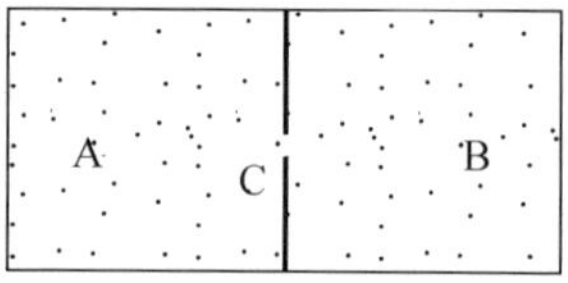

图 1

欧姆定律形象地描绘了神经元整合信息的过程，神经系统中钠（Na^{+}）、钾（K^{+}）、钙离子（Ga^{++}）的流动形成了正电流，而氯离子（Cl^{-}）及少数阴离子的活动形成了负电流，电压（V）即是由正负离子流形成的电势差。欧姆定律中电导系数 G 即反映了神经元细胞膜允许离子流动的通透性，因而膜通道开闭状态的选择性也决定了电导系数的函数值。借助欧姆定律对神经元中带电离子流动的表征，就可以阐释神经元内外流动的电荷及神经元膜电位的变化。从形式化角度看，利用欧姆定律可以将上述看似并不相干的电学原理与神经元内信息处理整合为一体，即将神经元内离子活动与膜的选择通透性以欧姆定律的形式相互关联起来。如此，依据生理学家对神经元之间电化学信号传播的实验分析，依托电学原理的解释，神经元中看似不规则运动的离子就可以表征为有规律可循的计算分析。

2. 神经元的离子扩散原理

引起离子活动的动力因素不只有电学原理，扩散原理也同样扮演着至关重要的角色。就扩散原理的物理概念而言，是指同一空间内物质由高浓度区域向低浓度区域进行转移，直至离子处于均匀分布状态。但与电学原理并不在意离子类型而只关注总电量变化相比，扩散原理更关注单独触发的每一种离子的扩散与混合，更强调了携带电荷的不同离子间的浓度平衡。因此，扩散原理对神经系统内各离子活动的影响往往是相对间接的。

1855 年，德国生理学家菲克（Adolf Eugen Fick）在菲克第一扩散定理（Fick’s first law of diffusion）中指出：单位时间内通过扩散横截面（垂直于扩散方向）的物质扩散通量与浓度梯度成正比，也就是说，浓度梯度越大扩散通量越大，其用数学公式可以表达为 $J=-D\frac{\mathrm{d}C}{\mathrm{d}x}$。该式中，$D$ 为扩散系数，C 为扩散物质的体积浓度，$\frac{\mathrm{d}C}{\mathrm{d}x}$为浓度梯度，“$-$”表示扩散方向是梯度差的反方向。鉴于神经元内离子扩散伴随着电荷的活动，本质上，我们可以使用与电学原理相同的术语描述离子浓度的变化。其中，扩散原理可以表示为类似于欧姆定律的关系：$I=-D\frac{\mathrm{d}C}{\mathrm{d}x}$，且单元时间内扩散通量 J 可以表示为电流 I；扩散系数 D 如同欧姆定律中的电导系数 G，暗含神经元膜对离子的通透阻碍程度；$\frac{\mathrm{d}C}{\mathrm{d}x}$为离子的浓度梯度，类似于两点之间的电势梯度差；“–”同样表示扩散方向是离子梯度的反方向。假设在 A、B 两区域由隔膜隔离，当 A 区域内的钠离子浓度高于 B 区域时，A、B 之间会形成钠离子的一个浓度差（$\frac{\mathrm{d}C}{\mathrm{d}x}$），迫使钠离子由 A 区域向 B 区域流动，而受隔膜的通透性限制（D），钠离子仅以流通量值（$D\frac{\mathrm{d}C}{\mathrm{d}x}$）向 B 扩散。神经元的扩散原理探究了离子及其携带电荷的活动，充分考虑了神经元内离子对信息的传播和处理。通过对离子行为的巧妙表征，对离子信息的观察就可以做到趋向于可行性的实施。事实上，这意味着在神经元的计算描述下，以神经科学为基础的认知方法将成为一种合理的有据可依的研究进路。

3. 神经元电学与扩散原理的数学整合

通过离子电学原理和扩散原理的认知，深化了我们对神经元整合信息过程的理解。而由其物理平衡态的数学知识可知，当给定离子扩散原理与电学原理达到平衡点，就意味着该离子净电流为零。但由于神经元存在两个至关重要的机制，形成了细胞膜内外离子浓度的不平衡状态。其一，钠钾泵机制。该机制通过分解化学能促使细胞内的钠离子与细胞外的钾离子进行交换，积极地建立和维持细胞内外钠离子和钾离子浓度的不平衡状态。其二，离子通道的选择通透性。某些离子通道受神经递质刺激而只允许单一种类或者是部分类型的离子通过。钠钾泵建立了细胞内外离子浓度的不平衡状态，而离子通道的选择通透性既要维持又要动态地改变不平衡状态。因此，神经元细胞膜的平衡点将不再是零电势点，而是将神经元细胞内外离子浓度维持在一个相对恒定的区间内。“该平衡点可以被解释为有效地中和扩散动力的电势，该电势也被称为平衡电势（E）。”[3]实际应用中，平衡电势刻画了每一种类型离子的电流功效并被用于校正欧姆定律，得到净电势（$V-E$），以及净电流 $I_{净}=G(V-E)$。

由上述可知，刺激处理过程中神经元内外钠、钾、钙、氯等离子受到离子泵和离子的选择通透性的扩散动力与电学动力影响。为了反映不同离子对刺激信息的处理，就需要将不同离子通道的电流整合为数学公式加以表征并应用于对膜电势 V_m 的更新。由净电流公式可知求解单一类型通道电流：$I=g(t)\bar{g}(V_m(t)-E)$，我们需要已知 t 时刻该通道的净电势（$V(t)-E$）以及该时刻处于开启状态的通道数量（$g(t)$）和最大电导系数（$\bar{g}$）构成的电导系数（$g(t)\bar{g}$）。而神经元的刺

激响应主要由刺激输入通道、抑制通道和泄漏通道共同表征，所以神经元净电流可表示为

$$I_{净}=g_e(t)\bar{g}_e(V_m(t)-E_e)+g_i(t)\bar{g}_i(V_m(t)-E_i)+g_l(t)\bar{g}_l(V_m(t)-E_l) \quad (1)$$

随时间的推移，神经元净电流会引发神经元膜电势的变化，即 $V_m(t+1)=V_m(t)-dtI_{净}$。膜电势的动态平衡将意味着神经刺激反应将趋向稳定状态。但是由于膜电势更新公式是迭代公式，所以由迭代函数重复与自身复合的特性决定了平衡状态下的膜电势并不能直接求解。然而神经刺激反应处于稳定态的另一个特征就是净电流的消失，由膜电势更新公式可知，当净电流消失时（并非单一通道电流值为零），即 $I_{净}$为零可以得出结论 $V_m(t+1)=V_m(t)$，这标志着膜电势处于平衡状态。因此，可由（1）式推导出：

$$V_m=\frac{g_e\bar{g}_eE_e+g_i\bar{g}_iE_i+g_l\bar{g}_lE_l}{g_e\bar{g}_e+g_i\bar{g}_i+g_l\bar{g}_l}$$

$$=\frac{g_e\bar{g}_e}{g_e\bar{g}_e+g_i\bar{g}_i+g_l\bar{g}_l}E_e+\frac{g_i\bar{g}_i}{g_e\bar{g}_e+g_i\bar{g}_i+g_l\bar{g}_l}E_i+\frac{g_l\bar{g}_l}{g_e\bar{g}_e+g_i\bar{g}_i+g_l\bar{g}_l}E_l \quad (2)$$

由（2）可知，在已知各类膜通道电导系数的情况下，即可较好地求解平衡膜电势。从平衡膜电势的等式结构可以看出，平衡膜电势是平衡电势基于离子通道电导系数的加权平均数。因而，膜电势将最大限度地趋向于给定通道的驱动电势，同时该等式也反映了神经元刺激通道电势与泄漏通道电势、抑制通道电势之间的平衡协调作用。

综上所述，对神经元的电学原理和扩散原理的计算分析，以及二者的数学整合，将有助于我们了解神经元内离子和细胞膜面对认知刺激信息的反应与对策，并且能够以计算的方式表征出该反应甚至分析和影响该表征，因而是极为重要的。这种重要性甚至体现在两个方面：其一，通过神经元电学原理的考察，将支撑起生理学提出的重要观点，即神经元的信息传播主要依靠电信号传播；其二，通过神经元扩散原理的考察，将充分地探索神经系统内部微观结构对脑认知活动的反应。当然，从另一个角度来看，神经元的计算诠释主张以神经元作为脑认知的支点，这恰好支持了联结主义的基本假设："人类的智能和认知活动是与脑活动相统一的，而脑活动是通过大量简单单元——脑神经元的相互联通和相互作用进行的。"[4]

二、神经元模型的计算阐释

离子的电学原理和扩散原理对解读认知现象极为重要，但认知现象并不能完全依据单神经元的离子活动和离子通道的渗透得到解释，实验研究表明许多重要

的认知现象的解释还需要依赖神经元之间的相互作用。相较于单神经元的离子解释，神经元间的认知解释提供了更为复杂的认知描述用以分析许多突现的认知现象。当然，对这些现象的进一步分析最终会还原到离子的电化学信号和膜通道的离子选择性层面，但神经元间的作用方式特别是神经元模型的计算阐释就是不可或缺的工作。

1. 激励函数的计算表征

神经元模型是人类对生物神经元功能实现的抽象、简化和模拟，其目的在于反映人脑的特性。一般来说，神经元模型需要考虑以下几个因素：其一，具有一组与神经元相连接的突触，常用 W_{ij} 来表示神经元 i 与神经元 j 的连接强度，也称为权重。同时，还需要整合神经元输入刺激值；其二，具有一个激励函数 $f(\cdot)$，用于限制神经元的刺激输出值，通常会限制于［0，1）或［-1，1］的区间内。

就激励函数而言，主要包含两部分：一个是神经元的净输入，另一个就是神经元的激励转换输出函数 $f(\cdot)$。其中，神经元的净输入就是其他所有神经元的刺激输入权重的线性总和（图2）：

$$\eta_j = \sum_{1}^{N} x_i w_{ij} \tag{3}$$

式中，η_j 是神经元 j 的净输入，X_i 是神经元 i 对 j 的刺激输入值，而 W_{ij} 是神经元 j 从神经元 i 所接受的刺激输入所占总输入的权重。当 n 个神经元分别以输入值为 x_i（$i=1, 2, 3, \cdots, N$）的信息传递给神经元时，神经元 j 并不会完全接收所有输入神经元的信息（否则会造成刺激信息的主次不分，甚至造成神经元的过度兴奋），而是依据输入信息所占刺激输入信息的权重整合信息。从刺激信息的结构分析，可以推断出神经元在接收刺激信息时并不盲目地摄取刺激信息，同时也不舍弃微弱的刺激输入（也许是至关重要的信息）。神经元如此的工作方式既保证处理刺激信息的整体性，同时兼顾了信息的层次性。

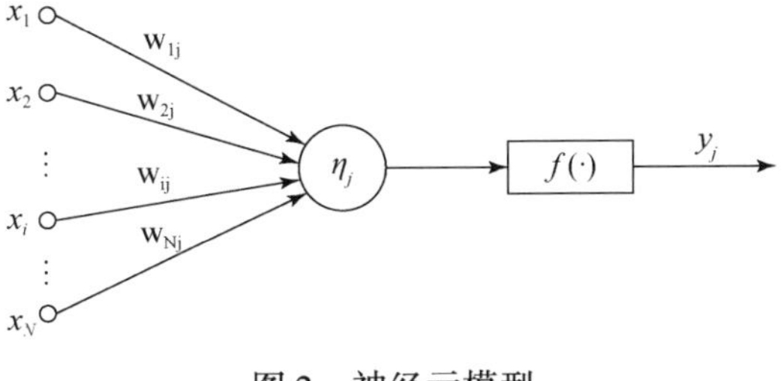

图2 神经元模型

由神经元模型结构可以看出，神经元 j 需要将刺激输入传输到其他神经元时，我们需要一个激励函数（刺激转换输出）$f(\cdot)$，用以决定神经元 j 的输出值 y_j。通常所用的激励函数是 Sigmoid 函数（也称 S 型函数）：

$$y_j=\frac{1}{1+\exp(-\eta_j)} \tag{4}$$

Sigmoid 函数中 y_j 是神经元 j 基于净输入 η_j 的激励输出。从图 3 中可知，Sigmoid 函数是值域为（0，1）的有界连续可微函数，它光滑的曲线特征意味着神经元不仅可以反映兴奋或抑制状态，亦可以表征刺激信息的强弱程度，而 Sigmoid 函数另一个重要数学特性是“它是饱和非线性函数，以致即使再强的刺激净输入也只能接近激化的上限值，同样抑制也只能接近激化的下限值”[5]。而 Sigmoid 函数的非线性特性确保神经元可以表征复杂性较高的认知现象。式（4）中 η_j 的系数为 1，当 η_j 的系数无穷放大时，衍变为另一较为普遍的激励函数——阶跃函数（图 4）：$f(\eta_j)=\begin{cases}1 & \eta_j\geqslant 0,\\ 0 & \eta_j<0,\end{cases}$。阶跃函数值域 0 或 1 只反映神经元处于兴奋或抑制状态，而相比 Sigmoid 函数，阶跃函数的取值限定了其解释认知现象的简单化。

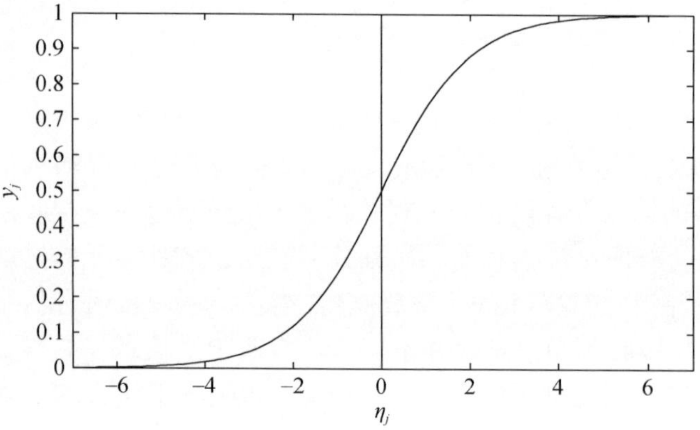

图 3　Sigmoid 函数

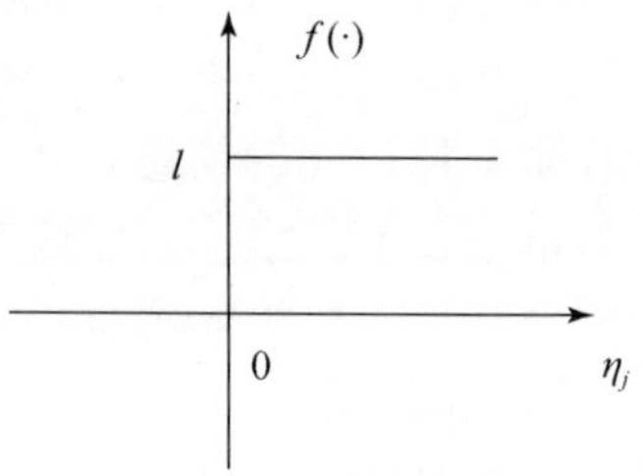

图 4　阶跃函数

2. 误差驱动任务学习的计算阐释

脑认知的重要机制就是学习，学习机制主要依靠调整神经元间权重参数的方式达到学习的目的，而人类学习的重要方式之一便是解决特殊任务的学习过程。误差驱动任务学习（error-driven task learning，EDTL），作为行之有效的任务学习方法，就是通过给定的任务刺激神经元，产生相应的刺激输出结果，依靠实际输出结果与期望输出结果间的误差，进而调整神经元的输入权重，尽可能降低误差梯度。在神经元信息处理的认知过程中，EDTL 的作用体现为两个方面：其一，

EDTL 以任务驱动神经元，使神经元活动具备了高度的目的性；其二，EDTL 凭借刺激反应误差调整了输入权重，修正了神经元行为反应，保持了神经元间合作与协调功能。

为了采取一种有效的措施用以调整权重值，需要采用以下不同的误差函数与激励函数。

第一，EDTL 采取的误差函数是总方差函数（summed squared error，SSE）。

$$SSE=\sum_j (t_j-o_j)^2 \tag{5}$$

式中，t_j 和 o_j 分别是期望输出结果、实际输出结果，线性的实际输出 o_j：$o_j=\sum_i x_i w_{ij}$。在式（5）中，如果 SSE 为零，则象征着神经元对刺激的反应是准确的，而 SSE 的值越大将意味着神经元的实际输出与期望输出偏差越大。为了了解该函数随着权重的变化趋势，对 SSE 求解关于权重 w_{ij} 的偏导数：

$$\frac{\partial SSE}{\partial w_{ij}}=\frac{\partial SSE}{\partial o_j}\cdot\frac{\partial o_j}{\partial w_{ij}}=-2(t_j-o_j)x_i \tag{6}$$

从而得出调整输入权重的 Delta 规则：$\Delta w_{ij}=\varepsilon(t_j-o_j)x_i$，其中学习率（$\varepsilon$）刻画神经元处理信息的速率与效果。

第二，EDTL 采取误差函数为交叉熵函数（cross entropy，CE）。

$$CE=-\sum t_j \log o_j+(1-t_j)\log(1-o_j) \tag{7}$$

激励函数为 Sigmoid 函数。如同 SSE 一般，CE 为零也意味着神经元对刺激的反应是准确的。不同的是，CE 的函数值接近于 0 或 1 意味着实际输出与期望输出两者相差甚远，而 1/2 意味着两者间存在较小误差。同样，对 CE 求解关于 w_{ij} 的偏导数

$$\frac{\partial CE}{\partial w_{ij}}=\frac{\partial CE}{\partial o_j}\cdot\frac{do_j}{d\eta_j}\cdot\frac{\partial\eta_j}{\partial w_{ij}}=-(t_j-o_j)x_i \tag{8}$$

由式（8）可以推理出相类似的 Delta 规则：$\Delta w_{ij}=\varepsilon(t_j-o_j)x_i$。

通过总方差函数与交叉熵函数的对比，可以清晰地表明总方差函数只考虑刺激神经元的信息传递与表征，而实际的脑认知并不是简单的生物体反应组合，神经元输出融合了生物学和心理学的双重影响，而交叉熵函数既考虑神经元的生物反应（$t_j\log o_j$），同时兼顾环境的干涉（$(1-t_j)\log(1-o_j)$）。因此相比之下交叉熵函数要优于总方差函数。而作为调整权重的 Delta 规则，表明了神经元会依据误差值的变化相应地调整神经元的权重，保证神经元反应的准确性。

EDTL 可以被视为有教师的学习进程，当该算法的“实际输出结果与正确的输出结构（教师信号）有误差时，系统将通过自动调节机制，调节相应的权重，向减少误差的方向改变”[6]，经过多次调整权重，使得误差逐渐趋于零，最后符合期望值。虽然 EDTL 通过期望输出与实际输出的比较，自动更新学习系统的刺

激输入权重，但是其弊端在于，刺激结果输出后误差才会对输入权重进行二次更新，这种工作模式延迟了神经元对刺激的反应，而这恰恰是 BP 学习法的优势所在。

3. BP 学习的计算诠释

尽管 EDTL 已经可以解决许多认知问题，但是该算法的权重依然局限于输入层与输出层神经元之间的更新。而人类神经系统既存在输入层、输出层神经元，同时还存在隐藏层神经元。从隐藏层神经元知识的解读中，我们明白隐藏层神经元对输入模式具有调节和转化功能。因而认知科学家提议利用隐藏层神经元的转化功能重新表征学习机制的输入输出形式。而基于 EDTL 的 BP 学习法（back propagation）的提出恰好将学习规则由输入层、输出层神经元扩展到隐藏层神经元，因此其保留误差修正的同时兼备了信息的反馈调整。

为了研究 BP 学习法的特性，首先假设一种具有反馈连接特性的输入层、隐藏层和输出层神经元的复杂性结构（图 5），同时我们在该结构中采用交叉熵函数为误差函数，Sigmoid 函数为激励函数。该结构“对于隐藏层神经元到输出层神经元的误差权重可以用 Delta 规则更新，而真正的挑战就是输入层神经元到隐藏层神经元的误差权重更新”[7]，因此我们对 CE 求解关于权重 w_{ik}（w_{ik}是输入层与隐藏层神经元之间的误差权重）的偏导数：

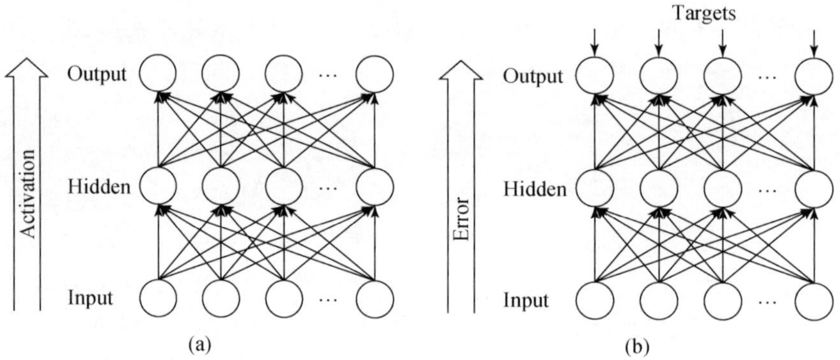

图 5　BP 学习法结构[3]159

$$\frac{\partial \mathrm{CE}}{\partial w_{ik}}=\sum_j \frac{\mathrm{dCE}}{\mathrm{d}o_j}\cdot\frac{\mathrm{d}o_j}{\mathrm{d}\eta_j}\cdot\frac{\partial \eta_j}{\partial h_k}\cdot\frac{\mathrm{d}h_k}{\mathrm{d}\eta_k}\cdot\frac{\partial \eta_k}{\partial w_{ik}}$$
$$=-\sum_j (t_j-o_j)\ w_{kj}\cdot h_k\ (1-h_k)\ x_i \tag{9}$$

类似于 Delta 规则推理，我们可以得到 $\Delta w_{ik}=-\varepsilon\delta_k x_i$，其中：

$$\delta_k=\sum_j (t_j-o_j)\ w_{kj}\cdot h_k\ (1-h_k)\ =\ (\sum_j\delta_j w_{kj})\ (h_k\ (1-h_k)) \tag{10}$$

式中，δ_k 为隐藏层神经元 k 对整个结构的误差作用，δ_k 中的 $\delta_j w_{kj}$类似于输入值，会由输出神经元反向传播到隐藏神经元，影响隐藏神经元的权重更新，而 $h_k(1-h_k)$象征着神经元的激化程度，如果它的取值为 0.25（0.5×（1-0.5））时，它将处于最大的激活值，而相反情况下，取值接近或等于 0 或 1 将表明神经元处于微弱误差或冻结状态。相比 EDTL，BP 学习法也被视为有教师（期望输出结果）指导的学习过程。而 BP 学习法的与众不同在于考虑了隐藏层神经元对刺激的强化与抑制，诠释了神经元间促进、抑制和竞争的学习机制。也就是说，将误差值由输出神经元方向传播至隐藏神经元，经隐藏神经元调整权重值，进而更新输入神经元的刺激信息。BP 学习经过反复多层的调整，确保实际输出结果与期望结果间保持一致。

综上所述，神经元是解释认知现象的基本单元，依据神经元间信息的传播，认知科学家建构出神经元的激励函数，以表征神经元的输入、输出关系。从 EDTL 的结构和算法中得知，它对神经元的认知结构和功能进行模拟，通过对期望结果与实际结果的误差求解，以更新权重的方法，模拟了神经元形成概念之前的信息处理过程，即神经元突触递质传递的处理过程。与 EDTL 忽略了任务学习中隐藏神经元的调整与转化功能相比，BP 学习却考虑了隐藏神经元的有效功能，并设想神经元的激励函数为非线性的 Sigmoid 函数，同时它并不依据逻辑规则强制性解决某问题，而是通过与环境之间信息的不断交流学习完善表征，因此具备较强的容错性、学习性和开放性。事实上，人类大脑实际是复杂的智能体，脑认知不仅是生理学过程，也是社会性过程，易受情感、环境与社会的影响。计算思维的引入和神经元模型的建构有利于脑认知理解地深入，丰富认知现象的表征。

三、神经元及其模型的计算启示

目前，脑认知研究中存在着试图将大脑视为简单机械式计算机的想法，但人机比拟的观点事实上带来了严峻的挑战，比如，“传统计算机的符号处理系统是一个静态的封闭系统，特定的符号表征特定的意义，特定的程序只能具有特定的功能”[9]，而人类认知具有具身性和情境性，并不仅仅是乏味地机械性。也因此，神经元及其模型的计算阐释至少能够带给我们三方面的启示。

首先，脑认知是动态表征而非逻辑计算。人工智能学者普遍认为脑认知可以与计算机程序类比，脑认知与神经系统的关系就如同计算机中软件与硬件的对应关系。然而脑认知并不是神经元活动的物理拼凑，而是受生物学、生理学以及情境、意识等影响。因为现实世界是一个复杂的知识系统，在不确定的环境中人脑会将认知、身体和环境构建为动态的一体，并且会在认知与情境之间建构交互作用，而不是基于符号机械地逻辑计算与推理。无论是改进的 EDTL 还是 BP 学习法，都没有忽视这一点，它们不仅考虑神经元的反应而且还兼顾了环境的干涉，注意了神经系统与情感、意识之间的关联。这样来看，脑认知是一类动态表征，而大脑是一个具备学习能力的进化智能体，因此神经元的认知模型是要模拟大脑的动态与学习能力，而不是简单地用于计算程序的推导和建立。

其次，人脑认知的一个重要特征便是非线性地处理认知现象。模拟人类认知活动的计算模型显现了人类处理认知的非线性特征。特别是BP学习法在针对EDTL的线性特征改进时，引入非线性的激励函数Sigmoid：$y_j = \frac{1}{1+\exp\left(-\eta_j\right)}$，Sigmoid函数是一个连续可微的非线性函数，该函数图像在两端具有极限特性，而中间呈现柔和、平滑的曲线，因此可以敏感地表征神经元的特性。而认知科学家借助于Sigmoid函数就可以近似地表现出神经元输入–输出的非线性特性。虽然单个神经元激励函数为非线性时比较简单，但是“当所有的神经元通过一定的拓扑结构联系在一起时，各个单神经元的非线性函数通过分布式关联而数次复合”[10]。就形成了复杂的非线性函数系统。正是由于该函数系统的非线性，因而具有了较强的容错性，可以完成高维空间输入到输出的非线性映射，也因此在脑认知的外在表现形式上会呈现出认知的多样性和复杂性。

最后，神经系统的复杂性决定了难以构建出通用的包含所有层次的神经系统模型。虽然我们已经从神经元及其模型的数学处理中，理解了神经元模型的重要性。但我们依然局限于在个体神经元，以及一组神经元之内建立数学模型及计算处理。而依据神经系统的结构层次分析，神经系统可以分为原子分子层次、亚细胞层次、神经细胞层次、神经回路层次和系统功能层次，甚至还可以考虑量子层次。因而认知模型的设想和建构需要限定层次和功能界限，层次不同功能不同，描述方法就迥然不同。也因此会有人试图建立一个层次最大化和功能全面化的数学模型，但这是一种脱离现实的遐想。事实上不存在一种通用而行之有效的模型，尽可能包含所有的层次结构。因此，认知功能模型应尽可能从不同层次建立，以认识和解释复杂的认知现象。有必要指出的是，除了认知功能架构层次是重要因素外，神经元的特性也是至关重要的因素。人类神经系统中拥有不同特性的神经元，它们或者具有兴奋性与抑制性差别，或者具有传导性能迥异等特性。因而“实际的神经系统中，每个神经元的形态、作用、生理数据不完全相同”[9]，也就是说每个神经元的功能存在差异。因此，认知模型的建立还需选取合理的神经元特性，而并不是呈现神经元的所有特性，因为这有可能适得其反，阻碍对认知的理解。

综上所述，通过对神经元及神经元模型的计算诠释，认知神经科学家采纳的基本研究策略就是运用神经元信息的加工观点来研究认知过程和活动。该策略坚信“如果我们着手了解神经元，尤其是神经元系统的物理性、化学性、电学性及发展过程，并且了解其互相控制与控制行为的方式，则最终能够了解神经系统的秘密”[12]。以神经科学实验为观点的认知研究进路之所以取代物理符号主义成为心智研究的主流，实现对人的内在心灵的研究，就在于引进了神经元信息处理的思路。把人类认知看作神经元信息输入和输出之间的加工过程，使认知神经科学家有可能对其加以客观的揭示和科学的解释。认知心理学家在探讨人的认知过程时，往往侧重于心理方面的分析，偏爱于将人的心灵意识这一层面剥离出来进行细致入微的考察与解释，该方式丰富和加深了对人类心智了解的同时，往往也阻碍和限制了对人类心灵的整体把握。当今认知神经科学的计算阐释，也正试图从两个方面解决该问题。一是使物理符号系统的形式计算能够容纳心灵意识或情境影响，或者是心灵意识或情境影响附属于计算的形式系统，使之更具合理性和真实性。二是构想新的理论框架，特别是以神经科学为基础，以神经系统为研究对象，甚至可以引入物化知识对人类心灵、心智进行探索，立足神经科学的计算阐释解释心灵。需要明确的是，计算神经科学所主张的计算研究方法，目的就是要将心灵研究和经验研究纳于其中，这方面正在不断尝试，并酝酿着重要的研究突破。

参考文献

[1] Bechtel W P. A Bridge between cognitive science and neuroscience: The functional architecture of Mind. Philosophical Studies, 1983: 44, 319.

[2] 史忠植. 神经计算. 北京：电子工业出版社，1993：32.

[3] Randall C. O'Reilly, Yuko Munakata. Computational Explorations in Cognitive Neuroscience : Understanding the Mind by Simulating the brain. Massachusetts: The MIT Press. 2000: 34.

[4] 刘高岑. 认知的表征—动力学理论评析. 哲学动态，2011：12，86.

[5] Randall C. O'Reilly, Yuko Munakata. Computational Explorations in Cognitive Neuroscience: Understanding the Mind by Simulating the brain. Massachusetts: The MIT Press. 2000: 40-41.

[6] 庄镇泉，王煦法，王东生. 神经网络与神经计算机. 北京：科学出版社. 1992：24.

[7] Randall C. O'Reilly, Yuko Munakata. Computotional Explorations in Cognitive Neuroscience: Understanding the Mind by Simulating the Brain. Massachusetts: The MIT Press. 2000: 159.

[8] Randall C. O'Reilly, Yuko Munakata. Computotional Explorations in Cognitive Neuroscience: Understanding the Mind by Simulating the Brain. Massachusetts: The MIT Press. 2000: 159.

[9] 成素梅，郝中华. BP神经网络的哲学思考. 科学技术与辩证法，2008：4，23.

[10] 成素梅，郝中华. BP神经网络的哲学思考. 科学技术与辩证法，2008：4，24.

[11] 欧阳楷，邹睿，刘卫芳. 基于生物的神经网络的理论框架——神经元模型. 北京生物医学工程，1997：2，100.

[12] 符征，李建会. 丘奇兰德的神经哲学思想. 科学技术哲学研究，2011：6，49.

科学技术与社会

技术的社会形成论（SST）视角下的农技推广体系改革*

程 瑞 贾 琨

当前，加快农业技术推广体系改革和农业科技创新是解决我国“三农”问题、促进农业可持续发展最重要的途径和手段。目前国内农技推广体系改革研究主要关注两个方面：一是强调农技推广体系的内部变化，主要是从结构、制度等影响因素入手推进农技推广体系改革；二是强调技术的更新。如农技推广信息化，以3G、智能传感、物联网等高科技为依托进行技术创新，运用现代信息技术提升农技推广服务水平等措施。总体来说，体制改革和技术改革的研究是相对独立地进行的，两者之间缺乏融合，而面对我国的农业发展远远不能满足农民在市场经济条件下的经济活动的现状，要切实解决农业科技成果转化率低的问题还需要进行更深层次的思考。本文就拟站在技术的社会形成论（the social shaping of technology，SST）的角度，分析影响我国农机推广体系的社会因素，探讨SST视角下我国农技推广体系改革的目标和发展思路。

一、SST视角下看待农技推广体系改革的必要性

农业技术推广是农业推广工作的基础，从20世纪初出现于英国、美国，以及中等发达国家以来，已经成为全世界各个国家所采用的模式。我国的农技推广始于20世纪50年代，经过60多年的发展，已经逐步形成其特有的体制和规模，形成了以国家、省、市、县、乡等级的农技推广部门为主体的农技推广体系，为农业发展做出了巨大贡献。但由于我国的农业推广体系最初产生于计划经济和短缺经济的社会背景下，在推广理念、内容、方式方法上都具有很大的改革空间，而且新时代背景下，农业发展对农技推广途径提出了更高的要求，所以这些年，全国各地不断创新推广模式，革新推广途径，在很大程度上改善了农技推广的成效。但在推广人员和推广对象素质及农业科研、成果的转化率、生产运营三者的

---

* 本文为山西省第二批青年拔尖人才支持计划（201405800）、山西省高等学校优秀青年学术带头人（2012205701）、山西省高等学校人文社会科学重点研究基地项目（2011301）成果。

原文发表于《科学技术哲学研究》2014年第6期。

程瑞，山西大学科学技术哲学研究中心副教授，研究方向为科学技术哲学、科学技术与社会；贾琨，山西大学科学技术哲学研究中心硕士研究生，研究方向为科学技术与社会。

衔接等方面仍然有所欠缺。

在笔者看来，农技推广体系的改革需要制度和技术层面的改革，更需要深层的社会因素的促进。而这种社会因素的思考，恰恰是我们目前的研究中被忽略了的东西，也是我们国家农技推广改革陷入瓶颈的根源所在。因此，我们想要借鉴技术哲学家和技术社会学家们提出的SST的观点，从农业技术推广的社会因素方面进行探讨，以求走出传统思想把农业技术创新的过程和农业技术推广的影响、结果及农技推广体系的改革分别对待的做法，挖掘农技推广中各种现象背后的社会关联和文化基础，为我国农技改革提供一种技术哲学和技术社会学的思考。

SST起源于20世纪80年代的欧美地区，是新技术社会学的核心理论，始于对技术决定论的批判。它认为技术并非处于社会经济体系之外，技术的发展路径受到社会、经济的强烈影响甚至选择[1]。SST理论认为，技术本身之外的政治、经济、文化、组织、政策等社会因素构成了技术设计和技术应用的模式。[2]这种观点完全可以应用在我们的农技推广体系改革过程中。因为今天的农技推广工作已经不仅仅是以单项的传播农业技术为主导的服务，越来越多的社会化服务元素被注入其中。从农技推广体系改革的目标来看，我们最终要实现两个方面的突破：第一，要实现社会强有力的需求刺激农业技术向前发展；第二，农业技术的发展与应用要最终服务农民，回馈社会。其过程实际上就是农业技术的设计和应用模式的社会表现，其间各种因素的相互关系具有决定性作用。正如我国SST学者肖峰所言，“当前中国的技术发展中，主要的问题在于社会条件的不利性制约。在分析技术与社会的两极张力时，需要把侧重点放在社会上，即把技术发展的瓶颈看作是社会性的而不是技术性的”[3]31。也正如王汉林、赵炜所言：“技术的发展不仅仅是技术本身的水平问题，更是一个社会问题，社会的不利性制约尤其是体制性障碍常常是技术发展所面临的主要矛盾。社会比技术本身更能推动技术发展，制度创新比技术创新更为根本。”[4]因此，我们有必要站在SST的视角下审视我国农技推广体系的现状，剖析其背后的社会成因和改革方向，以期为我国农技推广体系改革提供一些新的思路。

二、SST视角下的农技推广体系改革

德国技术哲学家拉普曾指出，“社会背景、社会经济结构、社会习俗和美学爱好，所有这一切都在技术现象上打上自己的烙印，并在一定程度上决定了它的特征”[5]。农技推广作为一种技术现象，包含了农业技术的形成、创新、使用和消费的过程，在这个过程中，社会环境对农技推广体系甚至是农业技术的发展产生了重要的影响，站在SST的角度，要实现我国农业技术创新和社会采纳的良好互动，必须分析这些社会因素在我国农技推广过程的嵌入过程。

（一）农技推广体系改革的制度和法律因素分析

在 SST 中，技术体系是在社会网络中进化的，其中制度和法律因素占有着重要的地位。从世界范围来看，各个国家农技推广体系的实施和完善都离不开强有力的政策和法律作为保障。美国农技推广体系是美国联邦政府与各州大学合作，由美国农业部在各州州立大学建立农业推广中心（站）等形式的国家合作农业推广体系，这一体系在 19～20 世纪的建立和发展过程中陆续得到了《莫里尔法案》（1862 年）、《汉奇法案》（1887 年）、《史密斯和勒沃尔法案》（1914 年）等法案的保障[6]。日本的农技推广体系成立于第二次世界大战以后，实行的是政府和农协协同推广的方式。其特点也从一开始就颁布了法案作为保障，主要有《农业改良主张法》（1948 年初次颁布，1958 年进行修改）、《农业改良主张法实施令》（1952 年）、《农业基本法》（1961 年）、《新农业基本法》（1999 年）、《新农业改良主张法》（2005 年）等。相比之下，我国的农技推广工作自 20 世纪 50 年代展开以来，大多是以政策和条例的方式推行的，直到 1993 年《中华人民共和国农业法》（2002 年修订）和《中华人民共和国农业技术推广法》（2012 年修订）开始实施，才逐步形成了以农业部门为主导的公益性农技推广服务体系，使我国农业科技推广事业走上依法管理的轨道。但总体来说相关法律法规在针对农业形式的变化做出及时调整方面有所欠缺。目前我国农技推广体系的组织结构是以政府为主导的，实行的是按照专业学科和行政层级分类的机构设置。行政层级关系的复杂性，以及组织管理的双重性、职能配置的混乱性，导致农技推广力量分散，直接影响推广效果和效率，也影响了农业科技创新的步伐。

（二）农技推广体系改革的社会经济环境分析

按照 SST，不同社会经济环境下选择的技术是迥然不同的[7]。我国现行的农技推广体系经历了社会经济环境的巨大改变，也经历了农业技术选择方式的巨大变化。目前我国农业发展的特点决定了政府必须直接提供无偿农业技术服务，因此农技推广资金的保障情况直接决定了农技推广体系发展的快慢。我国农技推广的经费目前有几个特点。第一，主要通过项目申请、批准与考核的机制运行，主要依靠政府、科技与物质部门相结合，但在实际运行中，推广机构的运作大多以行政指令为驱动力[8]49。第二，我国农技推广投资比重远远低于世界平均水平。发达国家农技推广经费一般占到农业总产值的0.6%～1%，发展中国家大多也在 0.5%左右，而我国 1986～2005 年农机推广投资占农业总产值的比重一直徘徊在 0.22%～0.36%[9]。第三，经费来源渠道单一。长期以来，我国农技推广经费来源主要依靠财政拨款。由于农技推广具有投资周期性长、风险大、市场不完备等特点，农业企业、个人及经济合作组织等不愿意投入。经费问题造成基层农技推广站的工作难以展开。计划经济时代以来主要沿用的农技推广行政命令式“自上而下”的推广方式与中国加入 WTO 后不断加快的农业自由贸易和不断拓宽的生产经营行为的平台所导致的农民对新技术的越来越强烈的需求之间的矛盾是目前亟待解决的问题。

（三）参与农技推广体系改革的社会角色分析

在 SST 视野下，技术与社会之间是双向互动的关系。参与农技推广的社会角色及其社会实践决定着农业技术推广的效果和命运。国际经验证明，无论是发达国家还是发展中国家，特别是经济和人口大国，都有一支国家农技推广队伍为农业经营者提供服务，农技推广参与人员的文化素质切实地决定着他们在推广活动中的相互关系及对推广活动产生的着力点。

相对于西方国家 19 世纪就已经确定的由大学和农学院进行研究，为农民提供各种农业新技术和成果的农技推广道路相比，我国 1950 年的《农技推广工作站条例》是农技推广的最早文件，其中明确提出，农技推广体系应该由中央推广到县。参与农技推广的主要群体是各个省市农业厅、部分国营农场的人员，主要骨干为劳模和技术人员。虽然 90 年代的《中华人民共和国农技推广法》对农技推广人员文化和专业水平作出了要求，但在实际实施的过程中却远远达不到，这在很大程度上影响了农技推广的应用和效益发挥。从影响推广活动的另一个角色——农民来看，我国大多数从事农业生产的农民受教育程度低，科技素养不高，没有受过系统的农业技术教育或职业培训。可喜的是，近年来我国开始了把农技推广和科研相结合的道路，颁布一系列文件，如 2006 年的《关于深化改革加强基层农业技术推广体系建设的意见》、2012 的《关于加快推进农业科技创新持续赠强农产品供给保障能力的若干意见》，开始着手“引导科研教育机构积极开展农技服务，培育和支持新型农业社会化服务组织”[8]41，将极大地提高农技推广参与人员的技术和文化素质，提高农技推广的效率。

（四）农技推广体改革的社会地域及社会组织分析

在对技术受社会的影响中，SST 的考察是多方位的，包括社会地域和社会组织。我国的地域特征也是造成农技推广体系地区发展不均衡的重要原因之一。我国幅员辽阔，农技推广发挥效用最明显的地域多在农业发达地区，如山东、东北三省、河南等地，而西南、西北等地区由于地域偏远，当地的人们仍沿用传统的农耕思想，农业新技术的普及大多不能对这些地区造成影响，加上欠发达地区环境较差，很少专家与工作人员愿意在这里开展新技术的传播，使得农技成果的应用“两极”分化现象严重。中国科学院农业政策研究中心胡瑞法、黄季焜研究员及全国几十位科研人员针对中国农业技术推广组织、行为及体制进行了调研，调研结果认为我国的农业科技体系自20世纪80年代中期以来，受到了前所未有的冲击，许多地区的农技推广组织已名存实亡，个别地区甚至名已不存，我国的农业技术推广体系正面临着生死存亡的关键时刻[10]。这也是我国很多地区农技推广的现状。

除上述因素之外，影响我国农技推广体系的社会因素还有很多。SST理论告诉我们，技术在受社会塑造的同时也受到物质基础的限制并与它所存在的背景相整合[11]。农业技术的社会评估体系、农技推广的设施保障等都是农机推广改革的制约因素。在某种程度上，这些制约因素分析比针对农业技术创新本身更具价值。因为技术的变革只是导致社会变革的一种工具，并非决定性力量。并且我们目前的状况并非是社会没有可供利用的先进技术，而是诸多不利的社会条件使我们未能有效地利用先进技术。

我国农技推广体系改革的本质应当是我国农业技术体系与社会之间的深层共建。近年来，我国农业问题越来越受到关注，自2004年开始，中央连续11年出台“中央一号文件”，聚焦“三农”问题，对农业科研、科技创新及农技推广提出了指导性的意见，促进了农技推广社会环境的有效改善。2013年11月召开的党的十八届三中全会通过的《中共中央关于全面深化改革若干重大问题的决定》，赋予了农民更多权益，提出了一系列农村改革任务和举措。这些举措的实施将极大地改善我国农技推广工作的社会环境，提高农技推广工作的效率，促进农技推广体系的改革。

三、SST对农技推广体系的指导意义

在SST的视野下，我国农技推广的体系改革需要把农业技术推广中的社会因素与农业技术的创新过程整合考虑，因为技术创新和推广永远都是不可分割的整体。J. Fleck就曾将创新（innovation）和扩散（diffusion）两个英文单词组合为一个新词“innofusion”，以表明创新和推广的不可分性[12]。因此，SST理论对我国农技推广体系改革的启示，应当是社会因素、创新和扩散过程，以及推广理念的全方位冲击。

（一）改善农技推广的社会环境，促进农技改革的自我性发展

与SST理论的观点一致的是，我国的农技推广体系改革研究者都关注到了农技推广社会环境改善问题，主要包括五个方面。①制度环境改善。制度创新应该重于技术创新，制度环境是技术创新的动力被激活的根本。②法制环境改善。良好的政策法规平台是我们农技推广事业健康发展的基本保障，且这些法律法规和政策需要随农业形势的不断变化做出适当调整，并在实践中不断补充和完善。

③人力条件改善。加大教育投资，改善人的条件，有助于提高农业科技传递的效率，将农民、农业与农村的综合发展联系起来，形成可持续的生态发展。④经济环境改善。在明确和巩固国家农技推广机构在农技推广体系中的主导地位的同时，大力培育和发展多种经济成分共存的多元化主体，完善我国农技推广体系的投资结构，创造更加灵活的经济环境，使我国农技推广体系的部分力量得以走上自我累计、自我发展的道路。⑤保障措施改善。比如建立通畅的信息传递机制等。农民的需求，首先是信息，其次是技术。只有全方位、多渠道的信息传递，才会将最先进实用的农业技术推广至农村与农民。

（二）加大制度改革和技术改革的整体性研究，推进农技改革的创新性发展

按照SST，技术的公共选择非常重要。正如Ron Westrum所言，“发明某物只是意味着给社会提供一种可能性，社会才决定这种可能性是否值得实现”[13]。社会需要决定技术的发展，技术只有从社会需要中才能获得最强大的持久的动力[3]32。作为农技推广的核心来说，农业技术的实现过程事实上是目前我们所研究和推广的新技术被编入了我国农业推广体系改革的社会机制中。在此过程中，我们需要：①改变目前体制改革研究和技术改革研究分别独立进行的现状，从整体性视角去看待我国的农技推广体系改革；②认清技术的本质，使我国农业技术的发展在满足社会群体的多重价值需求的同时能够兼顾其效益，兼顾其各种体系性因素；③认清作为一项以公益性为主的事业，农技推广的技术人员和农民并不能完全决定其成效，农技推广政策的制定者和管理者也要不断地介入围绕技术变迁而展开的选择行为中；④认清农业技术的发展和推广应该是一个效益增加的合理化过程，改变我国多元化农技推广道路发展缓慢、混合型公益和市场结合型的道路阻滞不前的状况，探索出一条符合中国实际的发展道路。

（三）增强农业技术和社会的互动，实现农技推广改革的特色性发展

社会对农技推广体系产生的种种影响作用表明，农技推广体系的发展与社会环境具有不可分离性。农技推广体系改革的推进是组织制度维度、认知维度和经济维度等诸多方面的参与者共同决定的。我们需要在技术和社会的互动中实现改革和特色性发展。在这个过程中，农技推广政策目的的复杂性，农业技术创新过程的复杂性，以及改革中新的作用空间等需要考虑。新形势下的农技推广体系应该按农业社会化服务体系的要求来建设，向发达国家靠拢，以农技推广活动为纽带帮助农民提高自身经营能力，实现农业的现代化发展。我们可以更多地去借鉴美国、日本等国家的经验，结合我国的国情，建立具有我国特色的灵活推广体系。在SST的视角下，只有真正认识农业技术在我国发展的本质及农技推广体系改革的内容，才能真正实现我国社会对农业技术发展和传播的高效管理，实现农

业技术体系在我国社会网络中特有的进化模式。

参 考 文 献

[1] 王晨. SST视角下的住宅产业化制约因素分析. 山西煤焦科技, 2009,（5）: 37.

[2] 盛国荣. 技术与社会之间关系的SST解读. 科学管理研究, 2007,（5）: 39.

[3] 肖峰. 从SST看中国的技术发展. 科技导报, 2001,（4）: 30-33.

[4] 王汉林. 赵炜. 略论马克思主义的“技术的社会形成”（SST）思想. 自然辩证法研究, 2003,（10）: 41-45.

[5] 拉普 F. 技术科学的思维结构. 刘武, 等译. 长春: 吉林人民书版社, 1988: 1043-104.

[6] 韩清瑞. 美国农业推广体系的特点及思考. 中国农技推广, 2014,（4）: 8.

[7] 王晨. SST视角下的住宅产业化制约因素分析. 山西煤焦科技, 2009,（5）: 37.

[8] 钟秋波. 中国农业科技推广体制创新研究. 中南财经大学博士学位论文, 2013.

[9] 黄天柱. 中国农业科技推广体系改革与创新. 北京: 中国农业出版社, 2008: 96.

[10] 裴建红. 农业技术推广体系创新研究. 山东农业大学硕士学位论文, 2005: 22.

[11] 郝凤霞. 技术的社会选择——基于技术的社会形成观之研究. 复旦大学博士学位论文, 2003: 6.

[12] Fleck J. Innofusion of Diffusation? The Nature of Technological Development in Robotics. Edinburgh: University of Edinburgh, 1988: 3.

[13] Westrum R. Technologies and Society, the Shaping of People and Things. Wadsworth: Wadsworth Inc, 1991: 160.

易学自然观与佛学思维模式的构建*

——《地藏菩萨本愿经》中“二十八种利益”的内在逻辑

辛 翀

一、引　　言

对于自然观这个概念的理解和诠解，长期以来是笔者研究的重心所在。“所谓自然观，就是以人与自然的关系为轴线来探求宇宙大自然的运动规律和运行模式，以架构起人与自然的关系模型”[1]，从而产生对宇宙大自然的看法和观念。人只有将自己与大自然的环境相统一，才能真正体悟到自身的本质因素。宇宙是合一的，天、地、人是合一的，那么人的躯体与内心之根本也是合一的。而这个“一”就是“道”，万事万物在“道”这个形而上学高度上给以统一。那何为道呢？其最具根植性的解释就是《易传》中所赋予的内涵，《系辞》云“一阴一阳之谓道”，易学的本质就是阴阳，正如庄子所说的那样“易以道阴阳”，易学之思维模式就是围绕阴阳二体的关系而形成的理性思维模式。其思维结构可以用刚阳体与阴柔体的相互作用而成物这样的模型来架构，这就自然而然地形成了物质结构构成成分的关系图式：阴柔体和刚阳体（刚阳体中的阴柔部分和刚阳体中的刚阳部分）。

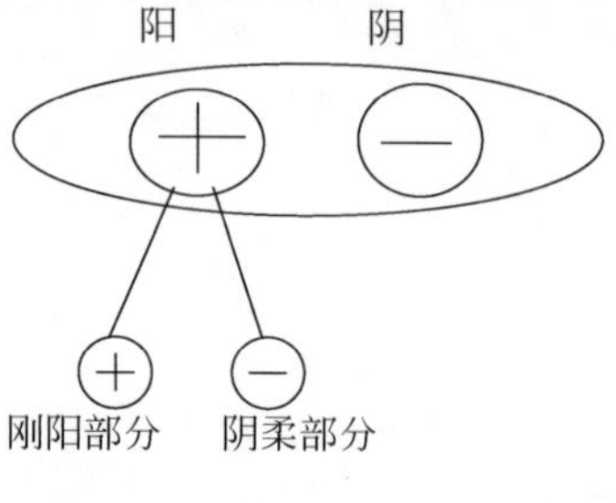

* 本文为山西省教育厅姚奠中国学教育基金项目“易学自然观与儒学思维模式的构建”、山西大学人文社会科研基金项目（201309002）成果。

原文发表于《科学技术哲学研究》2014年第4期。

辛翀，山西大学科学技术哲学研究中心副教授，山西大学易学研究中心主任，研究方向为科学哲学、易学。

先秦乃至魏晋时期的哲学理念中已明确地肯定了人的自然本性和感性要求的合理性，并发生了由先秦的“自然即合理”的自然观，转化成魏晋时的“合理即自然”的自然观，到了宋代就将这种合理性自然观理性化、系统化和逻辑化，将易学自然观思想的高度推向了极致。宋代时期，易学自然观之高深和博大，已成为中国文化史上的一个峰脊，并以此为轴线，形成了将儒、释、道三大支柱文化在阴阳互动而成道这个核心思想牵引和整合下融为一体的理学体系，在理性原则和经验原则的基础上沟通了自然之境理与人性之情理。而阴阳成道的易学理念，又彰显了整体宇宙关怀、终极人文关切的易学自然观思想的无限前景。佛学的思维模式与易学自然观是紧密相连的，那么佛与易是如何互动的呢？笔者试图通过对《地藏菩萨本愿经》中所涉及的“二十八种利益”给以解读，使其本质互通之性予以流转和折射，经此简述若能起到抛砖引玉之功效，就可对笔者产生无尽之慰藉。

《地藏菩萨本愿经》中所涉及的“二十八种利益”是在《地藏菩萨本愿经》的最后一品“嘱累人天品”中提到的。“嘱累人天品”这一篇是对地藏菩萨功力品质的大展示，即只要我们能抓住并掌握了该经文的精神和主旨，亦即明白了地狱产生和限制我们的原因，我们就会和地藏菩萨一样具有不可思议神力。我们知道，地藏菩萨这个特殊的形象被众佛及天人众生共同一致所称赞的是其不可思议功德。具体地说，就是“汝之神力不可思议，汝之慈悲不可思议，汝之智慧不可思议，汝之辩才不可思议”，这四个不可思议就是地藏菩萨的不思议功德，但这四个功德其中又有一定的逻辑关系。地藏菩萨的神力是根本，人们之所以敬仰地藏菩萨，就是为了得到其神力的保佑，而这种神力是需要其大慈悲之心和大慈悲之行来保证的，只有慈悲流布，才能恩泽于我，否则神力是人家地藏菩萨的，与我何干呢！“方以类聚，物以群分，吉凶生矣”（《系辞》上），这就同时要求我们也必须有慈悲之心，方可与其同功，这就使得同气相求之理透显无遗了。而其慈悲之心行又是需要智慧来支撑的，智慧是使人由小人变成大人乃至圣人、仁者的根本标志。我们通常说“大人物”“君子”等这些称谓都是对于有智慧人而言的，这些人之所以有大德的美誉，是因为“大德敦化”现象的发生，周围好多人受益了，才把他或她说成是如此。这样就可透过现象层面而以表知里地发现其内在的愿力和度尽众生的关怀情结，这就是大慈悲的自然表达程式。而这种大智慧之所以能流行于天下又无所阻挡，其根植性原因在于其本身是一种自然之道和自然之理，使得无人能与其争辩。这就是说，地藏菩萨本身是一种自然规律的化身和现身说法，这种自然法则的内在本质就是易学自然观思想，亦即可说地藏之神力就是易学自然观的无尽畅演和大化流行。

二、“二十八种利益”的流转程式和运行逻辑

〔原文〕佛告虚空藏菩萨，谛听谛听，吾当为汝分别说之。若未来世，有善男子善女人，见地藏形象及闻此经，乃至读诵，香华饮食，衣服珍宝，布施供养，赞叹瞻礼，得二十八种利益：一者，天龙护念；二者，善果日增；三者，集圣上因；四者，菩提不退；五者，衣食丰足；六者，疾疫不临；七者，离水火灾；八者，无盗贼厄；九者，人见钦敬；十者，鬼神助持；十一者，女转男身；十二者，为王臣女；十三者，端正相好；十四者，多生天上；十五者，或为帝王；十六者，宿智命通；十七者，有求皆从；十八者，眷属欢乐；十九者，诸横消灭；二十者，业道永除；二十一者，去处尽通；二十二者，夜梦安乐；二十三者，先亡离苦；二十四者，宿福受生；二十五者，诸圣赞叹；二十六者，聪明利根；二十七者，饶慈愍心；二十八者，毕竟成佛。

（一）“一者，天龙护念”何谓也

佛说二十八种利益中第一利就是“天龙护念”，提出天龙的概念并与虚空藏菩萨高远的特征逻辑地联系起来。“天尊地卑，乾坤定矣”（《系辞》）天与乾相比符，意及高远之象。同时我们也看到，乾象以健行为标志，“天行健，君子以自强不息”（《乾·象》）。念念修行之人崇尚空观，其境界高远，与天与龙同气。按易学自然观的“同气相求”之规约，而定之谓“天龙护念”实属逻辑之必然。同时，天与龙在中国古代又是大阳的象征，只是在我们高远之处而已，所以只要你能达高远之地，按阳阴相求之理，你就会受大阳的牵引而起积极作用。由此可见，所谓的“天龙护念”，实际上是对修行达到一种境界的表述而已，不是人们所想象的“多么伟大的天上之人下来救拔你”或“真龙出现来保护你”等等。但根据修行积善的程度不同其境界也是不同的，比“天龙护念”再高一个层次的情状是什么呢?

（二）“二者，善果日增”何谓也

既然能够达到“天龙护念”的程度，说明本我之阳气成分已足可彰显，自己修行积善度可以使周围众生得以明显的益处而实现回向法界的效果。但同时我们也应看到本我之阳在周围众阴的牵引下有回缩的迹象，就像我们为别人办善事而消耗我们的体能一样，会弱化我们的光显程度，会使我们的虚空幅度受到挤压。这是一个客观的不容争辩的事实，只有修行者不断地进取，不断地扩大本我之虚空度，才能不断地彰显本我之阳即扩大修行者阴阳成分之间的空间和距离。

这在客观上，必然地表现为回向法界的范围和幅度呈现出增大的趋势，故说“善果日增”。从中我们也会看到，若修行积善到相当的程度，必然能达到普度众生的目的。所以基于易学自然观层面来看，说诸佛乃至于世尊释迦牟尼佛作为积善而成正等正觉的代表，他们本身的功效就是要教化众生向善，从而使众生达至波罗蜜的理想彼岸。当然，若以积小善而喜形于色，去却虚空而着相固相，就不可能达到更高的境界了。

（三）“三者，集圣上因”何谓也

圣者，神圣也；圣上乃神圣之最也。神圣之最有谁能称名呢？其名号谓佛。所以说集圣上因，就是要做佛事，即要礼佛、向佛，按佛道办事。如是不断积累，自然虚空无疑，就不会着相，更不会固相，反而会逼近虚空界而步入佛境。这是修行积善者不可或缺的条件和理路模式。

（四）“四者，菩提不退”何谓也

逼近佛境并不是说成佛了，就像我们常说的极限一样，极限是一个渐近而达不到的线。但就是这样一个境界，可以使修行者的虚空幅度达至很高而能朗显周围的几微之处，也就是我们通常所讲的生萌出智慧而有所觉知，这就是得证菩提之意。“菩提”在学理上讲是指觉悟或智慧之意，在佛教圣地晋北读作“bengti”，与现在所常说的“不提了”读音相近，语用相似，是指明白之意。晋北本地人在谈到自己非常了解而又明白的事时，往往脱口而出“bengti”。这与逼近佛境的“集圣上因”相比，又强化了修行的程度和幅度，即由逼近佛境至进一步继续逼近极限。

（五）“五者，衣食丰足”何谓也

我们说佛学之高深入化，在其于修行程度的阐述中可窥见一斑。前边大谈虚空程度的彰显和扩大，在语用文字上已用足用至了，但还没有把逼近佛而又未成佛的象境尽显完毕。但为了进一步深入地予以表示和提揭其修行的善象，圣佛没有继续在几微玄奥之处给以阐述，而是按易学“方以类聚，物以群分”的自然观思想给以整合。既然修行者之阳气成分上行不断，那么其阴气成分也该相应地不断扩大，才能达到阴阳平衡、处中得正之状态。而钱财衣食等对修行者来讲就是“身外之物”，即是其阴气成分的主要构成。这些属阴性成分的东西在修行积善的过程中是自然会出现的，并呈现出与修行程度成正比的规律来。也就是说，对于一个修行至深的人来讲不但不发愁吃穿，而且是衣食丰足的。这与孔子在《论语》中所讲的“学，禄在其中也”的理念一致而无二。

（六）“六者，疾疫不临”何谓也

既然钱财衣物等都属于阴性成分的范畴，所以不可太过而失中，否则就会因阴气太重而伤身损精。但“衣食丰足”必然会使阴气加重，此时要达到一个恰好之位，对于任何人来说都是一个棘手的难题。这需要积善之人善行的不断精进才能实现。只要你能保证不断地修行成为现实，阳气弘彰之象就不会破损，其行为本身就说明阴阳之气和缓而清醇、旁行而不流，就会对外显示中性而不染于环境，也就不会有疾病产生，不会受疫情的浸入。所以地藏本愿有“精勤护净”之戒语。

（七）“七者，离水火灾”何谓也

中国传统文化中所说的水与火，并不是我们通常所说的水和火，而是水下、火上的意思，“水曰润下，火曰炎上”（《尚书·洪范》），这样就可以理所当然地将“水火灾”解释为来自下边和上边的灾害。人的境界要达高远，其本身的阴阳成分就会拉大距离，彰显出相当的空间以使识成，从而阳气充溢而对周围环境包括上边和下边的环境成分产生作用，并由此而受到纵向环境力量的牵制，这就是修行过程中的水火灾。可见，“六者，疾疫不临”仅仅是在阳气不断扩展过程中浅层次上发生的现象，若修行者不断精进，并且处理好得失关系，把握好阴阳的平衡度，自身处中得正，首先疾疫是因为修行者本身的处中状态的形成而不临其身，而且其行进过程中因下而受牵制、因上而受制约的因素就会逐渐消除，这样业力就大幅锐减。

（八）“八者，无盗贼厄”何谓也

从易学自然观的角度来看，盗贼及厄事具有阴性很重的特征，这对于大阳来说是个很大的挑战。从客观上来说，“衣食丰足”之后是会引起盗贼的注意的，但若你积善至一定程度就有能回向法界的功能，即具有度化他人的水平和能力，这样就可使身边阴性较重之人的阴性成分给以固化，使其阳气升露，进而使其改邪归正。如若你积善至更大，“积善之家必有余庆”（《易文言》），哪来的盗贼呢？太阳一出阴霾全无，黎明前再黑暗也经不起太阳的照射。

（九）“九者，人皆钦敬”何谓也

接“八者无盗贼厄”之后，自然而又逻辑地会使人们敬仰和钦佩你，因为你阳气彰显之故而展示出“无盗贼厄”这样的局面来。平时我们所说的修行仅停留在过程上，因为无事所遇，所以给人的感觉是无所作为。但若遇事就显示出自身的化育功能以彰示世人，这才是真正的魅力所在。更使人关注的是，若其自身的阳光程度即化育功能达到一定程度，就会“自利而利他”地自觉改善自己周边的环境，不会有重阴来袭，这样的才干如何不让人钦敬和称颂呢！同时这也是使人敬佛而礼佛的最好方法。

（十）“十者，神鬼助持”何谓也

何为物？又何为神鬼呢？“精气为物，游魂为变，故知鬼神之情状。”（《系辞》）我们古人眼中的事物是精气而成，即是可以形器之用而称名的，但世上的存在不全是可以称名而定论的，还有不为我们所看到、听到、嗅到的等，而这些无定形、游离不定的东西确实存在而为何物呢，我们祖先盖之以神鬼来名之。《系辞》中又说：“阴阳不测之谓神”，一语道明鬼神的含义，言明鬼神之为物不过是些不为我们准确把握的事物或东西而已矣。由此可见，这些稀微之物呈现出的是不光显的特征即阴气很重的情状来，所以孔子叹之曰：“事鬼神敬而远之”。孔子对鬼神的态度本身，说明了鬼神之为物是会伤及生灵的，强调了其阴气盛大之状。不难看出，“九者，人皆钦敬”之后的修行任务还是很重的，只有不断地修行和积善，才能不仅可化度众生，更能教化鬼神。同时也说明若能使鬼神来护身，自己修行积善的进程较“九者，人皆钦敬”的程度更进一步。这在易学自然观的理论体系中是很逻辑的一个结果和命题。重阴之鬼神本身是给修行者提出挑战的，因为阴是可以消阳的。但若你不断地修自我，积善而成大德，那么鬼神之物就会因阴阳相求之力适中而围绕你周围有序变化运动，从而对你周围其他阴气因素给以排斥，起到助持你的作用。

（十一）“十一者，女转男身”何谓也

初听此话，似乎有点神乎、玄乎，甚至荒唐，这由对我们中国文化思维方式的缺失和错位所致。《系辞》云：“书不尽言，言不尽意，然则圣人之意不可见乎？圣人立象以尽意。”中国古人的智慧是中外学术界普遍认同的，就从其思维方式而言，他们认为文字的书写和润色是不足以表达人的思想情感的，而圣人就有办法将其意蕴内涵表达得清清楚楚，这就是立象。也就是说，圣明之人所用的文字仅是为反映或展示一个象境而已。女人是阴性因素凸显的一个象境的符示和标志，但若其修行养性、积善成德至光显的境界时，她就可以度化十方，呈现出众阴与她相求的情状来。“阴阳者相求之物也”，判断其属性的标准是通过与之相求的物性状态来动态把握的。既然与之相求的物性属阴性甚至是重阴，那么其本身就呈阳性特征，用一个形象的辞来“立象尽意”就是“女转男身”。实际上是对一个修行人积善程度达至一定高度进一步的形象表达而已。从易学自然观的角度来考量，修行人自体阴阳两成分因素之间的距离和拥有的空间大小是对其修行程度评判的根本依据。随着其阴柔成分的不断攀

升，阴阳之间空间的不断扩大，其刚阳成分就像太阳般地显露出来，阳气之朗显不同寻常，故用“女转男身”来形象地给以展示这种象境。并不是说女人不好、男子好，更不是说女转男身好像是一种荣誉似的，而是以言著象，以象明意，尽意莫若象，尽象莫若言。

（十二）“十二者，为王臣女”何谓也

这是一个高度性、高境界的命题，体现了地藏王菩萨的不可思议辩才。这位仁者通过这句话不仅与“十一者，女转男身”的理念遥相呼应，指出修行积善可以使自己尽管是女身也一样会光显而阳气充足，而且进一步回应了男女性别差异不应成为修行的障碍性因素。“为王臣女”就是对修行较高的女子所符示的一种象而已，王臣地位很高，若该女子的阴柔成分能达一定高度至王臣之家，不也是一种善果吗！可见，通过这样的一个命题所反映的是一种修行的阶段性成果，是对修行高度和程度的标志。

（十三）“十三者，端正相好”何谓也

很明显，王臣女尽管是一个高度性的成果，但王臣是很多的，他们也有位分的差别。同时王臣尽管很体面、很排场，但毕竟这是外在的东西。我们不能说自己因为家庭条件好就可以对自己的一切给以安排得好，万事大吉，这是不对的，最起码这个高度不够。所以从自我内在层面下功夫，这样就比外在的高度更上一层楼，故对女子来说最直接和最现实的就是“端正相好”。这在中国古代传统认识中是对女德的一个比较到位的认同。当然，单一个相好还不足以表征自己内在的价值取向，还需要进一步的修行和积善，这就自然而又逻辑地走到了一下步——“十四者，多生天上”。

（十四）“十四者，多生天上”何谓也

天尊地卑，天地二字是高低之意。男阳女阴，男女是阴阳的现身说法。之所以在这里将阴柔成分的上升位置给以“天上”的定位，其要旨就是说修行而使自身阴柔成分的位置又向上推进了一步，由符示位卑的女阴情状转换成为阳气更旺、位置更高的上天之境。当然这里用“多生天上”其意思不仅是说明你的阴柔成分随着修行积善而逻辑地达到一定的高度，而且在这样的高境界下“去享天福，受胜妙乐”[2]492。只要我们能达到高度，其本身就会远离下边的地狱。地狱和天堂是人自在与不自在的一种标志性说法。越往下行离地狱越近，越往上行越逼近天堂。这里用“天上”而言明修行的状态，是在标明积善的行为已能使自我得到快乐的福报。

（十五）“十五者，或为帝王”何谓也

十四者为“多生天上”，就是一种福报。而福报的大小就成了我们追求的目标和发展的方向了。你若是为了享受点妙乐而已，至十四者为此即可。而若你修行不已，精进不怠，就会有更大的福报，你的位置就会更高，有成为帝王的可能。这里用帝王来象喻你的修行成果，同时也是在“多生天上”基础上的一种提升，言明高位之意。这里需要指出的是，修行积善与福报的关系是因果约定的概然性联系，是一种极其自然而又逻辑的关系。积善之人必有福报之果，只是大小和时间的不同和区别而已。也只有修行积善，才能走向极乐和美好的未来。这是每个修行人的潜台词。否则，你不去修行，就想简单用一句“前途是美好的”来形容我们的未来是空想罢了。

（十六）“十六者，宿世命通”何谓也

从字面上来理解，好像是说一个人若修行积善至很高的程度就会明白往世的所做和所历，听起来有点不可思议。笔者常说不学周易就不能真正明白佛学，在这里就会使人真切地感受一下其中的难解之处。《系辞》云：“穷神知化德之盛也。”前面也提到过易中所谈之鬼神的概念，鬼神在几微之处，成“游魂”而又变化的状态。而具有化育功能很强的盛德之人就能达穷神知化之效。一个修行积善很深的人其阳性彰显，化育能力很强，几微隐晦之处皆可涉略，实可谓盛德之人。所以这里佛家借用“宿世命通”来说明其德博而化的能事而已矣。同时也是用这种无形的认识来描述一种修行的高度和幅度较有形的帝位王位而言更进一步。当然从佛家来说，前世的东西是极其隐晦而难知的，也是与现世有因果关联的，成为当下因缘形成的重要因素。在这里用“宿世命通”来象喻其修行的更高程度是最恰当不过的。

（十七）“十七者，有求皆从”何谓也

对于修成盛德的人来说，可以穷神而知化，可以宿世命通，能达此程度其修行的功夫实非不易了。但这种不易的功夫从其本身来讲还远未到极致，只是在识的层面上或在破无明的道路上有了一定的深入而已，倘若在断烦恼方面即化育功能方面还有好大的距离，不能单一个“知化”而了事，还有能化、易化之功力才行。这就还需要修行以积德，这样的过程一旦夯实了，你就会阳光显耀，对你所想要的东西形成强大的牵引力，使其与你相从合一。所以“有求皆从”同样是对你修行高度的一个进一步的表述和象喻。

（十八）"十八者，眷属欢乐"何谓也

从易学自然观的角度来分析，修行者为阳性而其周围的所有环境因素都是阴性的。在阴阳相求的作用关系框架下，作为主体的阳性物与周围的阴性物是相求的，但周围的阴性物相对于这个阳性的主体而言彼此间是相互排斥的。所以自己的眷属与自己之所求在某种意义上来说是可能有矛盾产生的。这样就产生了对主体阳的更高要求和在其化育能力上的挑战。要想既能满足主体阳之所求，又能不使其所为产生负面影响，就必须强化自己的德化能事，最终达到"譬如北辰居其所而众星拱之"的效果。佛学这门哲学是一门高深的未来之学，是一门求真爱的学问，可真爱很难得到，这样的事实本身就决定了追求真爱的艰难。对于眷属之爱可谓诚也，但远不是真而正的，充其量是一种与已最接近的且物质性关联很密切的环境因素和成分而已。真正的追求在于找到自我之本我，达到阿赖耶识的高度，才能进而到达第九识白净识这样的单纯专一，进而修成正果。可见，自己的眷属和自己的追求往往不相重合，而是存在相当的矛盾，只有不断地修行达到一定的程度，才能既所求皆从，又能使眷属欢乐。

（十九）"十九者，诸横消灭"何谓也

现在进一步从周围环境因素和成分上深入分析，对于修行者来讲环境可谓大矣，我们不能在真空中生存，什么事都需面对而不能逃避。除了与自己直接相关联的眷属和自己的追求外，还有自己想不到的事发生，这就涉及横祸和灾难的问题。凡是一切的意外、受伤都属横祸，且都来自于环境。前面讨论了我们之所爱，但还有我们之不想爱的东西存在于我们的周围。对于一个盛德之人，这些都不成为问题，因为其自身具有将周围阴性成分固化的能力，将阴性物中之阴晦的东西通过自己的刚阳之德给以作用而使其自身阴阳成分得以明晰，其阳性的东西明露透显，就不阴晦了，就不凶险了，横祸就消灭了。

（二十）"二十者，业道永除"何谓也

在佛家看来，经过我们自己的努力而所得到的东西并不是越多越好，娶妻生子、眷属诸多、志欲满足、所求随愿，固然是一件快乐之事，但应是有数的，万不可沉迷于此事，否则就会生出贪欲来。依此类推，有关痴和瞋的情况在自己的志行中也不应该有，这样就使业道从根本上给以清除了。使自己能够得以轻装前进，会走得更高、更远。之所以有横祸出现，本质于自我，显形于环境。由此不难看出，诸横是专门就身边的业障来谈的，但潜在于自我身上的业障危险更加可怕。所以我们不能停留在盛德之上，而应该据德志道，游仁依义，精进不已，方能"明明德"，方能"亲民"，方能"止于至善"，直至使诸业道永除而后快。

（二十一）“二十一者，去处尽通”何谓也

若能达到将业道从根本上得以清除，就可使自己得以减负，就可以使内在之本我与外在之环境合一运作，铸成一条畅通无阻的大道，使自己的志向得以实现，这就是得道。

（二十二）“二十二者，夜梦安乐”何谓也

得道就是阴阳道合，即不只是阳的成分因得道而通，而且阴的成分也因此而安。阳效法的是乾道，健行不已，能通达为美；阴效法的是坤道，“厚德载物”，“安贞吉”，以安乐为佳。我们每个人都是一个阴阳人，都想达到一个理想的境界，白天光显活跃，需要通达和合，而夜卧时又要安乐易睡。所以二十一者与二十二者应并起来讲更易理解，也更合逻辑。

（二十三）“二十三者，先亡离苦”何谓也

睡眠的时间有长短之分，睡一会安乐易，长时间睡安乐就难了。所以夜梦安乐这本身也能体现出自己的修行水平和功夫来。当然随着修行的不断进行，积善度会不断积淀，逻辑地使自我的安乐程度提升，并惠及与你有血脉关系的长眠者即先亡尊长等，这就是先亡离苦的自然观内涵。当然，从佛学六道轮回、久远劫来之先亡论，也同样是有一个程度递进的修行要求，可以使你不断地解除束缚，逐渐地走向自在。

（二十四）“二十四者，宿福受生”何谓也

生死是一种自然的约定，人一生下自然就注定死亡成为他的未来，这是不以人的意志为转移的。问题是怎么生、怎么死及生死之间的长与短其本质又在哪里。无论西方的科学还是中国的佛学，都把物质的不灭作为评判事物的前提。西方是以分子、原子论，而佛学是以虚空论。既然是空，就必然成为永恒。佛学以虚空的结构来形容每一件事物，认为万物都呈虚空状。我们之所以有如此多的约束，受到如此多的压力，就是因为我们的虚空度太有限。如若我们通过修行积善完全使自我达到虚空自在的程度，就能容得下万有之实。什么都能容得下的时候，就是什么都能放得下的时候。到那时，我们就会使本我突显出来，这就是生的本质内涵。

（二十五）“二十五者，诸圣赞叹”何谓也

何为诸圣呢？宣化法师云：“（诸圣就是）十方的一切诸佛、菩萨、圣人、阿罗汉。”[3]495我们说佛、菩萨等其位是很高的，一个修行者能得诸圣之赞叹，其行为本身已合诸圣的位分之任。佛学在本质上就是一门未来学，即佛学是使众生在未来能有一个破无明、断烦恼的自在的状态。这是一个很到位的状态，诸圣也不过如此，所以其修行功夫能令诸圣得以赞叹。但有了这个状态，还不能说明你就证果了，只是成象而已矣，你还必须继续精进，不可懈怠。

（二十六）“二十六者，聪明利根”何谓也

“在天成象，在地成形。”诸圣能得赞叹之，说明成象已定。就如同一个单位的部下若能得到众位领导的表扬和赞叹，他就离提拔不远了，提拔了就成形了。既然修行者能有这样的功夫达到“诸圣赞叹”的高度，就说明他的六根通达了，这就必然会容六尘于内，即六尘不能成为其前进道路上的障碍性因素，使他看得很远，听得很真切，体悟得很本真，可以入木三分，完全是一种智慧的化身，较二十五之诸圣赞叹的成象之功来说，已进步成为二十六之聪明利根之形的铸成。

（二十七）“二十七者，饶慈愍心”何谓也

对于任何事物而言，一旦象显形圆，就可以回向而显性了。也就是说，一成好了象就可以成形了，成形之后必然会展示出相应的性状来。修行者也是如此，他修行至诸圣赞叹的程度，其达至最高位的象就成了。经过不断地精进，使其六根通达无阻，其至善之身形就铸成了。能达至善之境，明德就会彰显，就可回向法界，对众生之度化和教化之功效就成为可能，直接表现为大德教化之慈愍心不断地流露和折射。这是一个自然法则，阴阳者相求而动者也，大阳之势一旦形成，必然地会对周围之众阴产生作用，本来就是如此。

（二十八）“二十八者，毕竟成佛”何谓也

象定形圆，佛性彰显，不但自觉，还能觉他，不但自利，还能利他。顺着这样的态势修行不已，自然地会走向觉行圆满的境地。这样就成佛了。

结　　语

总之，这二十八种利益实际上是修行人的二十八个阶段或过程，是对修行积善进程的刻度和标尺。可见，并不是我们念几声地藏名号就可了事，就能成佛，就能得大利的。当然，称佛、菩萨名号也是一种修行的方式，但不管用什么方式去修行，最后都要取决于你的虚空度和境界度即觉悟，并以此作为方法和过程来通向佛境，成为仁者或大士。是故，透过其表层逐至其本质，建立在易学自然观的高度去审视和评析，不难发现佛学假借地藏菩萨名号而进行的阐发，实际上是

对修行过程的系列描述和进步尺度的完整展示，直至使修行者达到佛的高度而最终证果。

参 考 文 献

[1] 辛翀．宋代易学自然观视域下屯卦内在逻辑探究．科学技术哲学研究，2012，29（2）：83.
[2] 宣化法师．地藏菩萨本愿经浅释．北京：宗教文化出版社，2007：492.
[3] 宣化法师．地藏菩萨本愿经浅释．北京：宗教文化出版社，2007：495.